Heinz M. Goldmann

Wie man Kunden gewinnt

Das weltweit erfolgreichste **Leitbuch** *moderner Verkaufspraxis*

13. Auflage

Cornelsen

Der Titel der schwedischen Originalausgabe lautet:
„KONSTEN ATT SÄLJA“
Die deutsche Übersetzung besorgte der Verfasser.

1. Auflage 1952
2. Auflage 1954
3. Auflage 1958
4. Auflage 1964
5. Auflage 1969
6. Auflage 1971
7. Auflage 1975
8. Auflage 1978
9. Auflage 1980
10. Auflage 1982
11. Auflage 1984
12. Auflage 1990
13. Auflage 2002

Die Deutsche Bibliothek – CIP-Einheitsaufnahme

Ein Titeldatensatz für diese Publikation ist
bei Der Deutschen Bibliothek erhältlich.

Cornelsen online http://www.cornelsen.de

13., überarbeitete Auflage Druck 4 3 2 1 Jahr 05 04 03 02

Druck: CS-Druck CornelsenStürtz, Berlin

ISBN 3-464-49204-4

Bestellnummer 492044

Gedruckt auf säurefreiem Papier, umweltschonend
hergestellt aus chlorfrei gebleichten Faserstoffen.

Gewidmet dem Verkäufer –

dem Diener seines Unternehmens
dem Freund seines Kunden,
dem Botschafter seines Berufes!

Zu Buch und Autor

Wie man Kunden gewinnt –

Das weltweit erfolgreichste Leitbuch moderner Verkaufspraxis

- Eine vollständige Anleitung, um erfolgreicher zu verkaufen
- 13., neu bearbeitete und aktualisierte Auflage des maßgeblichen Leitbuches für erfolgreiche Verkaufspraxis
- Bisherige Gesamtauflage: über 2,5 Millionen Exemplare in 20 Sprachen

Dieses weltweit erfolgreichste Leitbuch moderner Verkaufspraxis enthält über 300 Anregungen, Ratschläge, Ideen und Beispiele aus der Praxis – für die Praxis.

Anhand von Testfragen, Praxisfällen, Problemaufgaben und Kontrolllisten können Sie Ihre eigenen Kenntnisse und Fähigkeiten überprüfen und verbessern. Ein erfolgsorientierter Verkaufskursus in Buchform, zum Selbststudium und für jedes Verkaufstraining.

Heinz M. Goldmann gilt seit Jahrzehnten als weltweit führender Unternehmens- und Kommunikationsberater und Verkaufsexperte. Früher selbst jahrelang Verkäufer, genießt Heinz M. Goldmann heute als Berater von Weltfirmen in 18 Ländern eine einmalige Einsicht in die neuesten Methoden von Kommunikation, Marketing und Verkauf.

Über 425 000 Führungskräfte und Verkäufer in Europa, USA, Südamerika und Fernost wurden von ihm unterrichtet. Er ist Ehrenvorsitzender der Gemeinschaft Europäischer Marketingexperten. Er führt auch heute noch jährlich über 200 Verkaufsverhandlungen durch.

Einige seiner Auftraggeber der letzten Jahre: Allianz · American Management Association · Aventis · Audi · BASF · Bosch · British Airways · Burda · Caterpillar · Credit Suisse · DaimlerChrysler · Deutsche Bank · Du Pont · E.on · Hewlett Packard · Hilti · IBM · ICI · Lufthansa · Nestlé · Philips · Preussag · Schering · Shell · Siemens · SKF · Thyssen · Total · Volkswagen · Volvo usw.

Aus jahrzehntelanger Praxis vermittelt Heinz M. Goldmann Kenntnisse, die jeder Verkäufer für seine erfolgreiche Arbeit benötigt.

Die konsequent praxisbezogene Darstellung macht jede Seite Seite fesselnd und lehrreich.

Inhaltsverzeichnis

Verkaufen – groß geschrieben 7

1 Was verkaufen Sie eigentlich? ... 13

2 Ist Ihre Ware verkäuflich? 21

3 Wie reagieren Kunden heute? ... 27

4 Der Verkäufer, Neuheiten und die Macht der Gewohnheit 35

5 Für und Wider den Hochdruckverkauf 45

6 Verkauft sich Qualität von selbst? 59

7 Ist ein hoher Preis ein unüberwindliches Verkaufshindernis? 69

8 Muss der Verkäufer an etwas glauben? 91

9 Der Mann, der so viele Diskussionen gewann 103

10 Wie Sie Verkaufshindernisse überwinden 113

11 Aller Anfang ist schwer – Wie man sich Zutritt verschafft 135

12 So bereiten wir unsere nächste Verhandlung vor 153

13 AIDA und der Verkauf – Wie man Aufmerksamkeit erweckt 161

14 AIDA und der Verkauf – Wie erzeugen Sie Interesse? 173

15 AIDA und der Verkauf – Wie Drang zum Kauf schaffen? . 183

16 AIDA und der Verkauf – Wie man den Abschluss erzielt .. 193

17 DIBABA – eine neue Formel für konstruktive Verkaufstaktik 219

18.1 Die Wahl der Verkaufsargumentation – oder „Nebensächlichkeiten", die einen Verkäufer brotlos machen können 231

18.2 Aber Internet macht ihn nicht brotlos 244

19 So verhandelt man mit Käufergruppen – Der Konferenzverkauf 247

20 Der Kunde hat nicht immer Recht – oder Reklamationen können ausgezeichnete Verkaufsmöglichkeiten ergeben 257

Anhang **271**

Kontrolllisten **272**

Kontrollliste 1:
20 Punkte für Ihre Verkaufsargumentation 272

Kontrollliste 2:
30 Umstände, die Ihren Verkaufserfolg torpedieren können – Wo liegen meine Mängel? 274

Kontrollliste 3:
Weshalb verlor ich den Auftrag? – 20 Punkte Verkaufsverhandlung....... 277

Kontrollliste 4:
Der Auftrag, an dem mir am meisten liegt 280

Kontrollliste 5:
Können Sie Verkaufs- von Antiverkaufsausdrücken unterscheiden? 282

Kontrollliste 6:
25 Beispiele von Schlüsselphasen oder Entscheidungsfaktoren im Verkauf verschiedener Bereiche..... 284

Ein Schlusswort 287

Stichwortverzeichnis 290

Verkaufen – groß geschrieben!

Ist Verkaufen Zauberei, ist es Tiefenpeilung ins Innerste der Menschenseele? Hat irgendein genialer Kopf auf dem Gebiet des Verkaufens kürzlich einige neue Patenttricks erfunden?

Keineswegs.

Verkaufen ist beinahe ebenso alt wie die Menschheit selbst. Etwas wirklich Neues, eine Erfindung von einschneidender Bedeutung ist während der letzten Jahre auf diesem Gebiet nicht gemacht worden; das meiste war schon lange bekannt. Auch Computer und Internet haben daran nichts Grundlegendes geändert. Und deshalb kennt man in der Verkaufspsychologie nur einige wenige Grundsätze von fundamentaler Bedeutung, alle anderen Regeln sind davon nur Abwandlungen. Diese richtig einzuüben und zu beherrschen ist Aufgabe jedes Verkaufstrainings – wichtiger und richtiger, als nach neuen, raffinierten Tricks zu suchen. Was sind das nun für Grundsätze?

1. Man verkauft niemals eine Ware als solche, sondern eine Idee – die Idee ihrer Dienstleistung zur Wunscherfüllung des Kunden.
2. Jede Ware muss, um verkäuflich zu sein, sachlichen und vor allem menschlichen Primärbedürfnissen entsprechen. Diese Bedürfnisse kann man wecken und entfalten, nicht aber erzeugen.
3. Nur wenige Käufe kommen ausschließlich aus Vernunfterwägungen zustande.
4. Die menschliche Trägheit ist der größte Feind und zugleich der stärkste Bundesgenosse des Verkäufers.
5. Energischer oder dynamischer Verkauf ist nicht dasselbe wie Aggressivität oder Hochdruckvorgehen.
6. Keine Ware wird allein ihrer vortrefflichen Eigenschaften wegen gekauft.
7. Der Preis als solcher ist selten allein ausschlaggebend dafür, ob ein Kauf zustande kommt oder nicht.
8. In der Regel sind Ihre Kunden anfänglich an Ihrem Angebot zu Ihren Bedingungen nicht interessiert, sondern müssen interessiert werden.
9. Ein Argumentations- oder Diskussionssieg über den Käufer wird oft zu einer Verkaufsniederlage.

10. Ein Verkaufsgespräch ohne Einwände des Kunden führt selten zum Erfolg.
11. Viele Verkaufsversuche missglücken schon, bevor sie begonnen haben.
12. Der Verkaufsprozess besteht in der Regel aus vier psychologischen Vorgängen, die leicht zu unterscheiden sind.
13. Diese Vorgänge entsprechen sechs verkaufstaktischen Stufen.
14.1 Eine geringfügige Veränderung einiger Wörter in einem einzigen Satz des Verkaufsgespräches kann einen Kauf entscheiden.
14.2 Und Internet verändert die Verkaufslandschaft, aber sie schaltet sie nicht aus.
15. Einzelgespräche müssen in zunehmendem Maße durch Gruppenverhandlungen ersetzt werden.
16. Der Kunde hat nicht immer Recht, aber es lohnt sich meistens, ihm Recht zu geben.

Jedem dieser sechzehn Grundsätze ist in diesem Buch ein Kapitel gewidmet (außer Punkt 12, der in vier Abschnitten behandelt wird).

Können **Sie** ein wirklich guter Verkäufer werden? Glauben Sie bitte nicht, dass alle Menschen, die etwas von Kundenbedienung verstehen oder Produktkenntnis haben, auch **wirkliche** Verkäufer werden können, weder durch Kurse, noch durch Bücher, noch durch angestrengte Arbeit. Aufträge entgegenzunehmen ist keine Kunst. Echtes Verkaufen verlangt professionelle Könner. Leider sehen nur wenige das ein. Verkaufen ist kein Beruf, der sich im Handumdrehen erlernen lässt. Es erfordert gründliche Kenntnisse wie jeder andere Beruf. Auch der Traum einer „lohnenden Vertretung“ erfüllt sich für den Laien nur in seiner Phantasie. Verkaufen ist Berufung und Aufgabe und verlangt außerdem eine Betätigung, die den meisten nicht liegt: Ein Verkäufer muss sich wohl dabei fühlen, viele Menschen aufzusuchen, die an sich wenig oder gar nicht davon erbaut sind, ihn anzuhören, um dann diese gleichen Menschen dennoch von einem Bedürfnis zu überzeugen, dessen sie sich häufig nicht bewusst sind und für das sie im Regelfalle kein Geld ausgeben wollen. Zudem muss man geschickt, freundlich und doch energisch und zäh genug sein, eine Beziehung aufzubauen, die den „Gesprächspartner wider Willen“ nicht bereuen lässt, sich darauf eingelassen zu haben. Dieses Ziel, diese erste Etappe zum Verkaufserfolg, gilt es nicht nur einmal, sondern **unzählige** Male Tag für Tag, Monat für Monat, Jahr für Jahr zu erreichen. Gerade diese nervlichen Anforderungen machen manchen unzufrieden. Innere Unzufriedenheit aber ist sehr oft die Ursache für Misserfolge des Verkäufers. Wer jedoch als Verkäufer durchdrungen ist von seiner Aufgabe und sie ihm Spaß macht, arbeitet nicht erfolglos. Wenn er außerdem bereit und entschlossen ist, sich mit für ihn neuen, zweckmäßigen Arbeitsmethoden vertraut zu machen, wird er ein besserer Verkäufer werden.

Warum erreichen Verkäufer meist weniger, als sie selber oder auch andere im Voraus angenommen haben? Warum klagen so viele Verkaufsleiter über mangelnde Leistung ihrer Verkäufer?

Die Ursachen dafür liegen u. a. vor allem darin:

1. Viele und nicht zuletzt die erfahrenen und routinierten Verkäufer alter Schule glauben, die „eigene Methode" (d. h. das eigene, häufig ganz unmethodische Vorgehen) sei die einzig richtige. *„Keiner kann von meiner Verkaufstätigkeit mehr verstehen als ich. Das mache ich nun schon etliche Jahre."*
   Daher schlagen sie die Erfahrungen und Lehren anderer in den Wind – sie „wissen es besser".
2. Die Schuld an Misserfolgen wird vom Verkäufer gern anderen Ursachen zugeschoben, z. B. dem Kunden, der Ware, dem Zeitpunkt, dem Arbeitsgebiet, der Konjunktur – nur nicht sich selbst! Dadurch unterbleibt die notwendige Selbstkritik, die erst die wahren Ursachen zu finden ermöglicht, und der Verkäufer lernt nichts aus den eigenen Fehlern.
3. Viele Verkäufer vergessen in ihrer Freude, keine direkte Absage bekommen zu haben, dass sie auch keinen Auftrag erhielten.
4. Die meisten sind weit schlechtere Psychologen als sie glauben. Sie überschätzen ihre Menschenkenntnis, behandeln ihre Kunden falsch, ohne es zu merken. Sie sind noch dazu so sehr von sich eingenommen, dass sie dem Kunden die Schuld am Misserfolg zuschreiben.
5. Nur wenige Verkäufer unterziehen sich einem systematischen Verkaufstraining (oder werden dazu angehalten) mit darauf folgender Methoden- und Ergebniskontrolle. Ein solches Training ist kein Kinderspiel. Es geht darum, neue Kenntnisse zu erwerben sowie Fähigkeiten zu entwickeln **und** sich zu einer entsprechenden Einstellung durchzuringen.

Bitte, lesen Sie dieses Buch **nicht** wie einen Roman! Nehmen Sie sich Zeit für jedes Kapitel. Lesen Sie es mehrmals. Und haben Sie immer einen Bleistift zur Hand, um das anstreichen zu können, was für Sie besonders wichtig ist!

Die Beispiele in diesem Buch sind aus einer Vielzahl von Branchen gewählt worden. Sie lassen sich fast immer sinngemäß auf Ihre Branche oder Ihre Tätigkeit übertragen.

In der Verkaufstätigkeit, die so reich ist an immer neuen Variationen und immer neuen Problemen, in der es so viele Zufälle gibt und die in unberechenbare Einflüsse hineinspielen, werden zwangsläufig Situationen eintreten, in denen Sie den Anweisungen dieses Buches genau entgegengesetzt handeln können und **trotzdem** zum Erfolg kommen. Ziehen Sie hieraus keinen falschen, allzu bequemen Schluss! Die ungewöhnliche Vielfalt stets wechselnder Situationen im Verkauf lässt es geboten erscheinen, die wichtigsten, von Tausenden Verkäufern im Inland wie im Ausland erprobten Erfahrungen einer Verkaufstechnik nicht abstrakt, sondern in systematischer Darbietung in unmittelbarer Anlehnung an die Praxis zu behandeln. Ziehen Sie daraus Nutzen!

Jedes Kapitel in diesem Buch wird mit vier Kontrollfragen und mit fünf Problemen aus der praktischen Verkaufsarbeit eingeleitet. Falls Sie diese vier Kontrollfragen ohne Mühe zufrieden stellend beantworten und die Probleme lösen können, enthält das Kapitel nichts Neues für Sie, und Sie können zum nächsten übergehen. Sollten Sie der Überzeugung sein, auf diese Weise alle Kapitel überspringen zu können, sind Sie entweder der perfekte Verkäufer, um den sich alle reißen werden oder Selbstkritik ist keine Ihrer besonderen Eigenschaften.

Die fünf Probleme sollten Sie zumindest nach dem Lesen des betreffenden Kapitels lösen können, zumal die Lösung entweder unmittelbar im Text wiedergegeben ist oder aus ihm hervorgeht. Die Problemstellungen zielen u. a. darauf ab, die praktische Bedeutung der Lehren oder Erfahrungssätze des Kapitels aufzuzeigen und als Eigenkontrolle zu dienen. Es kommt also auch darauf an, dass Sie prüfen, ob Sie die Lösungen von sich aus gefunden haben. Hierdurch können Sie Ihren Lernbedarf selbst programmieren. Außerdem können die Probleme beim Verkaufstraining und bei Verkäufertagungen als Diskussionsthemen oder Übungsaufgaben verwendet werden.

Um Missverständnisse zu vermeiden, sei zum Begriff des „Verkäufers“ angemerkt:

1. Mit „Verkäufer“ ist selbstverständlich auch jede Frau angesprochen, die diesen Beruf ausübt.
2. Der Begriff „Verkäufer“ bezeichnet die verkäuferische Funktion, gleich ob sie Vertretern, Agenten, Mitarbeitern, Technikern oder Führungskräften obliegt.

Die folgenden Lehren sind das Ergebnis von Erfahrungen, gewonnen bei der Ausbildung und Unterrichtung von Verkäufern verschiedenster Branchen und Aufgabengebiete. Seit der ersten Auflage sind fünfzig Jahre vergangen. Seitdem hat sich natürlich einiges geändert, wie z. B. das Umfeld, die Art der Kundenbeziehungen und die Rolle des Verkäufers, dem mehr Verantwortung und Verständnis abverlangt werden, sowie die Ausschaltung von Routineverhandlungen, die über Computer oder Internet ausgeübt werden. Deshalb wurde diese Auflage völlig überarbeitet und durch neueste Erfahrungen aus meiner persönlichen Instruktion von insgesamt über 400.000 Verkäufern in dreißig Ländern ergänzt. Dazu kommen die Erkenntnisse meiner über 650 Kollegen - alle vollamtlich in den 80 Mercuri Goldmann Internationalen Trainingszentren weltweit tätig. Der weltweit anhaltende Erfolg des Buches mag seinen Wert belegen. Hoffentlich helfen diese Erkenntnisse auch Ihnen.

Genf, im Sommer 2002 *Heinz M. Goldmann*

Kapitel 1
Was verkaufen Sie eigentlich?

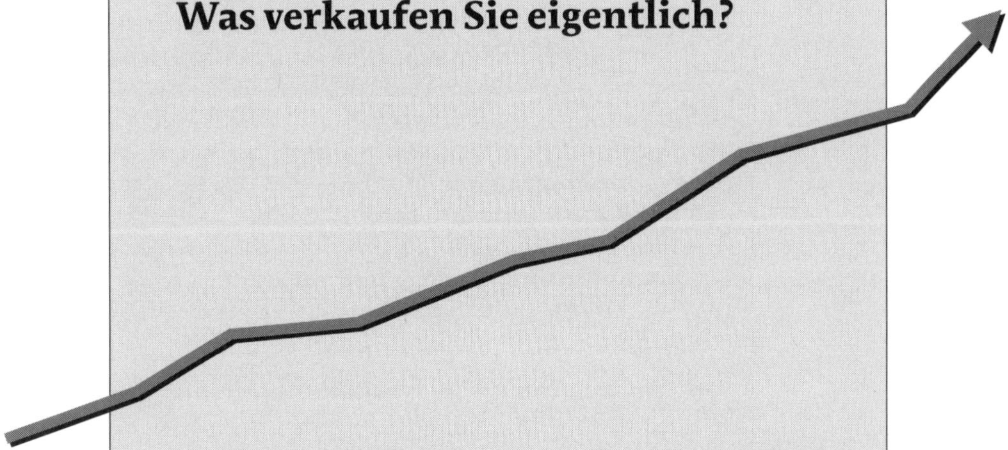

Können Sie diese vier Fragen beantworten?

1. Was bedeutet: „die Idee einer Ware verkaufen?“
2. Ist „Ideenverkauf“ dasselbe wie der Verkauf von Projekten oder Dienstleistungen?
3. Können Sie in einem einzigen Satz die Aufgabe des Verkäufers definieren?
4. Kann „Ideenverkauf“ auch bei Verkäufen an Wiederverkäufer angewendet werden?

Können Sie diese fünf Probleme lösen?

1

Rolf Feldmann verkauft die leistungsfähigsten Buchungscomputer mittlerer Preislage. Er kennt diese Geräte in- und auswendig und ist technisch sehr erfahren. Zudem sieht er gut aus und macht einen Vertrauen erweckenden Eindruck. Herr Feldmann wird fast immer geduldig angehört. Er wird vom Chef der Buchhaltung einer Kundenfirma empfangen. „Ich möchte Ihnen unseren neuen, vollelektronischen Buchungsautomaten zeigen. Man kann ohne Übertreibung sagen, dass er qualitativ der weitaus beste auf dem Markt ist." Und dann spricht er, wie immer, sachkundig über die verschiedenen technischen Vorzüge des Gerätes. Der Kunde scheint ihm auch, wie es fast immer der Fall ist, zu glauben. Dennoch hat Feldmann in keinem dieser Fälle einen Verkaufserfolg.

Leuchtet Ihnen das ein? Was müsste er anders machen?

2

Günther Bornheim ist ein sehr energischer Versicherungsvertreter. Seit 15 Jahren ist er mit wechselndem Erfolg tätig. Täglich besucht er etwa sechs Kunden, die er intensiv bearbeitet. Seine Firma findet, er sei etwas einseitig und nicht gerade das, was man eine „Abschlusskanone" nennt. Er könnte stundenlang über Versicherungen reden. Doch immer öfter fällt ihm auf, dass alle Leute ihre Versicherungen schon auf den neuesten Stand unter Dach und Fach gebracht zu haben scheinen und dass sie keine Lust zeigen, etwaige Probleme mit ihm zu erörtern.

Woran hapert es hier?

3

Ingenieur Richter vertritt eine große Fabrik der mechanischen Industrie. Er verkauft computergesteuerte Förderbänder. Sechs ganze Monate lang hat er Spezialstudien darüber betrieben. Zudem hat er mit Hilfe eines Konstrukteurs praktische Tests an verschiedenen Förderbändern durchgeführt, die zu interessanten Vergleichsziffern geführt haben. Diese Vergleichszahlen benutzt er nun als Hauptgesprächsstoff bei seinen Besuchen. Die Kunden zeigen sich zwar interessiert, aber er kann sie nicht zu einem Kaufwunsch bewegen.

Hat Richter den richtigen Weg gewählt?

? 4

Klaus Brückner, alter Ralleyfahrer, hat schnelle Autos und Motorräder zum Inhalt seines Lebens gemacht. Seit Jahren ist er Autovertreter, aber es ist ihm bisher noch nicht geglückt, mit den Verkaufsergebnissen der Spitzenverkäufer auch nur annähernd konkurrieren zu können. Im Verkäuferwettbewerb kommt Brückner selten über den drittletzten Platz hinaus, obwohl er von Autos mehr versteht als irgendeiner seiner Kollegen.

Versteht er davon vielleicht sogar zuviel? Kann das ein Fehler sein?

? 5

a) *Zwei Reisebüros inserieren zum gleichen Zeitpunkt für ihre Italienreise mit ungefähr gleichen Reiserouten und Preisen. Beide Anzeigen sind gut aufgemacht und gut platziert. Die Schlagzeile der einen Anzeige lautet: „Gesellschaftsreise nach Italien", und in der anderen heißt es: „Frühling im Winter in Italien!"*

b) *Auf einer Messe werden verschiedene Spülmaschinen ausgestellt. Eine Spülmaschine ist mit dem Schild versehen: „X-Maschine – das vollautomatische Wunder für die Küche." Auf der Maschine der Konkurrenz steht: „Jetzt brauchen Sie nur noch auf einen einzigen Knopf zu drücken."*

c) *Ein elektrischer Rasierapparat wird unter dem Schlagwort angeboten: „Elektrisch rasieren – endlich garantiert glatt", ein anderer: „Wollen Sie beim Rasieren Ihre Zeitung lesen?"*

d) *Eine Gesichtscreme wird als „Die beste, die es je gab" herausgestellt, und von der anderen wird gesagt: „Auch Ihre Haut wird weicher."*

e) *Ein besonders scharfes, gezahntes Essbesteck wird in einem Warenhaus mit: „Ein neuartiges Besteck, das wirklich schneidet" und in einem anderen mit: „Sie und Ihre Gäste bekommen zarteres Fleisch" angeboten.*

Welche Argumente erscheinen Ihnen verkaufsfördernder, die ersten oder die zweiten – und weshalb?

Was ist das Primäre?

Eine Ware wird gekauft, um ein bestimmtes Bedürfnis zu befriedigen. Sie ist nur Mittel zum Zweck. Deshalb sollte der Verkäufer nicht die Ware an den Kunden verkaufen, vielmehr muss er mit Hilfe der Ware, die er anbietet, das Verlangen des Kunden nach dem Zweck wecken und anregen.

Die Ware an und für sich ist zunächst von untergeordneter Bedeutung. Dagegen ist die Idee, der Zweck, der hinter der Ware steht, von primärer Bedeutung.

Nicht der Buchungscomputer,	sondern die Idee der rationellen, schnelleren Büroarbeit und absoluten Zuverlässigkeit der Buchhaltung ist das Verkaufsobjekt.
Nicht die Versicherungspolice,	sondern der Wunsch des Kunden nach wirtschaftlicher Sicherheit und Risikovermeidung.
Nicht das Transportband,	sondern der schnellere Ablauf der Produktion.
Nicht das Auto, Typ Luxusmodell,	sondern das Gefühl des überlegeneren Fahrens.
Nicht die Gesellschaftsreise,	sondern das Frühlingserlebnis im Winter.
Nicht die Spülmaschine,	sondern die volle Arbeitsentlastung.
Nicht das „Handy" oder das Mobiltelefon,	sondern die Bequemlichkeit, Erreichbarkeit, Verfügbarkeit.
Nicht ein kosmetisches Präparat,	sondern die schönere Haut.
Nicht das Besteck,	sondern das „bessere" Essen.

Denken Sie jetzt an Ihre Produkte – und die dahinter stehenden Bedürfnisziele.

Welche Ideen stecken in einer Ware?

Es gibt ebenso viele Ideen, die eine Ware entstehen ließen, wie es menschliche Wünsche und Bedürfnisse gibt. Die Ware ist ein toter Gegenstand. Er wird erst lebendig durch seine Eigenschaft, dem Kunden zu dienen und dessen Wünsche zufrieden zu stellen. Es leuchtet ein, dass die Verkaufsarbeit leichter und nutzbringender sein muss, wenn man anstatt einer Ware Ersparnis, Sicherheit, Zweckmäßigkeit, Bequemlichkeit usw. anbietet.

In der Tat spiegelt sich diese Überlegung auch im Unterschied der Verkaufsresultate derjenigen Verkäufer wider, die nur die Ware verkaufen können und jener, die gelernt haben, **die Idee** hinter der Ware zu verkaufen. In der Auswertung dieser Erkenntnis unterscheidet sich häufig der erstklassige vom mittelmäßigen Verkäufer.

Man verkauft nicht:	**sondern eine Idee, wie z. B.:**
Möbel	Gemütlichkeit
Fertigspeisen	einfach zubereitetes, gutes Essen
Haarwasser	Aussehen
Kleidung	Selbstgefühl
Unterricht	Berufserfolg
Lotterielose	Gewinnchancen
Pauschalreisen	„Urlaubsträume" (TUI)
Rasenmäher	Gartenschönheit, Freizeitbetätigung
Nähmaschinen	preiswerte Kleider nach eigenem Geschmack
Verpackung	unbeschädigte Lieferung
Industriemaschinen	rationellere Produktion.

Die Idee, die es im Zusammenhang mit einer Ware anzubieten gilt, kann von Kunde zu Kunde verschieden sein, denn Kaufmotive beruhen ja auf den individuellen Eigenarten der Menschen. So ist das Auto für den einen Kunden eine Geldanlage, für den anderen eine Prestigefrage, für den Dritten eine sportliche Betätigung, für den Vierten bequemer Schultransport für die Kinder usw. Für die meisten Warengruppen aber gibt es eine allgemein gültige Ideenlinie, die jeder Verkäufer ganz einfach kennen und erlernen **muss**, um sich ihrer bedienen zu können.

Und die Wiederverkäufer?

An dieser Stelle hört man häufig von Verkäufern, die mit Wiederverkäufern zu tun haben, folgenden Einwand: *„Mein Kunde kauft ganz einfach Stoffe und nicht Aussehen oder Geltung oder Schutzbedürfnis, denn er will sie ja nicht selbst verwenden, sondern weiterverkaufen! Er kauft keine Ideen."* Ist dieser Einwand berechtigt? Nein, denn der Wiederverkäufer kauft noch viel weniger eine Ware. Er kauft nicht Stoffe, Kochtöpfe, Gewürze, Fernsehgeräte, Maschinen oder Malerfarben – er kauft die Idee des Verkaufserfolges, des Verkaufsgewinnes! Je mehr sich also der Verkäufer darauf konzentriert, dem Wiederverkäufer **bei seinem Verkauf zu helfen,** desto leichter und besser leitet er seine eigene Verkaufsarbeit.

Problemlösungen verkaufen

Und noch etwas. Sie haben es immer mit **Menschen** zu tun. Und Menschen haben Probleme. Private, berufliche, ureigene, fremde. Jedes Unternehmen, jede Abteilung, jede Funktion steckt voller ungelöster Probleme: Leistung, Einsparung, Rationalisierung, Gewinnverbesserung, Verlustvermeidung und so fort. Die Ideen, die Sie hier verkaufen können, sind **Problemlösungen**. Das hilft Ihnen auch, wenn Sie keine konkreten Angebotsvorteile (gleiches Produkt, gleicher Preis wie der Wettbewerb) bieten können. Denken Sie einmal hierüber nach. Es lohnt sich.

In den folgenden Kapiteln werden Sie auf verschiedene Situationen des Verkaufs stoßen, bei denen immer wieder die Fähigkeit, die Idee der Ware und nicht die Ware als solche zu verkaufen, entscheidend für das Verkaufsresultat ist. Kontrollieren Sie sich selbst einmal genau – verwenden Sie wirklich den Grundsatz des Ideenverkaufs **in der Praxis?** Was sagen Sie dem Kunden? Welches ist Ihr wichtigstes Argument? Wie führen Sie eine neue Ware ein? Welches sind Ihre ersten Worte? Sprechen Sie von Ihrem Produkt? Oder von der Erfüllung eines Kundenwunsches? Nur sehr wenige Verkäufer beherrschen den Grundsatz des Ideenverkaufs. Bei internationalen Untersuchungen ergab sich, dass nur einer unter acht Verkäufern diesen Grundsatz beherrschte.

Sprechen Sie von der Ware? Oder von Wunscherfüllung?

Auch Sie sprechen sicher zu viel über Ihre Ware und zu wenig über die Idee, die sich dahinter versteckt. Oder nicht?

Eine Verkaufsdefinition

VERKAUFEN HEISST, MENSCHEN VOM VORTEIL EINER ANGEBOTENEN LEISTUNG ZU ÜBERZEUGEN.

Und in der Praxis kommt häufig erschwerend hinzu: „unaufgefordert“. Diese Auslegung unterscheidet zwischen dem eigentlichen Verkauf und der Auftragsentgegennahme, denn beim Verkauf liegt das ganze Gewicht darauf zu **überzeugen.** Außerdem geht daraus hervor, dass es nicht unbedingt eine konkrete Ware sein muss, die verkauft wird. Es können auch Dienstleistungen, Arbeitsprogramme, Projekte, Verbindungen u. a. sein. Vom verkaufspsychologischen Gesichtspunkt aus gibt es keinen prinzipiellen Unterschied zwischen dem Verkauf von konkreten Waren und Vorschlägen oder nicht kommerziellen Produkten (wie z. B. gemeinsamer Ausflug, Teilnahme an einem Vereinsfest, Bürgerinitiative) oder auch der eigenen Person (Stellensuche, Lohnerhöhung, Beförderung). In sämtlichen Fällen ist der Antragsteller oder Vorschlagende ein Verkäufer, der sein Gegenüber davon überzeugen will, dass es sich lohnt, seinen Vorschlag anzunehmen. Er verkauft immer die Idee einer Sache.

Ob Sie als Chef einer Brauerei eine Gemeinschaftswerbung für das Biertrinken vorschlagen, ob Sie Ihre Frau davon überzeugen wollen, dass Sie sich nicht länger Ihrer Verpflichtung entziehen können, die Familie K. einzuladen, ob Sie als leitender Ingenieur Arbeitern Anweisungen geben, ob Sie Lohnverhandlungen führen oder ob Sie ein Gesuch für ein Auslandsstipendium einreichen: immer gilt es zu überzeugen, immer sind Sie Verkäufer! Die Fähigkeit zu überzeugen ist eine wichtige Erfolgseigenschaft in **jeder Arbeit** und in **jedem Beruf.** Ist es dann noch verwunderlich, wenn wirkliche Spitzenverkäufer gut im Leben vorankommen?

Deshalb hat auch jeder Mensch Nutzen von Verkaufskenntnissen. Wie viele gute Vorschläge, Projekte, Pläne, Absichten, Anerbieten und Arbeitseinsätze sind nicht schon gescheitert, nur weil die Verkaufseinstellung und -fähigkeit fehlte!

Vom Berufsverkäufer wird diese Einstellung und das Prinzip des Ideenverkaufs naturgemäß in noch weit größerem Maße verlangt. Sonst sind echte Verkaufserfolge nicht möglich.

!

Jetzt können Sie wohl die vier einleitenden Fragen beantworten und die fünf Verkaufsprobleme lösen?

NOCH EINMAL: MAN VERKAUFT NICHT EINE WARE, SONDERN EINE IDEE! DAS MÜSSEN SIE ALS VERKÄUFER VERSTEHEN UND DANACH HANDELN!

Top-Thema Direktmarketing

Horst Löffler /Andreas Scherfke
Praxishandbuch Direkt-Marketing
336 Seiten, Festeinband
€(D) 29,90 / €(A) 30,70 / sFr 52,–
ISBN 3-464-48979-5

Direktmarketing ist aus der Praxis längst nicht mehr wegzudenken. Sein Instrumentarium umfasst weitaus mehr als Direct-Mailings und entwickelt sich ständig weiter: Database-Marketing hilft bei der Kundenprofilierung, das Internet eröffnet neue Kommunikationswege. Dieses Handbuch zeigt die Potenziale auf, die Direktmarketing für das eigene Unternehmen bietet. Unter Einbeziehung aktueller Entwicklungen wird erläutert, wie aus Strategien erfolgreiche Konzepte werden.

Die Autoren
Horst Löffler leitet die Schule der Deutschen Direktmarketing Akademie in Berlin. Andreas Scherfke ist in einem großen Unternehmen zuständig für Produktwerbung und Unternehmenskommunikation.

„Bewährte Erkenntnisse und Erfahrungen auf aktuellem Stand. Die wichtigsten Trends und künftige Entwicklungen. Kompetenter Leitfaden für die praktische Umsetzung.“
Unternehmer Magazin, 5/2001

Ierausforderung Trade-Marketing

Neu!
erscheint
April 2002

usanne Czech-Winkelmann
andbuch Trade-Marketing
a. 320 Seiten, Festeinband.
(D) 29,90 / €(A) 30,70 / sFr 52,–
SBN 3-464-48974-4

'eil die Position des Handels immer ärker wird, kämpft die herstellende dustrie um jeden Regalzentimeter in en Handelsketten. Das Vertriebs- anagement muss deshalb neben den Endkunden" zunehmend auch die teressen der Handelskunden beach- en. „Trade-Marketing" heißt die neue erausforderung. Dieser Band stellt onzepte, Instrumente, Organisations- ormen und Management dafür vor. ugleich wird verdeutlicht, welche ertriebsbezogenen Grundsatz- ntscheidungen warum zu treffen nd. Checklisten und Übersichten rleichtern die Umsetzung in die Praxis.

ie Autorin

usanne Czech-Winkelmann arbeitete n Marketing und Vertrieb internationaler Internehmen der Arznei-, Lebensmittel- nd Kosmetikbranche. Heute unter- chtet sie als Professorin für Vertriebs- ıanagement an einer Fachhochschule.

Kundenbindung I: erfolgreiche Strategien

Jörg Brandt / Ulrich G. Schneider
Handbuch Kundenbindung
308 Seiten, Festeinband
€(D) 34,90 / €(A) 35,90 / sFr 60,70
ISBN 3-464-48978-7

Nur Unternehmen mit dauerhaften Kundenbeziehungen sichern sich langfristig Wettbewerbsvorteile. Getreu dem Motto „Von Erfolgreichen lernen heißt siegen lernen" geht dieses Handbuch der Frage nach, wie erfolgreiche Kundenbindungsstrategien in namhaften Unternehmen umgesetzt wurden. Experten aus den Führungsetagen von *Lands End, Steigenberger, FedEx Software AG, Wal Mart* und *Pedus Service* vermitteln einen repräsentativen Querschnitt erfolgreicher Kundenbindungsmodelle.

Die Autoren
Jörg Brandt ist Leiter eines Weiterbildungszentrums in Wiesbaden. Ulrich G. Schneider ist Geschäftsführer des Bundesverbandes Informations- und Kommunikationssysteme e.V. in Bad Homburg.

„Dieses Buch sollte Pflichtlektüre für Mittelständler sein – schon deshalb, weil sich hier Beispiele aus kleineren Firmen finden, die eine vorbildliche Strategie zur Kundenbindung verfolgen. Damit hebt sich der Band von zahllosen Veröffentlichungen ab."
Markt und Mittelstand, 9/2001

‹undenbindung II: nach dem Kauf ist vor dem ...

/olfgang A. Fuchs
andbuch After Sales Communication
04 Seiten, Festeinband
(D) 29,90 / €(A) 30,70 / sFr 52,–
3BN 3-464-48980-9

eue Marketingkonzepte haben den unden wieder entdeckt. Ein Grund-atz dabei: wer an einer dauerhaften undenbindung interessiert ist, emüht sich um ihre Zufriedenheit urch Kommunikation *nach* dem Kauf. as Handbuch erläutert und bewertet ie Instrumente dafür – vom traditio-ellen Kundendienst bis hin zum mfassenden After Sales Marketing. s richtet sich gleichermaßen an undenbetreuer und Marketing-trategen.

Jer Autor
Prof. Dr. Wolfgang A. Fuchs ist Studiengangleiter Werbewirtschaft nd Werbetechnik der Hochschule ür Druck und Medien, Stuttgart. 'or seiner Berufung war er u. a. bei inem Konzern der Elektrobranche ätig.

Das Handbuch befasst sich gründlich mit wichtigen nstrumenten, Herausforderungen und Trends im ebenslangen Kundengespräch und geht dabei auch xplizit auf Branchenunterschiede ein.“
Sales Business, 3/2001

Wettbewerbsvorteil: motivierte Mitarbeiter

Ursula Oppermann-Weber
Handbuch Führungspraxis
320 Seiten, Festeinband
€(D) 34,90 / €(A) 35,90 / sFr 60,70
ISBN 3-464-48975-2

Ohne engagierte Mitarbeiter kann kein Unternehmen mehr erfolgreich am Markt bestehen. Eine effektive Mitarbeiterführung wiederum gelingt nur, wenn sie nicht instrumentalisiert wird und in alle Bereiche der Unternehmens- und Kommunikationskultur integriert ist. Das stellt die Autorin überzeugend dar. Zugleich geht sie detailliert auf Instrumente und Maßnahmen ein. Rechtliche Aspekte werden ebenso erläutert wie die Reduzierung des Krankenstandes und besondere Problemlagen. Checklisten helfen bei der Umsetzung in die Praxis.

Die Autorin
Ursula Oppermann-Weber ist selbstständige Beraterin für Marketing und Unternehmensführung. Mit ihrem Trainerteam führt sie bedarfs- und zielorientierte Kommunikations-, Vertriebs- und Führungstrainings durch.

„Fundiertes Grundlagenwissen über Führungsverhalten. Hervorragender Leitfaden aus der Praxis für den Praktiker."
quip – Magazin der Wirtschaftsjunioren Deutschland, 6/2001

ührungsinstrument Mitarbeitergespräche

ochem Kießling-Sonntag
landbuch Mitarbeitergespräche
80 Seiten, Festeinband
(D) 29,90 / €(A) 30,70 / sFr 52,–
SBN 3-464-48983-3

litarbeitergespräche können ein irksames Führungsinstrument sein – enn sie „richtig“ geführt werden. ass rationelles Vorgehen und mehr esprächsqualität einander dabei icht ausschließen müssen, wird im landbuch eindrucksvoll belegt. ine gute Vorbereitung, die Beachtung rundlegender Kommunikationsregeln nd der Einsatz gezielter Techniken ind die Basis erfolgreicher Gespräche.

er Autor
r. Jochem Kießling-Sonntag, eschäftsführer eines Instituts für lanagemententwicklung, ist als erater und als Trainer für renommierte Unternehmen eng mit dem Thema erbunden.

Das Gesprächskompendium, an dem eine Führungskraft vorbeikommt.“
all Center Profi, 7-8/2001

Unternehmenserfolg sichern

Klaus Birker / Werner Pepels (Hrsg.)
Handbuch Krisenbewusstes Management
360 Seiten, Festeinband
€(D) 29,90 / €(A) 30,70 / sFr 52,–
ISBN 3-464-48981-7

Die steigende Zahl von Konkursen und Insolvenzen verdeutlicht: In vielen Unternehmen werden Probleme so lange verdrängt oder Warnzeichen nicht wahrgenommen, bis es zu spät ist. Durch ein krisenbewusstes Management ließen sich viele Pleiten vermeiden. In diesem Handbuch werden alle Aspekte des Themas dargestellt – vom differenzierten „Frühwarnsystem" bis hin zur akuten Krisenbewältigung. Ein Fallbeispiel zeigt das Gesamtkonzept einer Sanierung im Praxiszusammenhang auf.

Herausgeber und Autoren
Prof. Klaus Birker, FH Ludwigshafen, und Prof. Werner Pepels , FH Gelsenkirchen, koordinieren als Herausgeber die Beiträge mehrerer Fachautoren aus Lehre und Unternehmenspraxis.

„Das *Handbuch Krisenbewusstes Management* bietet Informationen zur Problemlösung und zeigt, welche Gegenmaßnahmen bei welchem Sanierungsbedarf greifen."
Die Welt, 30.5.2000

rfolgreiche Asien-Geschäfte

ngela Kessel (Hrsg.)
andbuch Business-Training Südostasien
92 Seiten, Festeinband
(D) 29,90 / €(A) 30,70 / sFr 52,–
BN 3-464-48982-5

nentbehrlich für erfolgreiche Handels- eziehungen mit südostasiatischen ändern: fundierte Kenntnisse sozio- ultureller Besonderheiten und ihrer edeutung für den Geschäftsalltag. as Handbuch vermittelt das erforder- che Hintergrundwissen, um sich diesen Kulturkreisen angemessen ewegen zu können. Viele Tipps und eispiele machen es zu einem unent- ehrlichen Ratgeber für die Praxis.

erausgeberin und Autoren

ngela Kessel, die Herausgeberin, ist benso wie die übrigen Autoren und utorinnen in der westlichen und der siatischen Kultur zu Hause. Alle sind als rainer in entsprechenden Abteilungen on Firmen bzw. Institutionen mit iesem Wirtschaftsraum befasst.

Das Handbuch bietet fundiertes Wissen auf allen Ebenen und dürfte elfen, so manchen Fauxpas zu vermeiden. Für alle, die erfolgreich eschäfte mit asiatischen Partnern machen wollen.“
uip – Magazin der Wirtschaftsjunioren Deutschland, 5/2000

Ziel: gelungenes Grafik-Design

Patricia Pisani / Susanne Radtke
Handbuch Visuelle Mediengestaltung
320 Seiten, Festeinband, mit CD-ROM
€(D) 34,90 / €(A) 35,90 / sFr 60,70
ISBN 3-464-48977-9

Dieses Handbuch bietet eine umfassende Einführung in die visuelle Sprache und beleuchtet sämtliche Elemente des Grafik-Designs. Es führt von den klassischen Grundlagen hin zur Anwendung im Screen-Design und enthält zahlreiche Übungen für Standardprogramme. Darüber hinaus werden gestalterische Gesamtkonzepte und deren medienspezifische Umsetzung (Web-Auftritt, CD-ROM) vorgestellt.

Die Autorinnen
Patricia Pisani ist Kunstpädagogin, Susanne Radtke Diplom-Designerin. Beide Autorinnen haben designorientierte Berufspraxis und sind langjährig als Multimediadozentinnen tätig, u.a. an der HdK in Berlin.

„Ein Grundlagenwerk, das sich besonders als Begleitlektüre bei der Ausbildung aller gestalterischen Berufe eignet. Ideal für Full-Service-Anbieter, die ihren Auszubildenden einen umfassenden Einblick in die moderne Medienwelt geben wollen."
Large Format, 9/2001

n Vorbereitung

'erner Pepels / Reiner Bröckermann
Hrsg.)
andbuch Recruitment
a. 320 Seiten, Festeinband
a. €(D) 34,90 / €(A) 35,90 / sFr 60,70
SBN 3-464-48964-7
rscheint September 2002

Der Band stellt neue Wege zur Personalakquisition vor. Behandelt werden u.a. Personal- und Akquisitionsplanung, Ausschreibung und Kontaktaufnahme sowie Auswahlverfahren.

etlef Wehling (Hrsg.)
andbuch für Existenzgründer
a. 336 Seiten, Festeinband
it CD-ROM
a. €(D) 39,90 / €(A) 41,– / sFr 69,–
SBN 3-464-48969-8
rscheint September 2002

Eine umfassende, praxisnahe Einführung in das Gründungsmanagement: Strategiebildung, Netzwerk, Vermarktung, Standortfrage, Business-Planning, Finanzierung und Förderung etc.

laus Birker (Hrsg.)
andbuch
raktische Betriebswirtschaft
a. 864 Seiten, Festeinband
a. €(D) 44,90 / €(A) 46,20 / sFr 77,70
SBN 3-464-48987-6
rscheint September 2002

Das Standardwerk zum betriebswirtschaftlichen und kaufmännischen Grundwissen. Die 4. Auflage ist grundlegend überarbeitet, erweitert und aktualisiert.

leinz M. Goldmann
Vie man Kunden gewinnt
a. 280 Seiten, Festeinband
a. €(D) 20,90 / €(A) 21,50 / sFr 37,20
SBN 3-464-49204-4
rscheint August 2002

Wer sich mit Verkäuferschulung befasst, kommt am „Goldmann“ nicht vorbei. Die 13. Auflage des Klassikers wird gründlich aktualisiert und mit zeitgemäßen Beispielen versehen.

Kapitel 2
Ist Ihre Ware verkäuflich?

Können Sie diese vier Fragen beantworten?

1. Kennen Sie den Zusammenhang zwischen Bedürfnissen und Kaufmotiven?
2. Was sind „bedingte Bedürfnisse" und welche Sonderstellung haben sie vom verkaufstaktischen Gesichtspunkt aus?
3. Haben alle Käufer die gleichen „Primärbedürfnisse"?
4. Was bedeutet das Geltungsbedürfnis im Verkauf?

Können Sie diese fünf Probleme lösen?

? 1

Eine Fabrik stellt einen Schreibcomputer mit einer Reihe epochaler Neuerungen her. Ein technisch so vollendetes Gerät hat es bisher nicht gegeben. Dennoch muss die Fabrikation eingestellt werden, denn die Bürokräfte lehnen das neue Gerät ab.

Eine echte Verbesserung wird negativ aufgenommen. Wie können Sie sich das erklären?

? 2

Ein Automobilhersteller rüstet seine Sportwagen mit einer vollautomatischen Schaltung gegen geringe Mehrkosten aus. Diese Maßnahme schlägt jedoch nicht ein; die Verkaufsergebnisse für diese zusätzliche Bequemlichkeit sind enttäuschend.

Warum ziehen fast alle Kunden den althergebrachten „Schaltknüppel" vor?

? 3

In einem schweizerischen Winterkurort konkurrieren mehrere Barbetriebe um die Gunst exklusiver Gäste. In diesem Wettbewerb unterliegt das eben renovierte Luxusrestaurant X trotz einer teuren, hypereleganten Einrichtung. Der Inhaber des besuchtesten Lokals denkt dagegen gar nicht daran, zu vertuschen, dass seine Gaststätte einmal als Kuhstall gedient hat. Sie ist weiterhin als eine Art Stall mit primitiven Sitzgelegenheiten eingerichtet und zieht besonders exklusive Gäste an.

Wie erklärt sich die Einstellung der Gäste? Berührt sie auch Ihren Verkauf in irgendeiner Weise?

? 4

Ingenieur Großmann verkauft Zeitkontrollautomaten. Er hat bei einigen großen Fabriken Erfolg. Getreu dem alten Grundsatz, dass es sich lohnt, Stammkunden verstärkt zu bearbeiten, nimmt er sich vor, auch an die kaufmännischen Büros dieser Fabriken Stempeluhren zu verkaufen. Seine Verkaufsargumente sind im Großen und Ganzen dieselben geblieben: bessere Ordnung und Übersicht, Kostenberechnung, objektive Kontrolle der Arbeitszeit, Unterlagen für Leistungsbeurteilung usw. Aber Großmann stößt auf Widerstand. Zumeist wird ihm erklärt, Zeitkontrollen in den Büros seien unnötig und nicht mehr zeitgemäß und man sei gegenwärtig auch nicht gewillt, für eine derartige Anlage Geld auszugeben. Großmann steht vor einem Rätsel und überlegt hin und her, ob nicht noch etwas anderes dahinter stecken könnte, zumal die Pünktlichkeit in den Büros ganz offensichtlich nicht zufrieden stellend ist. Aber der Widerstand liegt nicht in erster Linie bei der Direktion. Einer seiner Kollegen meint, es sei eben etwas anderes, an Kaufleute zu verkaufen als an Techniker.

Liegt hier das Problem?

? 5

Der Verkauf von Maschinen erfordert im Allgemeinen umfassende Untersuchungs- und Planungsarbeiten des Verkäufers. Auch Ingenieur Seidel verhandelt seit mehreren Monaten mit dem Betriebsingenieur und dessen Kollegen über den Verkauf einer Turbine, die einem Kraftwerk angeboten werden soll.

Das Ergebnis dieser Untersuchung veranlasst ihn, der obersten Geschäftsleitung des Kraftwerkes ein gut durchdachtes und bis in alle Einzelheiten ausgearbeitetes Gutachten vorzulegen. Seidel ist davon durchdrungen, dass die aufgewandte Arbeit zu einem wirklich brauchbaren Vorschlag geführt hat, den die von ihm besuchte Geschäftsleitung schon bei einer ersten flüchtigen Durchsicht gutheißen wird.

Zu seiner Verwunderung nimmt die Geschäftsleitung aber eine peinlich genaue Detailprüfung vor und bringt ziemlich unberechtigte und kleinliche Bemängelungen vor. Ingenieur Seidel wird nervös, und erst im letzten Augenblick gelingt es ihm, sich zu beherrschen und seinen psychologischen Fehler zu entdecken. Diesen Fehler hatte er auch früher schon gemacht. Es wird ihm klar, dass ein logisch richtiger Gedanke nicht unbedingt auch psychologisch richtig sein muss.

Ziehen Sie hieraus irgendwelche Schlussfolgerungen für Ihren Verkauf?

Der Verkäufer und die Fabrikation

Der Verkäufer darf ja nur selten mitbestimmen, welche Waren gekauft oder hergestellt und wie sie beschaffen sein sollen. Wahrscheinlich liegt darin eine Ursache für viele unverkäufliche Waren auf dem Markt. Gerade Verkäufer sind oft die einzigen Menschen mit unmittelbarem und laufendem Kontakt zu den infrage kommenden Käufergruppen. Durch diese Unterlassungssünde entsteht noch ein weiteres, ernstes Problem:

Der Verkäufer neigt nach einigen Fehlschläge sehr leicht zu der Annahme, seine Ware sei unverkäuflich, weil sie ohne sein Mitwirken herausgebracht wurde. Deshalb möchte er sich auch jener nicht leichten Pionierarbeit entziehen, die nun einmal jede Einführung von Neuheiten mit sich bringt. Diese Reaktion kann bis zum passiven Boykott gehen: Der Verkäufer möchte die Unverkäuflichkeit der Ware beweisen. Eine derartige Einstellung des Verkäufers könnte kaum auftreten, wenn er bereits im Herstellungs- oder Einkaufsstadium mitverantwortlich hinzugezogen worden wäre.

Wofür der Mensch lebt

Eine Voraussetzung für die Verkäuflichkeit einer Ware ist, dass sie den Primärbedürfnissen des Menschen entspricht. Eine Ausnahme bilden die zur Gruppe der **bedingten Bedürfnisse** gehörenden Waren, d. h. die Waren, die man nur kauft, um andere Waren herstellen, verkaufen oder verbrauchen zu können (z. B. Rohwaren und Produktionsmittel der Industrie). Aber wenn hier auch nicht immer ein Primärbedürfnis des Menschen angesprochen wird, so tritt es trotzdem bei der Wahl der Einkaufsquelle oder des Verkäufers zutage. Wenn die Warenangebote gerade auf diesem Gebiet sich mehr und mehr gleichen und keine konkreten Unterschiede mehr aufweisen, sodass sie auch über das Internet verkauft werden könnten, müssen ja psychologische Momente den Ausschlag geben, wie z. B. der Kontakt zum Verkäufer, eine lange Geschäftsverbindung oder dergleichen (vergleichen Sie auch Kapitel 3).

Alle Menschen haben im Großen und Ganzen die gleichen Ziele und Wünsche, z. B. den Wunsch, reich zu sein, von anderen bewundert zu werden, Erfolg zu haben, ihre Gesundheit zu bewahren usw. Wir alle streben danach, solche Ziele, die unserem Leben einen Inhalt geben, zu verwirklichen. Dies sind Wünsche und Ziele, die viele unserer Handlungen und Reaktionen beeinflussen, und das natürlich auch, wenn wir als Käufer auftreten.

Eine Ware, die unserem Bedürfnis nach Bequemlichkeit entspricht (z. B. eine Spülmaschine), oder eine Ware, die unsere Anziehungskraft in den Augen anderer erhöht (z. B. Kleidung), die Geld und Arbeitskraft spart (z. B. ein Fotokopierer), die unserer Gesundheit dient (z. B. vitaminreiche Kost), die unseren Spieltrieb befriedigt (z. B. ein Sportgerät), kurz alle Waren, die unsere persönlichen Bedürfnisse und Wünsche erfüllen, haben immer einen Markt. Wieweit die Ware dann diesen Markt verwerten kann, hängt u. a. von der Fähigkeit des Verkäufers ab, die Idee der Ware verkaufen zu lernen – d. h. den Kern der Idee herauszufinden, die ganz unmittelbar das Primärbedürfnis des künftigen Kunden anspricht.

Unsere Primärbedürfnisse

Wie viele Primärbedürfnisse gibt es? Die Theorien darüber gehen auseinander. Die einen sagen, es gibt nur zwei, andere, es gäbe Dutzende von Primärbedürfnissen. Ein Verzeichnis nennt sogar 68 Primärbedürfnisse. Hier folgt, ohne Anspruch auf wissenschaftliche Genauigkeit, eine Aufstellung der erkennbaren und für den Verkauf wichtigsten Bedürfnisse:

1. **Geltungsbedürfnis** (Einfluss, Prestige, Stellung, Anerkennung, Beliebtheit), Eigenliebe, Wettbewerbsstreben, Machtstreben, Betätigungsbedürfnis (schöpferische Arbeit, Berufstätigkeit), Statusstreben (äußere Zeichen einer Stellung), Nachahmung (Nachleben von Vorbildern).
2. **Sexualtrieb – Liebe** (Wunsch nach stärkerer Männlichkeit oder Weiblichkeit bzw. besserem Aussehen oder erotischer Anziehungskraft).
3. **Anlehnungsbedürfnis** (Anschluss, Geselligkeitswunsch, Kontakt, Familie, Freundschaft, Zuneigung).
4. **Selbsterhaltungstrieb und Gesundheitsstreben** (Schutz gegen Krankheit und Altern).
5. **Gewinntrieb** (Besitzstreben, Geldverdienen, Sammlertätigkeit, finanzieller Berufserfolg, Spielleidenschaft).
6. **Neugiertrieb** (Wissbegierde, Experimentierlust).
7. **Bequemlichkeitsbedürfnis** (Ausruhen, Trägheit, Arbeitserleichterung).
8. **Sicherheitsbedürfnis** (Schutz vor Risiko, Verlust, Schmerz, Furcht und Unruhe).

Der konstruktiv arbeitende Verkäufer versteht es, seine Verkaufstaktik mit den Primärbedürfnissen seiner Kunden in Einklang zu bringen.

Geltungsbedürfniss und Verkauf

Es gibt nur wenig Verkaufsgelegenheiten, bei denen der Käufer nicht durch sein Geltungsbedürfnis beeinflusst wird und der Verkäufer nicht daran appellieren kann. Denken Sie gerade über diesen Punkt und dessen praktische Auswirkungen ausführlich nach! Mehr hierüber im nächsten Kapitel.

Lösung der fünf Probleme

Die fünf Probleme haben Sie wohl schon gelöst? Weshalb wurde der technisch vollendete Schreibcomputer kein Verkaufserfolg? Weil die menschliche Trägheit, die wir ja alle kennen und die sich im vorliegenden Falle in der Ablehnung der Umgewöhnung an ein neues System bemerkbar machte, einen aktiven und passiven Widerstand der Benutzer auslöste. Sie erkannten zwar, dass sich mit der neuen Maschine in einigen Wochen eine größere Schnelligkeit erzielen ließe. Das hätte aber, wie schon gesagt, eine wirkliche Anstrengung erfordert.

Die automatische Schaltung bei den Sportwagen schlug nicht ein, weil die Kunden der Meinung waren, sie vermindere die Beschleunigung und mache zugleich einen Teil des Reizes beim Autofahren, der in einer geschickten Hantierung der Handschaltung liegt, zunichte.

Es verwundert nicht, dass die luxuriöse Bar hinter der Kuhstallbar zurückstehen muss, weil es hier gelungen ist, eine urgemütliche Atmosphäre zu schaffen, mit einem Kontrastreiz gerade für verwöhnte Luxusgäste.

Der wirkliche Widerstand gegen die Zeitkontrolle im Büro ging von den Angestellten aus, zumal die Geschäftsleitung den möglichen Gewinn nicht für so ausschlaggebend hielt, um einen Konflikt zu rechtfertigen. Zeitkontrolle ist ein heikles Thema geworden und verletzt leicht das Selbstgefühl derer, die sich einer Kontrolleinrichtung einordnen sollen. Diesen Widerstand muss der Verkäufer aber erst entdecken und überwinden, bevor er verkaufen kann.

Nicht nur die Ware muss unserem Primärbedürfnis entsprechen, sondern natürlich auch die Durchführung der Verkaufshandlung. Das starke Geltungsbedürfnis treibt den Menschen dann und wann zu sachlich bedeutungslosen Einwänden und – als umworbener Kunde – oft auch zu einer kleinlichen, überkritischen und überheblichen Einstellung dem Angebot gegenüber. Ein Vorschlag kann auch zu gut oder zu vollkommen sein und beim Partner das Gefühl der Unterlegenheit hervorrufen. Durch dieses Gefühl der Unterlegenheit wird manchem Kunden die Freude an einem an sich interessanten Projekt genommen, und er bringt es nicht mehr fertig, sich mit dem Vorschlag zu identifizieren (vergleiche auch Kapitel 9).

In all diesen fünf Fällen hat der Misserfolg die gleiche Ursache: Das Angebot hat sich in Inhalt und Form über ein dominierendes Primärbedürfnis hinweggesetzt. Es war Aufgabe dieses Kapitels, die Bedeutung einer besseren und schärferen Beobachtung der Motive von Handlungen und Reaktionen aufzuzeigen.

!

Jetzt können Sie wohl die vier einleitenden Fragen beantworten und die fünf Verkaufsprobleme lösen?

JE MEHR IHR ANGEBOT DEN PRIMÄRBEDÜRFNISSEN DES MENSCHEN ENTSPRICHT, DESTO LEICHTER LÄSST ES SICH VERKAUFEN. DABEI SPIELT AUCH DIE KUNDENORIENTIERTE VERHANDLUNGSWEISE DES VERKÄUFERS EINE GROSSE ROLLE.

Kapitel 3
Wie reagieren Kunden heute?

Können Sie diese vier Fragen beantworten?

1. Wann machen sich Gefühlsreaktionen beim Verkauf industrieller Produkte geltend?
2. Warum werden so viele Gefühlsreaktionen als Vernunfthandlungen aufgefasst?
3. Welche Umstände entscheiden darüber, welches von zwei konkurrierenden Unternehmen, die die gleich Ware zu gleichen Bedingungen anbieten, den Auftrag bekommt?
4. Was bedeutet die Motivforschung für den Verkauf von heute?

Können Sie diese fünf Probleme lösen?

? 1

Zwei Firmen bieten einem Industrieunternehmen ein Produkt zu den gleichen Preisen und den gleichen Qualitäten an. Wichtiger Punkt ist die Lieferzeit: Firma A vier Wochen, Firma B sechs Wochen. Die Vertreter beider Unternehmen waren dem Einkäufer der Firma früher unbekannt. Beide Firmen haben einen guten Ruf. Unternehmen B erhält den Auftrag.

Was kann der Anlass gewesen sein?

? 2

Lebensversicherungsvertreter wissen, dass der Verkauf bzw. Abschluss schwieriger wird, wenn man zu viel über den Tod des Kunden redet, auch wenn das in umschriebener Form geschieht. Je mehr Sie aber auf die Sorgen des Familienvaters, auf die Erziehung und Fortbildung der Kinder, auf den Schutz der Familie, auf die materielle Sicherstellung der Zukunft eingehen, desto besser werden die Aussichten.

Zu welchen Überlegungen veranlasst Sie dies?

? 3

Hersteller von Zahncreme haben oft durch kostspielige Erfahrungen gelernt, dass diese nicht so sehr aus gesundheitshygienischen Gründen gekauft wird, sondern dass andere Kaufmotive entscheidend sind. Die Werbung für Zahncreme zeigt deutliche Spuren dieser Erkenntnis.

Können Sie daraus neue Argumente für Ihre persönlichen Verkaufsbemühungen gewinnen?

? 4

Ingenieur Schuster verhandelt mit dem Fabrikanten Hofmeister in einem bayerischen Städtchen über die Installation von Leuchtröhren, die im Kontor und in gewissen Fabrikabteilungen angebracht werden sollen. Eine technische Angabe nach der anderen zieht er als Nachweis dafür heran, dass die Neonleuchte durch ihre wirtschaftlichen und lichttechnischen Vorteile auch der besten Glühlampenbeleuchtung überlegen ist. Zwar werden die Angaben nicht bezweifelt, aber gekauft wird nicht.

Schuster ist ein hartnäckiger Mann; er bearbeitet den Fabrikanten beinahe ein halbes Jahr. Unlängst ruft er ihn von München an, um den Zeitpunkt für ein neues Gespräch zu vereinbaren. Zu dem vom Fabrikanten vorgeschlagenen Termin muss er wahrheitsgemäß erklären: „Nein, zu diesem Zeitpunkt geht es leider nicht. Da bin ich gerade in der neuen Zweigfabrik der X-Farbwerke, um dort eine Installation zu überwachen. Aber eine Stunde später könnte ich zu Ihnen kommen."

Beim Besuch fragt der Fabrikant anscheinend gleichgültig: „So, so, die X-Farbwerke haben eine Neonanlage gekauft?" „Ja, für das Büro und das Mischwerk." „Hm, so, so," antwortet der Fabrikant nachdenklich.

Welche Schlüsse zieht Schuster, die er für den erfolgreichen Abschluss ausnützen kann?

? 5

Eine Hamburger Firma für Fischkonserven versucht nach England zu exportieren und stößt auf einen norwegischen Konkurrenten. Besondere Vorteile in Preis oder Qualität können nicht geboten werden. Im Gegenteil, der Preis ist etwas höher. Kann man da dem Importeur nicht irgendeinen Grund geben, die deutschen Konserven dennoch vorzuziehen? Konkrete Vorteile kaum, aber einige Worte im Angebot sichern den ersten Auftrag: „Wir sind gerne bereit, einen Zusatzdruck auf den Büchsen vorzunehmen: „Specially packed for X. Fish Import Company" und keinem Ihrer Mitbewerber ein ähnliches Angebot zu machen. So etwas „zieht" häufig und ist außerdem ein Ausweg, wenn der Verkäufer dem Kunden sonst keine materiellen Vorteile bieten kann.

Auf welche Weise können Sie in Ihrer Tätigkeit diesen Gedanken ausnutzen? Kann er bei Ihnen nicht noch weiter ausgebaut werden? Tut es schon jemand unter Ihren Konkurrenten? Wenn ja, dann suchen Sie einen anderen Weg. Wenn es noch niemand getan hat, dann sollte es sich besonders für Sie lohnen. Gerade, wenn es alles andere als „branchenüblich" ist!

Man hat lange geglaubt, dass allein das verstandes- und vernunftmäßige Denken die entscheidende Triebfeder für Einkaufshandlungen sei, bis man entdeckte, dass diese Handlungen in unmittelbarem Zusammenhang mit den Primärbedürfnissen stehen und stark gefühlsbetont sind. Viele so genannte Vernunftreaktionen sind von kritischen Beobachtern als verkappte Gefühle erkannt worden. Die Vernunft vollzieht dabei nur eine Sichtung, Kontrolle, Zensur und Verdrängung unserer Gefühlsreaktionen.

Die moderne Motivforschung, die mit tiefenpsychologischen und psychoanalytischen Methoden arbeitet, ist inzwischen ein mindestens ebenso wertvolles Instrument der Verkaufsdirektion geworden wie die herkömmliche Marktforschung. Für den fortschrittlichen Verkäufer ergibt sich eine Fülle von Erkenntnissen aus der Motivforschung. Sie zeigen oft verblüffende Ergebnisse über den tieferen Grund von Einkaufsentscheidungen. Aber ganz abgesehen davon bekommen Sie durch das Studium der einschlägigen Literatur ein besseres Empfindungsvermögen für die Reaktionen Ihrer Kunden. Viele einschlägige Beispiele, welche die Tiefendimensionen von Kaufgewohnheiten und Kaufentschlüssen aufzeigen, trainieren Ihr Erfassungsvermögen hinsichtlich irrationaler Strömungen im Kontakt Verkäufer – Kunde.

Niemand kauft eine Höhensonne zur Verbesserung seiner Gesundheit, viele aber, um ihr Aussehen zu verschönern und sich damit größere Sicherheit im Auftreten zu geben. Ferienreisen „mit Bildungszweck“ nach Paris oder Rom stellen sich bei näherer Prüfung oft als Hoffnungen auf romantische oder abenteuerliche Erlebnisse heraus. Beim Kauf von Kleidungsstücken legt der Käufer meist mehr Wert auf Aussehen und Modewert als auf die Qualität. Ein wichtigeres Motiv als ein verbesserter Motor ist beim Kauf eines Neuwagens oft, dass der Nachbar oder Schwager letzthin ein „besseres“ Auto erworben hat. Wie oft geben Leute Geld, das sie eigentlich gar nicht haben, für Dinge aus, die sie entbehren können, um anderen Leuten zu imponieren (auch solchen, die sie gar nicht kennen). Ja, es kommt sogar vor, dass der Umbau einer Fabrik weniger der produktionstechnischen Vorteile wegen vorgenommen wird, als vielmehr, um durch eine moderne Musteranlage zu imponieren und einen deutlich sichtbaren Beweis für die Entwicklung des Unternehmens zu unterstreichen. Obwohl viele Leute entschlossen sind, eine normale Stereoanlage zu kaufen, die ihren wirtschaftlichen Verhältnissen entspricht, entscheiden sie sich schließlich doch für ein extremes Modell; nicht weil sie die technischen Vorteile nutzen können, sondern weil es mehr Eindruck macht. Auch die übersteigerte Kauflust bei Ausverkäufen ist praktisch nie vernunftmäßig bedingt.

Was verkauft sich heute gut?

Gewisse Bedürfnisse sind auch zeitbedingt, wie z B. Haarmode, Freizeitkleidung, Statussymbole. Verbraucher werden kritischer und glauben

z. B. nicht mehr, dass eine gewisse Zahnpasta sie schöner macht. Statussymbole ändern sich. Luxusautos, moderne Wohneinrichtungen, protzende Titel, aufwändige Genussmittel weichen umweltfreundlicheren, nüchternen, gesundheitsfördernden Lebensgewohnheiten und entsprechenden Produkten. Umwelteinflüsse, soziale Überlegungen, Veränderungen im Lebensstil, kritischere Einstellungen verlangen auch vom Verkäufer Anpassung und Gespür. Was gestern galt, braucht heute nicht mehr zu stimmen.

Sicherheit für Autos, Sport für Menschen gehobenen Alters, Sozialeinrichtungen im Unternehmen, aktiver Urlaub, energiesparende Geräte verkaufen sich – im Gegensatz zur Zeit vor etwa 15 bis 20 Jahren –heute ausgesprochen gut.

Das Abweisen eines allzu energischen, rechthaberischen und selbstsicheren Verkäufers kann für einen Kunden eine größere gefühlsmäßige Befriedigung ergeben als die Annahme des an sich wertvollen Angebots. Erfahrene Verkäufer können ein Lied davon singen, wie bei vielen zähen und ausgedehnten Verkaufsverhandlungen ein kleines Zugeständnis im Angebot, ein überraschendes Telefongespräch von einem guten Freund sowohl des Kunden wie des Verkäufers, eine freundliche Geste vonseiten des Verkäufers oder die plötzliche Entdeckung gemeinsamer Interessen den Kontaktfunken von Mensch zu Mensch schaffte, der bis dahin fehlte und der für den ganzen Geschäftsabschluss entscheidend wurde.

Die Tatsache, dass die Zweigfabrik der X-Farbwerke eine Leuchtröhrenanlage angeschafft hatte, erwies sich als stärkeres Kaufargument als alle Tatsachen, die für die technischen und wirtschaftlichen Vorteile der Neonröhre ins Feld geführt wurden. Der kleine Chemikalienfabrikant Hofmeister wollte eben nicht weniger modern sein als sein großer Konkurrent. Auf ähnliche Weise hatte es dem Fischimporteur gefallen, seinen Namen als Alleinvorteil auf allen Konservenbüchsen, die auf den Markt kommen sollten, gedruckt zu sehen. Eine persönliche Note im Verkauf, die das Selbstgefühl des Käufers befriedigt, kann oft die Entscheidung erleichtern, ja herbeiführen.

Das persönliche Moment im Verkauf

Die Erklärung liegt nahe, dass wohl doch persönliche Gründe dafür ausschlaggebend waren, der Firma B im ersten Problem den Auftrag zu erteilen. Hier ergab sich im Verlaufe des Gesprächs, dass Verkäufer und Einkäufer die gleiche Business-Schule absolviert hatten. Da ist es auch nicht verwunderlich, dass sie schließlich mehr von Studienzeit als über die geschäftlichen Dinge sprechen und dass der Einkäufer den guten Eindruck von seinem Studienkollegen auch auf dessen Firma B überträgt, die ihm als die solidere der beiden Lieferanten erscheint. Das lässt ihn dann auch stärker an die Liefergarantie glauben.

Versicherungsvertreter lernen aus Erfahrung, dass Hinweise an den unvermeidlichen Tod deprimierend auf den Kunden wirken und ihn veranlassen, einem Versicherungsgespräch auszuweichen, während das Gespräch über z. B. Erziehungssorgen und eigene Lebensgestaltung den Kunden bedeutend empfänglicher für die Argumente des Vertreters macht.

Der Verkäufer sollte den menschlichen Neigungen und Schwächen, allen Dingen, die Herz und Gefühl angehen, in seiner Tätigkeit stärkere Beachtung schenken, kurz: den persönlichen Dingen! Dem Kunden persönliche Aufmerksamkeit und Interesse widmen, löst Beachtung und Interesse aus und schafft eine freundlichere Einstellung und anschließend mehr Kaufbereitschaft des Kunden. Es gibt so viele persönliche und angenehme Dinge, über die man sich mit dem Kunden ohne Weitschweifigkeit und plumpe Vertraulichkeit unterhalten kann. Greifen Sie ein solches Thema auf und bekunden Sie Interesse. Das gilt z. B. seinem Erfolg, seinen Arbeitsmethoden, seinen Liebhabereien, seiner Geschäftsentwicklung, seinen Ansichten usw. Lassen Sie ihn darüber sprechen. Beachten Sie Fotos, Diplome, Ehrengaben und gerahmte Denksprüche. Auch die Einrichtung, Bilder sowie Gegenstande im Kundenbüro liefern guten Gesprächsstoff. Diese Vorschläge sind keine Patentmedizin für alle Gelegenheiten, oft aber wird man damit „das Eis brechen" können. Sie werden merken, dass ein mürrischer und beschäftigter Kunde langsam oder auch plötzlich auftaut, wenn Sie ihn fragen, wie er es fertig brachte, sein Unternehmen aufzubauen, wie ihm die Idee dazu kam, wie er anfing und welche Schwierigkeiten er überwinden musste. Gerade im Zeitalter der Elektronik und der Internetangebote sollten Sie die persönliche Kontaktrate wesentlich verstärken.

Etwas über Menschenbehandlung

Ein sehr erfolgreicher Verkäufer hat festgestellt, dass er auch strikt abweisende Kunden in der Regel gewinnen konnte, wenn es ihm nur gelang, den Kunden über sich selbst oder die Entwicklung seines Unternehmens zum Sprechen zu bringen. Alle Menschen reden gern über sich selbst und freuen sich, von anderen beachtet zu werden. Jeder Verkäufer sollte Dale Carnegies klassisches Buch „Wie man Freunde und Einfluss gewinnt" lesen. Trotz der betont optimistischen Darstellung und der Unmöglichkeit, gewisse Ratschläge bei nichtamerikanischen Kunden zu verwenden, gibt es jedem Verkäufer wertvolle Hinweise und eine gerade für die Verkaufstätigkeit nützliche Arbeitsphilosophie.

Denken Sie auch an die vielen kleinen Dienste, die ein Verkäufer dem Kunden erweisen kann. Sie können ihn über die technische Entwicklung auf dem Laufenden halten, ihm Fingerzeige über die herrschende Lage und neue Ideen für seinen Verkauf geben, ihm Fachzeitschriften mit wichtigen Hinweisen schicken, Urlaubsadressen vermitteln, ihn auf wertvolle Einkaufsquellen aufmerksam machen, ihn zu einem interessanten Sportereignis einladen, Besorgungen für ihn übernehmen usw.

Eine so einfache Sache wie Briefmarken für einen Kunden zu sammeln, hat hier und da schon dauerhafte Geschäftsverbindungen geschaffen. Aber bedenken Sie auch: Es sollen kleine Dienste und Aufmerksamkeiten sein, nicht große oder gar übertriebene Geschenke, mit denen man glaubt, einen Auftrag „erkaufen" zu können.

Produkte gleichen sich einander mehr und mehr an. Neuerungen ergeben meist nur einen (kurzen) zeitlichen Vorsprung. Das verstärkt zusätzlich die Bedeutung der Kontaktatmosphäre, aber auch der maßgeschneiderten Angebote. Verkauf wird immer mehr zur Dienstleistung. Der Verkäufer muss seinem Kunden dienen wollen. Dazu ergeben sich täglich Gelegenheiten. Diese Einstellung, gepaart mit wirklichem Interesse an den Geschicken seiner Kunden, schafft das unschätzbare **„Kontaktklima"**, ohne das jeder Verkauf zu einem verkrampften Ringen wird. Hierdurch entsteht eine Atmosphäre, in der sich ein Kunde von einem Verkäufer beeinflussen lässt, immer vorausgesetzt, dass er ein günstiges Angebot hat. Ohne diese Voraussetzung sind auch alle Künste der Menschenbehandlung machtlos. Bedenken Sie: Kunden kaufen nicht dem Verkäufer, sondern sich selbst zuliebe.

Verkauf ist Dienst am Kunden

Gefühle spielen in allen Verkaufshandlungen, gleich welcher Art, eine Rolle. Prüfen wir uns selbst: Kennen wir nicht alle gewisse Geschäfte und Lieferanten, die uns so unsympathisch sind, dass wir alles tun, um Einkäufe bei ihnen zu vermeiden, auch wenn uns dies Zeit und Geld kostet?

Menschen reagieren mehr psychologisch als logisch. Dies zu erkennen, verlangt Selbstkenntnis und Einfühlungsvermögen. Weshalb gehen Sie selbst in eine „Show", weshalb tanzen Sie, weshalb verreisen Sie in den Ferien, weshalb überholen Sie beim Autofahren, weshalb lesen Sie pikante Bildzeitungen, weshalb legen Sie sich in die Sonne, weshalb treiben Sie Sport, weshalb betrachten Sie sich im Spiegel? Suchen Sie Ihre eigenen, wirklichen, tieferen Beweggründe zu ergründen, und es wird Ihnen auch beim Verkauf leichter fallen, die Beweggründe Ihrer Kunden zu erkennen!

!

Jetzt können Sie wohl die vier einleitenden Fragen beantworten und die fünf Verkaufsprobleme lösen?

ALS VERKÄUFER SOLLTEN SIE DEN MENSCHEN UND SEINE GEFÜHLE STUDIEREN UND DARAUS LERNEN. DANN WERDEN SIE BALD ERKENNEN, DASS SICH JEDER MENSCH VIEL MEHR GEFÜHLSMÄSSIG BEEINFLUSSEN LÄSST, ALS SIE IM ALLGEMEINEN ANNEHMEN. BRINGEN SIE DESHALB ALLES ÜBER DEN MENSCHEN IN IHREM KUNDEN IN ERFAHRUNG.

Kapitel 4

Der Verkäufer, Neuheiten und die Macht der Angewohnheit

Können Sie diese vier Fragen beantworten?

1. Wie sollen Neuheiten angeboten werden?
2. Ist die Kaufgewohnheit ein negativer oder positiver Faktor für Ihren Verkauf?
3. Kann es für einen Verkaufsleiter einen Anlass geben, beim Wiederbesuch bestimmter Kunden einen Verkäuferwechsel vorzunehmen oder Besuche zu zweit machen zu lassen?
4. Mit welchen Gefahren ist eine aggressive Verkaufstaktik bei der Einführung von Neuheiten verbunden?

Können Sie diese fünf Probleme lösen?

? 1

Rainer Vogel vertritt ein großes Stahlwerk und bearbeitet seit langem vergeblich eine Werkzeugfabrik. Der Walzstahl seines Werkes ist mindestens ebenso gut wie der des konkurrierenden. Herr Vogel kann außerdem einen besseren Kundendienst bieten. Vogels Mitbewerber braucht sich trotzdem nicht besonders anzustrengen, um den Kunden zu behalten, der seit mehr als zehn Jahren von ihm kauft. Ein Telefonanruf genügt, wenn die Bestellung nicht automatisch einläuft. Herr Vogel steht indessen vor dem schwersten Verkaufshindernis, das einem Verkäufer begegnen kann.

Welchem?

? 2

Der Verkauf von Küchengeräten erfordert viel Aufwand und Beratung. Haushaltsgeschäfte und Kaufhäuser verweisend zunehmend gern auf den zu knappen Lagerraum. Ein Einrichtungsgeschäft in einer süddeutschen Stadt gilt der Fabrik A als besonders hoffnungsloser Fall. Der Händler kauft nämlich nur Geräte, die allgemein als die schlechtesten des Marktes angesehen werden. Erneut macht die Fabrik einen Versuch und schickt ihren Spitzenverkäufer. Aber auch seine Berichte sind entmutigend. Der Kunde sagt, er kaufe seit zwanzig Jahren von der Konkurrenz und sähe nicht ein, warum er den Lieferanten wechseln solle. Hinweise auf die Qualitätsunterschiede bewirken nichts. Der Aufwand für den Verkauf sei außerdem teurer als sein Verdienst.

Wenn Sie die fehlerhafte Ursache der Einkaufspolitik des Kunden erkennen, wie kann man ihr abhelfen?

? 3

Der neue chromgehärtete Manganstahl des Werkes E musste jedem objektiven Techniker als eine entscheidende Verbesserung erscheinen. Theoretisch betrachtet sollte der Verkauf dieses Stahls für Spezialzwecke keine größeren Probleme aufwerfen.

Aber in der Praxis zeigt sich Widerstand. Vor allem sind die Techniker kleinerer Industriefirmen auf dem Lande nicht zu überzeugen. Bei einem Vergleich der Verkaufsergebnisse stellt sich überraschenderweise Folgendes heraus: Die Vertreter, denen die Aufgabe am besten gelang, waren die wenigst aggressiven, die sich bei ihrer Beschreibung der bedeutenden Neuentwicklung sehr zurückhielten.

Wie erklärt sich das? Welche Schlüsse ziehen Sie daraus?

? 4

Die Firma K bietet neue deutsche Parfümessenzen für die Seifenfabrikation an, die französischen Essenzen ebenbürtig sind und außerdem weniger kosten. Der Verkaufsleiter verhandelt mit einem der größten Seifenfabrikanten des Landes über den Ankauf der neuen Riechstoffe. Ohne Ergebnis, nicht einmal der Vorschlag einer Probeherstellung wird angenommen. Es ist nicht der Einkäufer, der sich weigert, auch nicht der Direktor, sondern „jemand anderes“ im Betrieb und das ist bedeutend schlimmer. Die Lösung dieser Aufgabe bereitete der Firma viel Kopfzerbrechen.

Wo liegt wohl der Widerstand? Was würden Sie in dieser Lage tun?

? 5

Der hart umkämpfte Zigarettenmarkt bietet den Rauchern beinahe jedes Jahr neue Zigarettenmarken an. Intensive Werbefeldzüge veranlassen bei vielen der verbleibenden Raucher den Entschluss, eine neue nikotinarme Marke zu erproben. Bei Untersuchungen hat man jedoch feststellen müssen, dass die Hälfte dieser Raucher ihren Entschluss wieder vergessen, wenn sie in den Laden kommen und automatisch ihre alte Marke verlangen.

Welche Tendenz tritt hier auf und wie kann man ihr begegnen? In welcher Form begegnet Ihnen dieses Problem?

Die Macht der Gewohnheit

Es gibt ungezählte Beispiele dafür, wie oft die „Macht der Gewohnheit" Verkaufsbemühungen scheitern lässt. Viele Unternehmen leben ohne Verkäufer oder ohne Verkaufsanstrengungen nahezu ausschließlich von dieser Gewöhnung ihrer Kunden und haben (häufig) unverdiente, wenn auch zeitlich begrenzte Erfolge.

In einigen Branchen (besonders in den traditionsgebundenen Industrien) führt die Kenntnis dieser Einstellung zur Erstarrung echter Verkaufsanstrengungen. Der Lieferant eines Stammkunden verlässt sich auf dessen „Treue", und sein Konkurrent kapituliert. *„Hat keinen Zweck, dort etwas zu unternehmen. Die kaufen seit 20 Jahren immer bei B."* Zum Glück zeigt früher oder später ein energischer Dritter, wie falsch diese Annahme auf die Dauer ist.

Zweifellos hat der Gewohnheitskauf Vorteile, denn er erspart die mit jeder Umstellung verbundene Anstrengung und auch das Risiko: Man bleibt bei derselben Einkaufsquelle und erhält die gleichen Waren zum gleichen Zeitpunkt und zu gleichbleibenden Bedingungen. Dasselbe gilt zunehmend für den elektronischen Einkauf. Aber diese Gewohnheit dient selten dem Fortschritt und ist auch nicht unbedingt vorteilhaft. Der erste Kauf kann ja ein Missgriff gewesen sein, der laufend wiederholt wird. Und das, was vor fünf Jahren richtig war, kann heute falsch sein. Diese dem Menschen eigene Beharrlichkeit wird auch der schnelllebigen Entwicklung unserer Zeit nicht gerecht. Dennoch hat diese Einstellung dazu geführt, dass viele Hersteller und Wiederverkäufer es nicht wagen, das Risiko und die Kosten der Einführung wertvoller Neuheiten zu übernehmen. Gewohnheitsbedingter Kaufwiderstand kann Erfolgschancen zunichte machen oder so große Anstrengungen erfordern, dass sie in keinem Verhältnis zum Risiko stehen. Viele gute Erfindungen sind deshalb niemals auf den Markt gekommen: Sie wurden schon im Keime erstickt, weil die ausersehenen Geldgeber sich über die zu erwartenden Schwierigkeiten, die Trägheit und das Misstrauen gegen Neuheiten im Klaren waren.

Widerstand gegen Veränderung kann auf folgenden Ursachen beruhen:

1. Risiko
2. Bequemlichkeit
3. Zufriedenheit mit der Jetztlage
4. Kosten
5. Kritik.

Man scheut das Risiko; vermeidet die Anstrengung; man wünscht keine Verbesserung der augenblicklichen Verhältnisse; man widerstrebt den direkten oder indirekten Kosten einer Veränderung und man hat eine Abneigung gegen Eigenkritik, Kritik der Umgebung (auch die des bisherigen Lieferanten), gegenüber einer Veränderung.

Diese Reaktionen muss der Verkäufer einkalkulieren, erkennen und beeinflussen, um erfolgreich Neuheiten im absoluten (neues Produkt) oder relativen Sinn (neu für den Kunden) zu verkaufen.

Wie Neuheiten angeboten werden sollten

Technische und andere Neuheiten haben eine größere Chance einzuschlagen: Wenn Sie sie als **eine Vereinfachung, eine Entwicklung, eine Erleichterung, nicht als eine Veränderung** einer bestehenden Gewohnheit darstellen. Ausgenommen sind natürlich modebedingte Waren (wie z.B. Kleider), bei denen die Veränderung das eigentliche Wesen des Angebots ausmacht, sowie Angebote an neuheitsorientierte Interessenten (Pionierkäufer). Auch beim Verkauf an Wiederverkäufer gibt es ein bedingtes Interesse an Neuheiten. Je weniger eine Gewohnheit geändert zu werden braucht, desto einfacher die Verkaufsverhandlung. Auf der anderen Seite: Neues erweckt Neugier, aber nicht unbedingt Kaufbereitschaft. Je weniger eine Neuheit als „neu" und „revolutionierend" herausgestellt wird, desto leichter begegnet man den fünf genannten Widerständen. Das gilt auch, wenn auch weniger eindeutig, für technologische Neuheiten oder den neuen Markt der Internetangebote.

Der Verkäufer sollte dem Kunden zeigen, dass (und wie) die neue Ware sich direkt oder indirekt einer alten oder schon bekannten Gewohnheit anpasst. Außerdem muss der Kunde überzeugt werden, dass man nicht beabsichtigt, ihn als Versuchskaninchen zu benutzen. Alle Angaben über durchgeführte praktische Erprobungen sind wertvoll. Referenzen oder Bescheinigungen von anderen maßgebenden Verbrauchern sind z. B. bei der Einführung von Neuheiten unerlässlich. Der Kunde sollte überzeugt werden, dass die Anwendung einer Neuheit keine besonderen Anstrengungen erfordert, auch nicht einmal während der Übergangs- oder Umlernperiode. Dem Kunden oder seinem Personal müssen alle erdenklichen Hilfen in Form von Instruktionen, Anweisungen und Nachkontrollen für die Einrichtung und Verwendung der Neuheit geboten werden.

Der Verkäufer wird sich vor allen Äußerungen und Argumenten hüten müssen, die vom Kunden als eine Kritik an seinen früheren Methoden oder Einkäufen oder als Beweis seiner Rückständigkeit aufgefasst werden können. Gerade in diesem Punkt ist der Kunde empfindlicher, als viele Verkäufer glauben. Selbstverständlich muss der Verkäufer urteilsfähig genug sein, um begründeten von rückständigem Kaufwiderstand zu unterscheiden. Es ist z. B. nicht ohne Weiteres möglich, alte Maschinen oder Einrichtungen auszurangieren, nur weil es bessere gibt. Die Veränderungskosten können den erwarteten Gewinn übersteigen. Der Austausch der alten Ware oder ein wohlüberlegter Vorschlag, für alte Waren neue Absatzmöglichkeiten auszuschöpfen, sowie eine genaue Kalkulation der Gewinnmöglichkeiten sind wertvolle Hilfen bei der Einführung von Neuheiten. Die Computerbranche ist voll von derartigen Beispielen.

Der Verkäufer muss einsehen, dass Neuheiten ihm zwar für seine Argumentation sehr willkommen sind (ganz natürlich begrüßt er sie, weil sie es ihm ermöglichen, seinen Kunden „etwas Neues“ zu sagen), aber verkaufspsychologisch weniger bewirken, als er glaubt.

Leute zu zwingen versuchen

Versuchen Sie nicht, Menschen zu einer Änderung ihrer lieben Gewohnheiten zu zwingen oder aus einem rückständigen, konservativen Einkäufer einen Streiter für moderne und fortschrittliche Ideen zu machen. Damit würden Sie vielleicht in manchen Fällen der menschlichen Gesellschaft einen nützlichen Dienst erweisen, aber kaum Verkaufsresultate erzielen.

Der typische Gewohnheitskunde, wie er im ersten Beispiel dargestellt ist, erlaubt dem Konkurrenzunternehmen, mit verschränkten Armen Aufträge entgegenzunehmen, während sich der eigene Vertreter erfolglos bis zum Äußersten anstrengt. Das ist auch für den erfahrenen Verkäufer eine schwierige Sache. Hoffnungslos ist die Situation jedoch nicht. Man muss nur die Geduld eines Engels und die Zähigkeit eines Goldsuchers haben. Dann arbeitet auch die Zeit für den Verkäufer, besonders, wenn der Konkurrent sich des Kunden allzu sicher fühlt und ihn bei irgendeiner wichtigen Gelegenheit vernachlässigt. Das geschieht sicher früher oder später. Ein vorsichtiger Hinweis auf bedeutungsvolle Unterlassungen seines Stammlieferanten können äußerst wirkungsvoll sein. Selbstverständlich müssten Sie sich auch überlegen, ob Sie Sondervorteile oder einen außergewöhnlichen Kundendienst anbieten können. Der Reiz des neuen Angebotes muss den des bisher Gewohnten in irgendeinem Punkt übertreffen. Der Kunde kann manchmal dazu bewogen werden, wenigstens einen Probeauftrag zu geben. Oft hilft der Hinweis an den Kunden, dass die Abhängigkeit von einem einzigen Lieferanten, vor allem in unsicheren Zeiten, nicht zweckmäßig ist. Aber bedenken Sie auch, dass der Kunde nicht bewogen werden kann, irgend jemand „zu begünstigen“, weder Sie noch andere – außer sich selbst.

Soll man den Verkäufer wechseln?

Für den Verkäufer im dritten Problem wird es zweckmäßig sein, dem Kunden Vorschläge zur Fertigungsverbesserung oder zur Verkaufsforderung zu machen. Zeigt sich nach einer Anzahl von Besuchen, dass ihm trotz aller Bemühungen der richtige Kontakt mit dem Kunden nicht glückt, so kann ein Wechsel des Verkäufers zum Ziel führen. Immer häufiger bedient man sich in solchen Fällen zusätzlichen Einsatzes von Technikern oder Spezialisten. Richtig trainiert und eingesetzt, können Techniker dem Verkauf manche Tür (im wirklichen und übertragenen Sinn) öffnen.

Ein Verkäufer kann auch einen zu intimen Kontakt mit seinen Kunden haben, der sich im Laufe der jahrelangen Besuchstätigkeit immer mehr vertieft. Beide kennen einander zu gut, haben sich nichts Neues mehr zu sagen, die Gespräche fahren sich fest, und es kann dem Kunden leichter fallen, seinen „guten Freund“ abzuwimmeln als dessen Konkurrenten.

In gewissen Fällen sollte der „Chef“ selbst eingreifen; sein größeres „Gewicht“, seine umfassendere Erfahrung kann den Ausschlag geben, und vielleicht hat gerade er die Art, die diesem Kunden liegt. Kein Verkäufer, wie tüchtig er auch sein mag, kann für **alle** Kunden die ideale Verbindungsperson sein. Im vorliegenden Fall war der Verkaufsleiter zufällig Bergbauingenieur und verstand es, seine vom Kunden anerkannten besonderen Kenntnisse auszuwerten.

Bedenken Sie auch: jeder Produkt- oder Lieferantenwechsel enthält eine Kritik am bisherigen Vorgehen. Suchen Sie nach guten Argumenten, mit denen der Kunde eine Änderung rechtfertigen kann.

Wie ging es dem Verkäuter der Küchengeräte zu guter Letzt? Er vermied es vor allem, die Unterlegenheit der konkurrierenden Produkte zu erwähnen und damit den Händler abzustoßen. Aber er zollte dem neuen Sportwagen, den sich der Kunde erst vor kurzem gekauft hatte, in geschickter Weise Anerkennung und ließ einflechten, dass der Wagen ja ein deutlicher Beweis für die moderne Einstellung des Besitzers sei. So bot sich ein guter Übergang dazu, auch die neuzeitliche Einrichtung des Geschäftes und das entsprechend fortschrittliche Warensortiment zu loben. Wie von selbst kam das Gespräch nun in Fluss, und der Verkäufer erfuhr, wie der Inhaber sein Eisenwarengeschäft vor dreißig Jahren allein gegründet hatte. Vorsichtig konnte der Verkäufer andeuten, dass dieser Erfolg undenkbar gewesen wäre, wenn der Händler nicht immer neue Kunden hätte gewinnen können, die von anderen noch länger existierenden Geschäften zu ihm übergegangen wären. Er wies auf die wirksame Werbeunterstützung hin, die seine Firma bot, und durch persönliche Anleitung der Verkäufer des Kunden sicherte er so sich und dem Kunden einen bedeutenden Verkaufserfolg.

Den Kunden umzustimmen

Bei der Einführung neuer Waren, durch welche Gewohnheiten oder Arbeitsmethoden verändert werden, kann eine allzu aggressive Verkaufstaktik gefährlich sein. Der Verkäufer begeht leicht den Fehler, auf die Mängel des bisherigen Vorgehens hinzuweisen, das der Fabrikant vielleicht während der ganzen Zeit ausgezeichnet fand. In solchen Fällen will der Kunde nicht vom Gegenteil überzeugt werden. Nichts ist schwieriger, als jemanden von etwas zu überzeugen, wovon er nicht überzeugt werden will. Das setzt eine oft tief greifende Wandlung voraus, die meist dort beginnt, wo man erkennt, dass alles seine zwei Seiten hat. Da muss man sich Zeit lassen und allmählich und sehr vorsichtig, sehr überlegt und sehr taktvoll argumentieren, denn Ihr Geschäftspartner darf sich durch Ihre Vorschläge nicht gegängelt fühlen.

Einen alten Parfümeur davon zu überzeugen, dass es vorteilhafter ist, einheimische Riechstoffe an Stelle französischer zu verwenden, ist besonders schwierig. Wenn es sich um ein bedeutendes Objekt handelt, könnte schon ein Versuch gemacht werden, den Parfümeur mit Einverständnis seines Chefs zu einem bezahlten zehntägigen Aufenthalt beim Fabrikanten einzuladen, damit er sich die Herstellungsmethoden ansehen und vielleicht sogar Verbesserungen vorschlagen kann. Auf diese Weise würde der Parfümeur ja das Produkt als ein von ihm mitgestaltetes, im weiteren Sinne auch als sein eigenes, ansehen.

Zum Partner

Machen Sie einen wichtigen Kunden zum „geistigen Teilhaber" an einem Verkaufsprojekt, so lässt er sich viel leichter überzeugen. Das „Kontaktklima" muss ihn dazu bewegen, sich überzeugen lassen zu **wollen.**

Das Beispiel der Zigarettenwerbung liefert einen weiteren Beweis dafür, wie schwer es ist, Kaufgewohnheiten zu ändern, auch wenn der Kunde sich selbst schon gedanklich für eine Änderung entschieden hat. Dem „Rückfall", wie er sich in unserem Beispiel dargeboten hat, kann man durch eine kräftige Erinnerung am Ladentisch, z. B. in Form wirkungsvoller Plakate oder Verkaufsständer, entgegenarbeiten.

Zusammengefasst:

1. Tun Sie alles, um das Risiko für den Kunden zu vermindern.
2. Übernehmen Sie selbst die Last der Umstellung für ihn (durch Sie und Ihren Kundendienst).
3. Zeigen Sie ihm, wie er noch zufriedener durch Ihre Lösung werden kann als bisher (oder machen Sie ihn unzufrieden mit der Jetztlage – aber vorsichtig).
4. Rechnen Sie die Kosten mit ihm durch.
5. Und: Schützen Sie ihn vor Kritik aus seiner Umgebung.

Und noch eine Erfahrung: Häufig verhandelt es sich leichter am neutralen Ort (auch beim Essen) oder bei Ihnen, wo der Kunde die Last der Umstellung nicht so empfindet wie in seinem eigenen Milieu. Fabrikbesichtigungen, Vorführungen, Kundenseminare, Praxistests (auch bei Referenzkunden) und eigene Ausstellungen können ein produktives Verkaufsklima abgeben.

Schutzbehauptungen

Und vergessen Sie nicht: Wir haben alle „fixe Ideen". Verkäufer auch. *„Geht bei uns nicht", „Darauf würde kein Kunde eingehen", „Haben wir schon versucht, bringt nichts", „Das kauft uns keiner ab", „Bei dem ist nichts zu machen", „Das mag woanders zutreffen, aber ..."* usw. Lösen Sie sich von solchen Gedanken – man nennt sie „Schutzbehauptungen" – und Sie werden erfolgreicher arbeiten.

!

Jetzt können Sie wohl die vier einleitenden Fragen beantworten und die fünf Verkaufsprobleme lösen?

DIE GEWOHNHEIT IST EIN SCHWIERIGER KAUFWIDERSTAND. DAS ANGEBOT NICHT „ZU NEU" MACHEN! DEN KUNDEN NICHT KRITISIEREN, AUCH NICHT SEINE EINSTELLUNG ODER METHODEN! STELLEN SIE SICH NICHT ALS SEIN ERZIEHER DAR. LASSEN SIE IHM DAS GEFÜHL, SELBST DER „KLUGE MANN" ZU SEIN.

Kapitel 5

Für und wider den Hochdruckverkauf

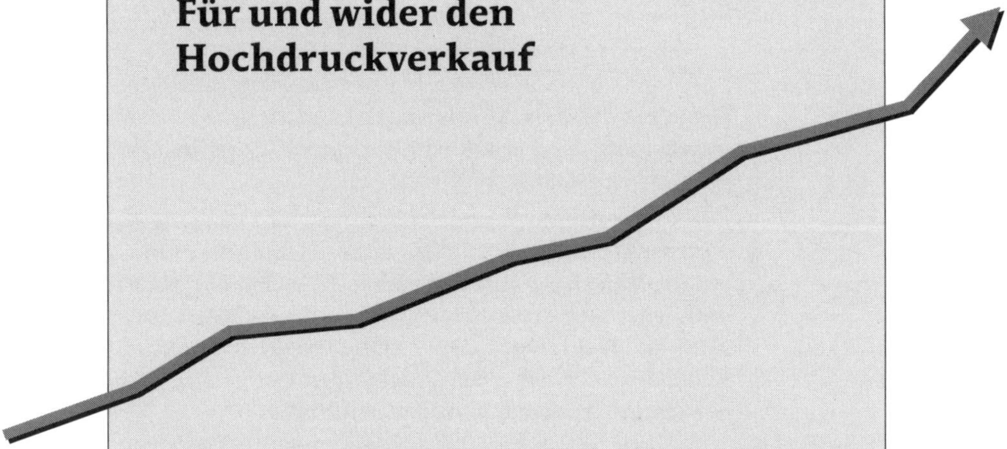

Können Sie diese vier Fragen beantworten?

1. Kennen Sie den Unterschied zwischen energischem Verkauf und Hochdruckverkauf? Ist jeder Hochdruckverkauf schädlich?
2. Beeinflussen Umwelteinflüsse und Sympathieempfindungen den Verkauf?
3. Welcher Zusammenhang besteht zwischen Hochdruckverkauf und Verkäuferentlohnung?
4. Genügt es, die Wahrheit zu sagen, um dem Kunden glaubwürdig zu erscheinen?

Können Sie diese fünf Probleme lösen?

? 1

Der Kunde überlegt das Für und Wider der Bestellung eines großen Postens Edelholzes, die er einem Sägewerk erteilen will. Der Vertreter B.mann fühlt heraus, dass der Kunde ursprünglich die Absicht hatte, bei einem anderen Unternehmen zu bestellen, und gerät unbewusst in jene Spannung, die wir ja alle kennen. Als Lieferzeit sichert B.mann vier Wochen zu, sieht dabei den Kunden aber zögern. „Also dann drei Wochen, wenn es absolut notwendig ist."

Der Kunde akzeptiert, und der Verkäufer ist teils zufrieden, teils aber auch der Lieferzeit wegen etwas beunruhigt, denn er weiß, dass selbst vier Wochen knapp bemessen waren. Es kommt aber noch schlimmer, denn seine Geschäftsleitung erklärt: „Ausgeschlossen, bestenfalls fünf Wochen." Endergebnis: Dieser Auftrag ist der erste und letzte, den der Kunde dem Sägewerk erteilt. Das hätte wahrscheinlich vermieden werden können, auch ohne Verlust des Auftrages.

Wie hätten Sie dieses Problem gelöst? Wie argumentieren Sie bei Lieferschwierigkeiten?

? 2

Verkaufsingenieur Müller bemüht sich um den Verkauf einer Werkzeugmaschine. Der Kunde reagiert so gut wie gar nicht. Müller führt immer stärkere Argumente an und weist darauf hin, dass die Lieferzeit, die bisher sechs Wochen betragen hat, vom Jahreswechsel an auf zwölf Wochen verlängert werden muss. Die Verhandlung ist vorläufig ergebnislos. Im Januar spricht er wiederum beim Kunden vor, wieder fragt der Kunde nach der Lieferzeit. Jetzt sagt Müller: „3 – 4 Monate." Er hat ganz einfach vergessen, welche Lieferzeit er dem Kunden das letzte Mal mitgeteilt hatte. Es ist klar, dass der Erfolg aufs Neue in Frage gestellt ist. Da erinnert sich Müller eines Lehrsatzes aus einer alten Verkaufsanleitung: „Mach in der Schlussphase ein besonderes Zugeständnis, wenn Gefahr besteht, dass der Verkauf sonst nicht zustande kommt." Also bietet Müller plötzlich unaufgefordert 10 % Rabatt bei sofortiger Entscheidung. Nun bricht der Kunde die Verhandlung ab, ohne den Auftrag erteilt zu haben. In einem ähnlich gearteten Fall reagiert derselbe Kunde anders; mittels gelinder Erpressung (Ausspielen eines Angebotes gegen andere) glückt es ihm, eine dreiwöchige Lieferzeit und dazu 15 % Nachlass zu erwirken ... !"

Welche Schlüsse ziehen Sie aus dieser Schilderung für Ihren Verkauf? Woran hapert es hier?

? 3

Der Computerverkäufer Schulz bringt den Auftrag eines Lebensmittelgeschäfts nach Hause. Der Verkaufsleiter wundert sich, dass der Verkäufer eines der aufwändigsten Modelle verkauft hat, obwohl es sich nur um ein „Einmanngeschäft“ handelt. Er fragt den Verkäufer, warum er nicht das völlig ausreichende kleinere Modell verkauft hat. „Der Kunde hat es nicht verlangt“, antwortet dieser, und damit beginnt ein heftiger Wortwechsel, in dem der Verkäufer schließlich darauf hinweist, dass es seine Aufgabe sei, zu verkaufen, nicht aber als „Kindermädchen“ den Käufer zu bevormunden.

Welcher Meinung sind Sie?

? 4

„Es kann wohl sein, dass die Lacke der Firma X die besten sind“, sagt der Einkaufschef in einer süddeutschen Stadt, „aber dort ist man sich seiner Sache so sicher geworden und wurde deshalb in der Umgangsweise derart unangenehm, dass man bei fast jeder Bestellung um Entschuldigung bitten muss. Besonders selbstherrlich tritt die Firma mittelständischen Unternehmen gegenüber auf. Deshalb überlegen wir ernstlich, einer kleineren Firma in Gießen eine Chance zu geben ...“ Jedes seit längerem erfolgreiche Unternehmen ist für eine solche Einstellung anfällig.

Wie sieht es bei Ihnen aus?

? 5

„Oh, nein, ich will keinen neuen Wagen kaufen. Wenn ich das beabsichtige, werde ich mich selbst bemühen. Vor einem Jahr hat mir ein Verkäufer einen Wagen aufgeschwatzt, mit dem ich schwer hereingefallen bin. Das soll mir nicht noch einmal passieren!“

Wer so verärgert worden ist, vergisst es so leicht nicht. Hier muss ein anderer oder müssen mehrere andere Verkäufer dafür büßen, was ein Kollege verdorben hat. Dieser „Hochdruckverkauf“ zeigt, welche Folgen durch verantwortungsloses Vorgehen, durch Unvermögen oder Unverstand eines einzigen Verkäufers ausgelöst werden können. Deshalb sollten alle Unternehmen ein Interesse daran haben, dass sie und auch ihre Wettbewerber ihr Verkaufspersonal richtig anleiten und sich anständiger Verkaufsmethoden bedienen.

Aber wie ist das obige Problem zu lösen? Wie würden Sie diesem erbitterten Kunden antworten?

Wie „high pressure" begann

Zwischen den beiden Weltkriegen begann die Glanzzeit des „high pressure selling". Besonders in Amerika war man – wohl eine Folge der Kriegsjahre – der fixen Idee verfallen, der Idealverkäufer müsse ein Mann sein, der jeden Widerstand brechen, jeden widerspenstigen Kunden überwinden, der alles an alle verkaufen könne. Verkäufer wurden auf aggressiven Verkauf dressiert. Jeder Widerstand sollte aus dem Weg geräumt werden. Dieses Vorgehen glich einem geistigen Boxkampf. Der Kunde war gewissermaßen ein Gegner, der „besiegt" werden musste. Es galt daher, um einen Auftrag zu „kämpfen", wobei der Zweck die Mittel heiligte. Wenn nur der Kunde eine einigermaßen ordentliche Ware erhielt, so folgerte man, würde er schon bald vergessen, mit welchen Mitteln er zum Kauf bewogen wurde. Diese Rechnung ist allerdings nicht aufgegangen, denn die Kunden hatten sehr schnell gelernt, sich zu schützen. Bald war eine Mauer von Kaufwiderständen errichtet. Vielerorts wurden Vertreterbesuche überhaupt verweigert. Einmal ließ man sich hereinlegen, ein zweites Mal nicht. Während und nach großen Wirtschaftskrisen hatten es die Verkäufer besonders schwer. Diese Vertrauenskrise zwischen Käufer und Verkäufer hat auch dem beruflichen Ansehen des Verkäufers sehr geschadet und die Verkaufsarbeit entsprechend erschwert.

Es gab nur eine einzige Möglichkeit zur Wiederherstellung des Vertrauens: Es war die Anwendung des **„Tiefdruckverkaufs"**, die Rückkehr also zur Geschäftsethik, die man von einem ordentlichen Kaufmann erwarten muss, der sich stets bewusst ist, dass er eine Dienstleistung zum Vorteil seiner Kunden und der Allgemeinheit ausüben muss. Sonst nützt sie ihm selbst auch nicht. Diese berufsethische Verpflichtung wird heute, wenn auch zögernd, hier und da ernsthaft in die Tat umgesetzt. Damit beginnt eine Erziehungsarbeit, die die Verkäufer seriöser Unternehmen zur **Verkaufsethik** hinführte.

Und die heutige Umwelt?

Inzwischen gibt es Umweltschutz, politische Einflüsse, Verbraucherschutz, Gesetzgebung gegen unseriöses Geschäftsgebaren, Gesellschaftskritik, neue Wertmaßstäbe und andere sanierende Einflüsse. Methoden, die vor einigen Jahren noch als normal hingenommen wurden, gelten heute als „unanständig". Nicht nur der Verbraucher wehrt sich – auch Verkäufer, besonders jüngere, z. B. gegen schädliche Produkte, destruktive Manipulation bei der Verhandlung, Ausnutzen einer Machtstellung.

Man tut gut daran, diese Entwicklung ernst zu nehmen. Sie schadet nur rückständigen Verkaufspraktiken.

Geschäft und Moral

OBERSTES GEBOT IST: VERKAUF, DER DEM KUNDEN NICHT NÜTZT, SCHADET DEM VERKÄUFER!

Es sei auch festgestellt: Hochdruckverkauf und energischer Verkauf ist nicht dasselbe. Ein Verkäufer soll zäh sein, er soll alle Geschicklichkeit aufbieten – und mit ehrlichen Mitteln den Kunden bewegen, von ihm zu kaufen; er soll nicht zurückweichen, auch wenn am Anfang alle Tore verbaut sind. Der Verkäufer muss aber wissen, dass es seine Aufgabe ist, dem Kunden zu **dienen**, und dessen wirkliche Bedürfnisse zufrieden zu stellen. Nur dann ist er auf Dauer erfolgreich. „Einmal-Geschäfte" sind schlechte Geschäfte. Verkaufen ist die Kunst, „wie man Kunden gewinnt", nicht, wie man Kunden überwindet.

Falls der Verkäufer im Laufe des Gesprächs herausfindet, dass sein Angebot dem Kunden nicht nützlich ist, soll er es nicht forcieren, auch wenn der Kunde ihm wohlgesonnen ist. Gefälligkeitsaufträge dieser Art können schwerwiegende Rückwirkungen (z. B. „faule" Aufträge, schwer zurückzuweisende Reklamationen, kostspielige Zugeständnisse) haben. Überhaupt sollte der Verkäufer seine Verhandlungen so führen, dass er dem Kunden später immer wieder „erhobenen Hauptes" begegnen kann. In dieser Feststellung liegt für den Verkäufer der einfachste Beurteilungsmaßstab, ob er Hochdruckverkauf angewendet hat oder nicht.

Hinweis für Verkaufsleiter

In den einleitenden Beispielen wurde gezeigt, wie die Methoden des Hochdruckverkaufs zu Rückschlägen führen. Dennoch werden solche Schäden nicht immer sofort bemerkt. So kann z. B. ein Hochdruckverkäufer, der ein großes Gebiet bereist, lange Zeit verhältnismäßig gute Ergebnisse erzielen, weil er immer neue Abnehmer aufsucht und es vermeidet, einem Kunden zum zweiten Male zu begegnen. Deshalb sollte der Verkaufsleiter auffallende Steigerungen der Verkaufszahlen gewisser, besonders neuer Verkäufer kontrollieren, um sicher zu sein, dass sie nicht durch Hochdruckverkauf zustande gekommen sind.

Wer mit dem Verkäufer zu hart ins Geschirr geht, sei es in der Ausbildung oder in der Praxis, darf sich nicht wundern, wenn dieser entweder Hochdruckverkauf betreibt oder die Segel streicht. Auch bei der Festlegung von Provisionen und sonstigen Bezügen sollte die Gefahr des Hochdruckverkaufs berücksichtigt werden, denn finanzieller Druck führt oft zum Hochdruckverkauf. Besonders die Entlohnung auf reiner und unzureichender Provisionsbasis verleitet dazu. Echte Verkaufsleistungen sollten durch (finanziellen) Anreiz belohnt werden – aber Provisionen sind nicht immer der richtige Weg. Deckungsbeiträge sind meistens eine bessere Entlohnungsbasis, haben aber den Nachteil, Neuakquisition zu benachteiligen. Leistung und Wert besonders eines neuen Verkäufers sollten auf längere Sicht beurteilt werden. Im Allgemeinen wirkt sich gute Verkaufsarbeit nämlich erst nach einer gewissen Zeit des Einarbeitens aus. Es ist daher häufig zweckmäßig, Verkäufer durch Prämien für Dauerkunden, die regelmäßig von ihm kaufen, und für Wiederholungsaufträge zu belohnen. Er sollte auch, falls er die Vorteile nicht selbst einsieht, angehalten werden, Besuche innerhalb einer gewissen Zeit nach dem letzten Verkauf zu wiederholen. Dabei ergeben sich immer direkte oder indirekte Möglichkeiten, neue Aufträge zu bekommen, und die Gefahr des Hochdruckverkaufs schaltet sich weitgehend von selbst aus. Beurteilen Sie den Verkäufer nach Lösung seiner vordringlichsten Aufgabe: Kunden zu gewinnen – und zu behalten.

Nun einige Ratschläge zur Vermeidung des Hochdruckverkaufs:

Nicht immer die teuerste Ware

1. **Seien Sie nicht darauf aus, grundsätzlich immer die teuerste Ware oder Lösung zu empfehlen, die Sie haben!** Sonst wird Ihrer Empfehlung mit Skepsis begegnet. Beginnen Sie beim Anbieten mehrerer Waren auch nicht mit der teuersten. Wenn dagegen nur die teuerste Ware dem beabsichtigten Zweck entspricht, machen Sie den Kunden darauf besonders aufmerksam.

Über Kundenbehandlung

2. **Zeigen Sie sich nicht gleichgültig oder geringschätzig gegenüber Kleinkunden!** Ihre Firma gibt vielleicht große Summen dafür aus, die Öffentlichkeit über ihren Kundendienst (ein leider oft missbrauchtes Wort) und ihre Dienstbereitschaft zu informieren. Helfen Sie Ihrer Firma, Nutzen aus diesem Geld zu ziehen und denken Sie auch daran: Aus Kleinkunden werden häufig Großkunden. Reparaturen und Beseitigung von Mängeln bringen zwar häufig keinen großen Verdienst, aber sie führen oft zu einer Verkaufschance. So mag z. B. dann und wann ein Kunde mit einem überalterten Wagen zur Tankstelle kommen, der Öl und Benzin frisst. Mit einigen Fragen über Fahranfang und Fahrziel, einem Blick auf Motor und Karosserie können Sie sich vielleicht davon überzeugen, dass hier eine Verkaufschance für einen neuen Wagen besteht. Vergessen Sie auch nie, dass gerade „Kleinkunden" oft überempfindlich gegen Gleichgültigkeit und Hochdruckverkauf sind. Manche „Großkunden" treten gern als „Kleinkunden" auf. Denken Sie einen Augenblick zurück: auch Ihre lohnenden Geschäftsverbindungen haben häufig mit Kleinaufträgen angefangen.

   Der Kunde ist Sinn, Zweck und Ziel aller Bemühungen. Schließlich entscheidet seine Einstellung über Erfolg und Misserfolg des Verkäufers! Nicht Ihre Firma – Ihre Kunden bezahlen Ihr Einkommen!

   Verkaufen Sie auch dem Innendienst und dem Kundendienst diese Einstellung nachdrücklich, und Sie helfen, eine verkaufspositive Arbeitsphilosophie zu schaffen, die den Interessen aller dient. Haben Sie in dieser Richtung schon einmal etwas unternommen?

Monopolstellung

3. **Missbrauchen Sie nicht eine Machtstellung oder einen „Verkäufermarkt".** Ihre Verkaufsaufgabe ist kein Verteilen von Begünstigungen.

Das rächt sich mit der Zeit. Ihr Monopol kann gebrochen werden, Warensperren können aufgehoben werden, der Markt kann sich wandeln, Ersatzprodukte tauchen auf, Zollschranken verschwinden, Lieferzeiten können abbröckeln. Kein Unternehmen kann auf die Dauer ohne das Wohlwollen, den „Goodwill", seiner Kunden leben. Gegen diesen Grundsatz ist während der letzten Jahre leider allzu oft verstoßen worden. Gewiss hat der Mangel an ausgebildetem Personal mitgespielt. Schlimmer aber ist, dass in Zeiten der Hochkonjunktur von vielen Firmen und Verkäufern eine gute Kundenbehandlung nicht immer als notwendig angesehen worden ist. Forcieren Sie diese Seite Ihrer Verkäuferausbildung, gerade wenn Sie keine Verkaufsprobleme haben, damit Sie später keine bekommen. Jede Fähigkeit rostet ein, wenn sie nicht laufend eingesetzt oder geübt wird.

Versprechungen und Verpflichtungen

4. **Vermeiden Sie nicht erfüllbare Versprechungen, um Kunden zum Kaufen zu bewegen!** Auch das rächt sich. Versprechen Sie lieber zu wenig als zu viel. Dann kann es nur angenehme Überraschungen geben, für die man Ihnen dankbar sein wird. Liefertermine und Lieferversprechen, von denen Sie von vornherein wissen, dass sie nicht zu halten sind, können vielleicht zu einem Auftrag führen – allerdings auf Kosten weiterer Bestellungen.

   Bedenken Sie immer: **Entscheidend ist nicht, was Sie sagen, sondern was der Kunde glaubt.** Auch bei Lieferterminen entscheidet schließlich der Glaube des Kunden an Ihre Versprechungen, und nicht die Angabe als solche. Wenn Sie dem Kunden keinen günstigen Termin zusagen können, verkaufen Sie ihm die Verlässlichkeit Ihrer Versprechung, stellen Sie diese als die ungünstigste Möglichkeit dar, für deren Verbesserung (d. h. Terminbeschleunigung) Sie sich bei Ihrem Unternehmen einsetzen werden. Besonders beim Verkauf von Industriegütern seien Sie immer sehr genau mit Ihren Angaben, die sich auf Lieferungen und Liefertermine beziehen, denn der Kunde disponiert danach und wird sich vielleicht später auf Ihre Behauptungen berufen, die außerdem bei einer Reklamation aus seinem Munde kategorischer klingen, als sie von Ihnen beabsichtigt waren. Und außerdem gibt es kostspielige Regressansprüche. Lassen Sie sich auch nicht durch Versuche pfiffiger Kunden überrumpeln, Sie mehr versprechen zu lassen, als Sie beabsichtigten! Und wenn Sie merken, dass ein Kunde mehr in Ihre Worte hineinlegen will als Sie gesagt haben, wiederholen Sie Ihre Aussage berichtigend und beugen Sie so einem Missverständnis oder einer Enttäuschung vor. Vielleicht senden Sie dem Kunden auch einen Bestätigungsbrief, in dem schwarz auf weiß festgelegt ist, was Sie mit ihm besprochen haben.

   Und bei etwaigen Lieferverspätungen: Unterrichten Sie den Kunden so schnell wie möglich (anstatt zu warten, bis sich der Kunde meldet).

Der rote Faden in Ihrer Argumentation

5. **Halten Sie eine absolut konsequente Linie in Ihrer Darstellung** (vgl. Beispiel 2)! Eine „Kaugummiargumentation" führt beinahe immer zu Hochdruckverkauf. Schützen Sie sich und entlasten Sie Ihr Gedächtnis nach jedem Verkaufsgespräch durch genaue Aufzeichnungen über das, was abgehandelt worden ist! Schreiben Sie sich auch auf, welche Argumente und Einwände das Interesse des Kunden besonders weckten! Mit Hilfe solcher Unterlagen können Sie folgerichtig argumentieren. Leider machen die meisten Verkäufer sich keine oder nur unvollständige oder unwesentliche Notizen. Welche Kurzsichtigkeit, besonders da fast alle Einkäufer genaue Aufzeichnungen über Kaufverhandlungen machen! Kein Wunder, wenn Ihnen Verkäufer häufig als unzuverlässig vorkommen.

Kombinationsverkauf

6. **Vermeiden Sie die Kopplung zweier Verkaufsangebote:** *„Wenn Sie diese (begehrte) Ware haben wollen, müssen Sie auch jene nehmen!"* Meistens wird durch Verpflichtung zum Kombinationskauf versucht, eine schwer verkäufliche Ware an den Mann zu bringen. Das wissen Ihre Käufer natürlich auch. In manchen Ländern ist dieses Vorgehen auch gesetzlich verboten.

Keine Aggressivität

7. **Mimen Sie nicht die Verkaufskanone.** Seien Sie kein „Angeber". „Draufgängertum" (sprich Rücksichtslosigkeit), große (in Wirklichkeit aufgeblasene) Selbstsicherheit und gewandtes Reden (d. h. salbungsvolles Phrasengedresch mit Worthülsen und Schlagwörtern) führen nicht zu wirklichen Erfolgen. Der Verkäufer darf kein Schwätzer sein. Der gute Verkäufer kann mit wenigen Worten das Wesentliche sagen. So bekommen seine Darlegungen Gewicht und ergeben eine entsprechende Verkaufschance. Weniger ist häufig mehr! Je größer der Wortschwall, desto geringeren Eindruck macht der Inhalt.

   Noch gefährlicher ist es, wenn der Kunde sich als Zielscheibe der weithin erkennbaren, geballten Entschlossenheit des Verkäufers fühlt. Der Verkäufer soll **mit** dem Kunden dessen Bedürfnisse untersuchen und auf dieser beratenden Grundlage eine befriedigende Lösung vorschlagen. Je weniger er sein Gespräch durch eine vorgefasste Meinung darüber einleitet, was der Kunde tun sollte, desto größer sind die Aussichten, echten Kontakt mit dem Kunden zu bekommen und sein Vertrauen zu erringen. Rufen Sie bei Ihren Kunden niemals den Eindruck hervor, dass Sie fest entschlossen sind, ihn „kleinzukriegen", was auch immer kommen mag! Ein zu selbstbewusst auftretender Verkäufer gestattet dem Kunden nur einen Ausweg zur Befriedigung des eigenen Geltungsbedürfnisses: zu opponieren, zu kritisieren, gegenteiliger Meinung zu sein, sich unbeeinflussbar zu zeigen. Bemerken Sie zuweilen diese Reaktion bei Ihren Kunden? Wenn ja, dann sollten Sie schnellstens Ihr Temperament zurückpfeifen!

Immer muss der Kunde das befriedigende Gefühl haben, dass er aus eigenem Entschluss kauft, nicht, dass der Verkäufer nachdrücklich verkauft! Ein Kompliment vonseiten des Kunden: *„Sie sind aber ein tüchtiger Verkäufer!“* kann zweideutig sein. Ein erfolgreicher schwedischer Exporteur ließ seine ausländischen Kunden beiläufig wissen, wie schlechte Verkäufer schwedische Geschäftsleute eigentlich seien, eine Beurteilung, die ihn natürlich selbst mit einschloss. Er tat auch sonst alles, dem Kunden das Gefühl der Überlegenheit zu geben. Gegenüber dieser Methode zog sich kein Kunde in sein „Schneckenhaus“ zurück, denn keiner fühlte sich einem gefährlichen Druck ausgesetzt.

Der Verkaufsdirektor einer anderen größeren Firma lässt sich absichtlich immer mit seinem alten Titel „Oberingenieur“ und nicht „kaufmännischer Direktor“ bezeichnen, damit die Kunden das Gefühl haben, dass sie einen technisch erfahrenen Fachmann vor sich haben, mit dem man sich in erster Linie fachlich und erst in zweiter Linie über Kauf und Verkauf unterhalten kann.

Häufig gelingt „Nicht-Verkäufern“, wie hinzugezogenen Fachleuten, Technikern, Monteuren usw. eine wirkungsvollere Beeinflussung als dem „Berufsverkäufer“. Welche Schlüsse ziehen Sie daraus? Der Kunde soll sich in Ihrer Gesellschaft wohl fühlen. Tut er das?

Preiserhöhungen

8. **Überraschen Sie Ihre Kunden nicht mit Preiserhöhungen ohne vorhergehende Ankündigung!** Wenn einer Ihrer Kunden eine oft gekaufte Ware zu dem bisher gültigen Preis bestellt, teilen Sie ihm eine etwaige Preiserhöhung und die Begründung dafür mit. Wenn der Kunde erst bei Erhalt der Rechnung feststellt, dass er mehr zahlen muss, verärgern Sie ihn unnötigerweise und machen ihn für die Zukunft misstrauisch.

Verkaufstricks

9. **Seien Sie vorsichtig mit verkäuferischen Tricks.** Der Kunde von heute fällt auf Mittel von gestern nicht mehr herein. Hierzu gehören: billige Schmeichelei, unwahre Angaben, „Sie haben Recht, aber Sie haben es doch nicht, denn ... -Vorgehen“, Ausnutzen von Unkenntnis, Überrumpelungen beim Abschlussgespräch usw.

Der Wert Ihrer Garantie

10. **Überzeugen Sie Ihre Kunden, dass Ihre Garantien wirklichen Wert haben und ihnen echten Schutz bieten.** Viele Garantien sind in der Praxis kaum das Papier wert, auf dem sie geschrieben stehen. Wenn Garantiebestimmungen wichtige Einschränkungen enthalten, sehen Sie es immer als unerlässliche Pflicht an, den Kunden vorher darüber aufzuklären.

„Nein“ sagen können

11. **Seien Sie weitblickend und mutig genug, auch einmal zu einem verlockenden Auftrag „Nein“ sagen zu können!** Tun Sie das immer,

wenn Sie merken, dass ein Kunde aus Unkenntnis einen Fehler begehen will und mit seinem Kauf wahrscheinlich nicht zufrieden sein würde. Sagen Sie es ihm. Jeder, aber jeder Kunde schätzt dieses aufrichtige Verhalten des Verkäufers, besonders, weil es – leider – zu selten vorkommt. Der verlorene Auftrag von heute kann einen Kunden auf Lebensdauer gewinnen. So werden Sie Ratgeber und Freund Ihres Kunden.

Beim Investitionsgüterverkauf wie Anlagen z. B. ist die Bereitschaft, auf einen Verkauf zu verzichten, absolute Voraussetzung für eine erfolgreiche Tätigkeit. Ein Verkäufer, der das nicht kann, wird in der Regel ziemlich schnell ausgebootet.

Der Wettbewerb

12. **Betrachten Sie beim Verkaufsgespräch die Konkurrenz als Naturschutzgebiet, das weder Sie noch der Kunde betreten sollte.** In der Verkaufsanleitung eines bedeutenden Automobilwerkes werden die Verkäufer ermahnt, in jeder Beziehung zu vermeiden, auf Mitbewerber einzugehen oder nur deren Namen auszusprechen. Wenn der Kunde sagt: „Mein XYZ-Wagen ...“, soll der Verkäufer in seiner Antwort den Namen der Marke also nicht wiederholen, sondern umgehen, z. B. durch: „Bei dieser Marke ...“ Manche gehen noch weiter: Der Verkäufer soll lieber darauf verzichten, einen falschen Vergleich richtig zu stellen, den der Kunde zwischen seinen und den konkurrierenden Erzeugnissen zieht, als sich einer Diskussion auszusetzen, die zeitraubend und auch peinlich werden kann. Auseinandersetzungen dieser Art können leicht auch zu Werbewirkung zugunsten der Konkurrenz führen. Wenn der Kunde einen Vergleich zwischen Ihrem Produkt A und einem konkurrierenden Produkt B wünscht, kommen Sie in der Regel weiter mit einem Vergleich zwischen seinem Bedürfnis und Ihrer Problemlösung durch Ihr Produkt A. Wenn die Erwähnung eines Konkurrenten unumgänglich ist, so beweisen Sie Ihrem Kunden, dass Sie in der von Ihnen vertretenen Sache stark genug sind, um der Konkurrenz gegenüber großzügig zu sein. Bedenken Sie: Jede Erwähnung der Konkurrenz erweckt Neugier – für den anderen. Und je stärker Sie von Mitbewerbern angegriffen werden, desto intensiver konzentrieren Sie Ihre Bemühungen auf Ihr Angebot.

Und selbstverständlich müssen Sie Ihre Mitbewerber, deren Angebote und Verkaufsmethoden kennen. Man muss wissen, „was die Konkurrenz macht“, denn dieses Wissen ist eine wichtige Voraussetzung für die Strategie und Taktik Ihrer Maßnahmen im Verkauf. Die Kunst der Verkaufstaktik ist zum großen Teil **die Kunst, es anders zu machen** —anders als die Konkurrenz und anders, als der Kunde es erwartet (vgl. Kapitel 18).

Wahrheit allein reicht nicht aus

13. **Argumente müssen nicht nur wahr sein, sondern auch wahr klingen.** Auch eine wahre Behauptung, die „zu schön klingt, um wahr zu

sein", oder deren Wahrheitsgehalt vom Kunden nicht kontrolliert werden kann, muss Misstrauen erwecken. Ein Argument beim Verkauf von Schönheitscremes *„Reicht für 43 Behandlungen"* gehörte in diese Gattung, obwohl entsprechende Zeugnisse von Verbrauchern vorlagen. Argument und Zeugnis können wahr und dennoch für einen Durchschnittskunden unglaubwürdig sein.

Eine Folge dieser Erkenntnis ist die Notwendigkeit, **Beweise für alle Behauptungen vorlegen zu können.** Diese Grundregel kann nicht oft genug wiederholt werden. Kunden sagen in der Regel einem Verkäufer nicht: *„Das glaube ich Ihnen nicht."* Das schließt aber Zweifel nicht aus. Viele Verkäufer versagen, weil sie die Glaubwürdigkeit, die sie in den Augen der Kunden haben, über- und die Beweisnotwendigkeit unterschätzen. Damit verlieren sie Auftragschancen.

Die Gefahr der Übertreibung

14. Stimmen Sie keine lyrischen Lobgesänge über Ihre Ware an. Geben Sie dem Kunden Tatsachen! Sparen Sie sich Superlative! Moderne Verkaufstechnik vermeidet alle Phrasen und nichtssagende Modewörter wie *„phantastisch"*, *„super"*, *„das Beste, was es gibt"*, *„völlig konkurrenzlos"*, *„absolute Spitze"*, *„ganz große Klasse"*, *„einmalig"* usw. Seien Sie auch sparsam mit Adjektiven – eine Ansammlung von Adjektiven führt zu Sättigung und verwechselt Verkauf mit Jahrmarkt. **Superlative ersetzen keine Beweise.**

Wählen Sie alle Bezeichnungen und Beschreibungen mit Überlegung! Vermeiden Sie aber auch trockene Aufzählungen! Beleben Sie Ihr Verkaufsgespräch durch Zitate aus den Erlebnissen und Erfahrungen, die andere Kunden mit Ihrer Ware gemacht haben! So geben Sie ein überzeugenderes Bild der Ware als durch eine Anhäufung von Adjektiven. Achten Sie auch auf Ausdruck und Tonfall Ihrer Sprache, denn damit übertragen Sie Ihre eigene Überzeugung. Richtig ausgesprochen, kann das Eigenschaftswort „gut" ein viel überzeugenderes Qualitätsargument sein als „überragend". Vermeiden Sie das „sehr" oder „viel"! Damit erzielen Sie selten die beabsichtigte verstärkende Wirkung. Auch hier bewahrheitet sich der Grundsatz: **Entscheidend ist nicht, was der Verkäufer sagt, sondern was der Kunde glaubt.**

Konkret

15. **Zergliedern Sie Ihre Ausführungen und drücken Sie sie konkret aus!** Sagen Sie z. B. nicht, *„Die größten Unternehmen der Branche verwenden unsere Marke"*, sondern nennen Sie sie, wenn möglich, beim Namen. Sagen Sie nicht, *„Das schützt Sie gegen alles"*, sondern erwähnen Sie, wogegen die Imprägnierung stand hält! Noch überzeugender wirkt, wenn Sie Beispiele bringen, dass z.B. die X-Ware so und so lange dem Regen ausgesetzt war, ohne Schaden genommen zu haben. Sagen Sie nicht, *„Die Welle hat eine sehr lange Lebensdauer"*, sondern geben Sie die Lebensdauer des Maschinenteils an: *„ ... hält für so und so viele Umdrehungen"*.

Womit endet der Verkauf?

16. **Mit dem erhaltenen Auftrag ist der Verkauf zwar abgeschlossen, aber noch nicht zu Ende.** Der gewissenhafte Verkäufer wird sich auch für die Abwicklung des Auftrages, die Lieferung usw. verantwortlich fühlen und jede notwendige Hilfe (Kundendienst) bieten, damit der Kunde vom Kauf größtmöglichen Nutzen hat. Unter Verkäufern wird oft darüber diskutiert, wieweit sie eine Verantwortung für die Abwicklung des Verkaufs haben, wenn der Auftrag an die Firma weitergeleitet worden ist. Man vergisst dabei, dass der Verkäufer im Regelfalle zwar keine formelle Verantwortung nach dem Kaufabschluss, immer aber ein bedeutendes Interesse am Kontakt mit dem Kunden für weitere Verkäufe hat. Alle etwaigen Fehler muss ja der Verkäufer auch ausbaden, ob er will oder nicht. Zufriedene Käufer dagegen sind Wegweiser für andere.

Über berechtigte Einwände

17. **Versuchen Sie nicht, berechtigte Einwände zu widerlegen.** Dies wäre nicht nur Hochdruckverkauf. Sie verlieren außerdem die Möglichkeit, unberechtigten Einwänden wirksam zu begegnen, sodass der Kunde schließlich keinem Ihrer Argumente mehr glaubt. Hinter dieser förmlichen **Sucht**, dem Kunden jeden Einwand auszureden, versteckt sich erstens die Angst, den Auftrag zu verlieren, wenn man nicht **jede** kritische Feststellung zurückweist und das Angebot als in **jeder** Beziehung vollkommen darstellt. Und zweitens wollen viele Verkäufer auf jeden Fall und um jeden Preis recht behalten.
Beides ist eine falsche Einstellung:
    1. Jedes Angebot enthält für jeden Kunden Vorteile und Nachteile. Das weiß auch der Kunde. Entscheidend für seinen Kaufentschluss ist das Überwiegen der Vorteile.
    2. Ein rechthaberischer Verkäufer bekommt und verdient auch einen rechthaberischen Kunden (vgl. die Kapitel 9 und 14).

Witze verkaufen nicht

18. **Der Verkäufer ist kein Witzonkel, kein Unterhalter und keine „Quasselstrippe".** Er soll verkaufen, nicht erzählen. Er soll keine Zeit mit belanglosen Geschichten verschwenden und auch nicht durch Witze und billige Scherze den Kunden amüsieren, aber dabei riskieren, nicht mehr ernst genommen zu werden. Dies ist keine Ablehnung wirklichen Humors im Dienst einer Verhandlung. Wird er nicht mehr ernst genommen, wird er vom Käufer im besten Fall zum belanglosen Unterhalter degradiert.

Nie betteln!

19. **Und schließlich darf der Verkäufer nie zum Tränenverkäufer oder zum Bettelstudenten werden.** Nicht „*Tun Sie mir doch den Gefallen*", oder „*Jetzt habe ich mich doch lange genug um Sie bemüht*", oder „*Sie können mir doch eine Absage nicht antun*", oder „*Wir würden wirklich gern mit Ihnen ins Geschäft kommen*", oder „*Ihr Auftrag würde uns ganz besonders freuen*", auch nicht „*Mir als altem Freund, Schulkame-*

raden, Nachbarn ... „ usw. Um einen Auftrag zu betteln, ist die unwürdigste Form des Hochdruckverkaufs. **Einkauf ist keine Wohltätigkeit.** Solche Aufträge muss der Verkäufer früher oder später bezahlen, z. B. mit teuren Zugeständnissen.

20. Und letzter Punkt: Sollten Sie diese Hinweise als selbstverständlich betrachten und sich darüber erhaben fühlen, bedenken Sie bitte, dass man solche Fehler fast nur bei anderen sieht. Hoffentlich haben Sie eine gute Portion Selbstkritik – und damit das Zeug, wirklich weiterzukommen.

Jetzt können Sie wohl die vier einleitenden Fragen beantworten und die fünf Verkaufsprobleme lösen?

Durch Hochdruckverkauf können Sie vereinzelte Aufträge gewinnen – aber auf Kosten des Verlustes an Kunden. In erster Linie Kunden gewinnen, erst in zweiter Aufträge!

Kapitel 6
Verkauft sich Qualität von selbst?

Können Sie diese vier Fragen beantworten?

1. Welches Argument ist am wichtigsten: Qualität oder Zweckmäßigkeit?
2. Was besagt die Regel: „Ein Qualitätsargument ist in erster Linie Beweisargument?“
3. Wie viele Verkaufsargumente soll der Verkäufer in sein Verkaufsgespräch einflechten?
4. Wenn der Kunde am Angebot als solchem uninteressiert ist, können Sie dann bei ihm durch Qualitätsargumentation ein Verlangen erwecken?

Können Sie diese fünf Probleme lösen?

? 1

Herr Hoffmeister verkauft Elektrogeräte an den Einzelhandel. Er unterstreicht die hochwertige Leistung eines Gerätes durch eine detaillierte Beschreibung der besonders sorgfältigen Konstruktion und durch eine Vorführung eines halben Dutzend praktischer Vorzüge. Durch geschickte Fragetechnik legt er den Kunden fest: „Wir sind uns also einig über die überlegene Qualität des Gerätes?" – „Vollkommen", antwortet der Händler. – „Oder kennen Sie bessere?" – „Nicht, dass ich wüsste." – „Etwas Besseres könnten Sie also Ihren Kunden nicht anbieten?" – „Kaum." – Und gegen den Preis und den Rabatt ist auch nichts einzuwenden?" – „Nein, der Preis ist in Ordnung, der Rabatt auch." – „Darf ich fragen, wie viele Sie fürs Erste bestellen wollen?" – „Im Augenblick gar keine."

Wieso diese negative Reaktion? Hat der Verkäufer nicht richtig argumentiert?

? 2

Zwei Lastwagenverkäufer bearbeiten die gleiche Baufirma. Vertreter Friedrich ist siegessicher, denn sein Fahrzeug ist qualitativ überlegen, schneller und von ansprechendem Aussehen. Friedrichs Verkaufsgespräch setzt sich aus dreizehn verschiedenen Qualitätsargumenten zusammen. Diese werden dem Kunden in übersichtlicher Weise serviert. Der Kunde macht auch keinerlei Einwände. Friedrich wird auch nicht unruhig, als der Auftrag auf sich warten lässt, bis er zu seiner und seines Chefs großer Verwunderung erfährt, dass die Konkurrenz den Auftrag erhalten hat.

Welchen wahrscheinlichen Fehler hat Friedrich gemacht? Ist er Ihnen auch schon unterlaufen?

? 3

Der Versicherungsagent Krause spricht mit einem Fabrikanten über eine Pensionsversicherung und entwickelt in guter Systematik alle Vorteile, die mit einer solchen Versicherung verbunden sind. Er zieht auch sachlich überzeugende Beispiele dafür heran, wie sich diese Versicherung praktisch auswirkt, und gibt eine gute Übersicht über Ertrags- und Kostenfaktoren. Soweit geschieht alles mit Überlegung und Metho-

de, und Krause beobachtet, dass der Fabrikant seinen Argumenten folgt und anscheinend interessiert ist. Abschließend sagt der Kunde, er werde sich die Sache überlegen. Es kommt aber kein Auftrag heraus, und Krause gibt zu, dass wohl drei Viertel aller seiner Besuche bei anscheinend interessierten Kunden in derselben Weise enden. Der Kunde zeigt sich also interessiert, und trotzdem kommt kein Auftrag.

Kommt das bei Ihnen auch häufig vor? Wie äußert sich diese Reaktion bei Ihren Kunden? Und was unternehmen Sie da?

? 4

Der Einkäufer der Abteilung „Herrenmäntel" eines Warenhauses zuckt die Achseln: „Ich kann an Ihren Mänteln keine Fehler entdecken. Die Qualität ist gut, sehr gut sogar. Aber es fehlt etwas, irgend etwas, denn wir haben nicht mehr die gleiche Nachfrage wie früher. Können Sie nicht das Modell so ändern, dass die Mäntel ansprechender wirken?" Der Verkäufer verspricht, die Möglichkeiten zu untersuchen, stößt aber auf Schwierigkeiten, denn die Geschäftsleitung will nicht. Begründung: Die Mäntel sind mit Ausnahme der letzten sechs Wochen gut verkauft worden, der Rückgang sei zufallsbedingt, und es liege kein stichhaltiger Grund dafür vor, einen erprobten, qualitativ hochwertigen Artikel modisch neu zu gestalten. Die Vertreter werden zu erneuten Anstrengungen angespornt.

Wie beurteilen Sie die Einstellung der Geschäftsleitung? Würden Sie sie ändern? Wenn ja, wie?

? 5

„Ich pfeife darauf, wie gut deine Krawatten sind", bricht es aus dem temperamentvollen Einkäufer heraus. „Schon seit Wochen hast du mir gesagt, wie wunderbar die Binder sind, aber sie passen einfach nicht hierher. Keiner will sie haben. Ich hätte bei meinem alten Grundsatz bleiben und nicht versuchen sollen, großstädtischen Geschmack auf unsere Kleinstadt zu übertragen. Unsere Kunden in unserer Gegend machen das nicht mit. Deine Schlipse sind hier zu originell und, ehrlich gesagt, ich weiß nicht, ob ich sie selbst tragen würde. Dasselbe gilt übrigens für eure neuen Hemden."

Teilen Sie die Einstellung, die aus den Worten des Einkäufers spricht? Wenn ja, was würden Sie als Verkäufer tun? Wenn nicht, wie würden Sie versuchen, sie zu ändern?

Es ist klar, dass die Qualität der Ware bei der Kaufentscheidung eine bedeutende Rolle spielt. Für jeden Verkauf ist die Qualität des Angebotes eine notwendige Voraussetzung. Keineswegs aber ist die vom Kunden getroffene Wahl immer oder vorwiegend von maximaler Qualität abhängig. Hinzu kommt noch, dass viele Verkäufer hinsichtlich der Qualität nicht richtig argumentieren. Da die Qualitätsargumentation in den meisten Verkaufsgesprächen einen vorherrschenden Platz einnimmt, ist dieser Mangel besonders schwerwiegend.

Einige Hauptregeln seien hier gleich festgelegt:

Qualität und Zweckmäßigkeit

1. **Qualität und Zweckmäßigkeit einer Ware sind zwei verschiedene Dinge.** Für den Kunden ist die Zweckmäßigkeit der wichtigste Faktor. Die Ware muss so beschaffen sein, dass sie dem vom Kunden für sich oder seine Abnehmer beabsichtigten Zweck in der bestmöglichen Weise entspricht. In gewissen Fällen ist dabei eine hohe Qualität erforderlich, während in anderen Fällen eine einfache Ausführung ausreicht. Qualität ist die Güte des Produktes an sich, Zweckmäßigkeit dessen Eignung für einen bestimmten Einsatz. Qualität ist objektiv, meistens mess- und kontrollierbar und daher ein verhältnismäßig leicht verwendbares Argument. Zweckmäßigkeit ist subjektiv, oft nicht messbar und daher ein schwierigeres Argument.

   Hohe oder übertriebene Güte ist dort kein Verkaufsplus, wo sie nicht im angebotenen Ausmaß erforderlich ist. Der Begriff „Wertanalyse“ dient dort als Abwehr seitens der Industrieeinkäufer. Es gibt Waren mit begrenzter Verwendbarkeit oder modischer Lebensdauer, bei denen es unwirtschaftlich wäre, höchste Qualität zu liefern oder zu verkaufen. In anderen Fällen müssen Verbraucher durch Werbung erst zu Qualitätsansprüchen erzogen werden. Vor diese Aufgaben kann sich auch der Verkäufer gestellt sehen, der dem Kunden erst erklären muss, warum er eine hochwertige Ware braucht. Erst wenn diese Bedarfsdeutung gelungen ist, kann die eigentliche Verkaufshandlung beginnen.

Qualität als Beweisargument

2. **Die Qualität ist vorrangig ein Argument der Beweisführung:** Es soll beweisen, dass die Idee einer Ware, die der Vertreter verkaufen will, richtig und die Ware selbst wirklich so gut ist, wie es Nutzen und Zweck für den Kunden fordern. Heute wird der Qualitätsanspruch oft schlagwortmäßig übertrieben und führt bei weitem nicht immer zum Auftrag. In allen vorstehend erwähnten Beispielen ist dem Qualitätsargument zuviel Gewicht beigemessen worden.

   Auch die beste Ware kann unmodern werden. Wenn dieser Fall eintritt und man versucht, einen stärkeren Druck auf die Verkäufer auszuüben, ohne aber die Ware neuen Geschmacksanforderungen anzugleichen, darf man sich nicht wundern, dass bald die Methoden des Hochdruckverkaufs mit ihren bekannten Folgen angewendet werden. Der Qualitätsbegriff findet keine einheitliche Auslegung. Er ist, wie die Erfahrung lehrt, von Markt zu Markt unterschiedlich (vgl. Beispiel 5) und wird von subjektiven Geschmacksauffassungen beeinflusst, die oft vom Käufer – zwar zu Unrecht – mit dem Qualitätsbegriff verwechselt werden.

Weniger Qualitätsargumente sind „mehr"

3. **Konzentrieren Sie die Qualitätsargumentation! Alle** qualitativen Vorteile einer Ware herauszustellen, ist nicht sinnvoll, denn in nur wenigen Fällen ist ein Kunde interessiert, alles bis in die letzte Einzelheit zu erfahren: Er interessiert sich für das für ihn Wesentliche. Alles andere ermüdet. Überfordern Sie Ihren Kunden nicht! Das Verkaufen wäre einfach, wenn es genügte, sämtlichen Kunden nach einem gewissen Schema alle Qualitätsargumente aufzuzählen. Ein Teil der Verkaufskunst besteht ja gerade in der Findigkeit des Verkäufers, **die** Qualitätseinzelheiten zu ermitteln, die den Kunden besonders interessieren. Wahrscheinlich wird sich der Verkäufer der konkurrierenden Lastwagenfirma (Beispiel 2) danach gerichtet haben. Da es sich um eine Baufirma handelte, ging der Verkäufer davon aus, dass sie größten Wert auf zulässige Nutzlast und Manövrierfähigkeit legen würde. Auf diesen Punkt wird er seine Argumentation konzentriert haben.

   Bedenken Sie, Herr Friedrich hätte es ebenso machen können, weil auch sein Fahrzeug die gleichen Eigenschaften aufzuweisen hatte. Friedrich beging aber den Fehler, **alle** seine Qualitätsargumente heranzuziehen; er brachte zu viel. Auch hier gilt, dass weniger „mehr" sein kann! Haben Sie nicht schon den gleichen Fehler gemacht? Sie haben damit gewiss eine Streuung von Argumenten erzielt, jedoch an Durchschlagskraft verloren.

Kauflust durch Qualitätsargumentation?

4. **Wenn der Kunde nicht von vornherein kaufwillig ist, kann man durch Qualitätsargumentation keine Kauflust hervorrufen.** Aufklärungen darüber, wie gut eine bestimmte Ware ist, sind uninteressant für den Kunden, sofern nicht die Idee dieser Ware bei ihm das Verlangen nach ihrem Besitz weckt. Sowohl beim Angebot der Haushaltsgeräte als auch beim Angebot der Pensionsversicherung (Beispiele 1 und 3) wurde die Qualitätsargumentation zu früh eingesetzt. Und in Beispiel 1 hat sie weit am Ziel vorbeigeschossen: Den Händler interessiert die Ware als solche nicht, sondern deren Verkäuflichkeit. Solange es dem Verkäufer hier nicht gelingt, beim Kunden ein Verlangen nach den sich bietenden Verkaufsmöglichkeiten oder nach wirtschaftlichem Schutz für die Familie zu wecken, wird auch das beste Qualitätsargument den Kunden nicht zur Annahme des Angebotes bewegen.

Auch wenn Sie als Verkäufer das Glück hätten, den besten Brotröster der Welt, die schönsten Seegrundstücke, den schnellsten Serienwagen, das vorzüglichste Feuerlöschgerät des Marktes o. Ä. verkaufen zu können – solange Sie nicht das Verlangen des Kunden z. B. nach bequem geröstetem Brot zum Frühstück oder Nachmittagstee, nach einem Wochenendhaus am Meer, nach dem Fahrerlebnis, nach dem Schutz seines Hauses zu wecken verstehen, können Sie Ihre Ware nicht verkaufen. Vielen Verkäufern fehlt das Verständnis für diese Erfahrungstatsache und ihre grundlegende Bedeutung, obwohl ein erfolgloser Kundenbesuch nach dem anderen, trotz guter Ware, doch nachdenklich darüber stimmen müsste, ob nicht bestenfalls die Reihenfolge der Argumente fehlerhaft ist. In der Tat: Ein zu früh abgefeuertes Qualitätsargument wird ein Schuss ins Leere!

Also: **Erst Kaufwunsch oder Kaufbedürfnis wecken oder ansprechen – dann Qualitätsargumentation.**

„Das bedeutet für Sie ...“

5. **Achten Sie darauf, dass Ihr Qualitätsargument richtig ankommt.** Allzu oft schwebt es frei in der Luft, wenn der Verkäufer daraus nicht für den Kunden gleich noch die Folgerung zieht. Wenn der durchschnittliche Autokäufer hört, dass der angebotene Wagen zwei Fallstromvergaser, eine Drehabfederung und einen kopfgesteuerten 16-Ventile-Motor hat, erhält er drei Qualitätsargumente. Aber um ihren Wert wirklich ermessen zu können, muss der Kunde vom Verkäufer erfahren, was diese drei technischen Einzelheiten **für ihn** bedeuten. Das Gleiche gilt für den Verkauf eines „synchronisierten Wechselstrommotors mit variabler Geschwindigkeit, konstanter Ventilationskühlung und elektronisch gesteuerter Drehzahlregulierung“. Es gibt eine ungewöhnlich große Zahl derartiger technischer Besonderheiten, und der Kunde begreift durchaus, dass sie wohl irgendeinen Vorteil für die Ware darstellen (sonst würde sie der Verkäufer nicht erwähnt haben); damit aber weiß der Kunde oft noch nicht, **welchen konkreten Nutzen ihm** die erwähnte konstruktive Verbesserung gewährt. Deshalb ist es ratsam, die Darstellung eines jeden Qualitätsargumentes, das sich nicht ganz von selbst erklärt, folgendermaßen fortzusetzen: *„Dies bedeutet für Sie ...“* und daraus die Konsequenzen für den Kunden abzuleiten. Mit Fachbezeichnungen sollten Sie vorsichtig sein. Oft versteht der Kunde deren volle Bedeutung nämlich nicht, obwohl er so tut als ob, nur um sich Ihnen als Verkäufer gegenüber nicht unterlegen zu zeigen. Am besten für den Verkauf eignen sich die Fachbezeichnungen, welche sich auf die Begriffswelt und auf das **Wissen des Kunden** und nicht auf das des Verkäufers beziehen.

Bei einer gezielten Rundfrage an 800 erwachsenen Personen der Wirtschaft zeigte es sich, dass – außer dem branchenkundigen Kreis – nicht mehr als 1 % wusste, was mit „einer gemischten Lebens-

und Kapitalversicherung" und nicht mehr als 15 %, was mit einem „echten Teppich" gemeint war, obwohl beide Ausdrücke tagaus und tagein in Verkaufsgesprächen und Anzeigen verwendet werden. Weiterhin wurde bei Marktanalysen festgestellt, dass Qualitätsargumente, wie „hochgradige Konsistenz", „Resistenz", „Homogenität" und „minutiös", von einem Großteil der Verbraucher nicht verstanden wurden und deshalb wertlos waren. Untersuchen Sie genau, ob nicht auch Ihre Argumentation für Sie selbst zwar wohl bekannte technische Begriffe enthält, mit denen aber der Durchschnittskunde nichts anfangen kann.

Funktion nicht Konstruktion

6. **Das Wichtigste ist, was die Ware tut, nicht was sie ist,** und deshalb vergeudet ein Verkäufer wertvolle Zeit, der z. B. die technische Konstruktion eines Staubsaugers oder einer Spülmaschine erklärt, um eine Hausfrau von den Vorteilen eines Kaufes zu überzeugen. Das Wesentliche ist der Nutzen, den diese Gegenstände bieten. Außerdem: Je mehr man sich in technische Beschreibungen verliert, desto größer ist die Gefahr, dass die Hausfrau das Gefühl bekommt, das Gerät sei sehr kompliziert. Technische Beschreibungen wird man nur als Hilfsargument für den Nutzen der Ware heranziehen und auch nur dann, wenn es dieser Zweck erfordert, oder als „Aufhänger" in Frageform, um den Kunden neugierig zu machen.

   Diese Regel gilt ebenfalls, wenn auch in anderer Weise, für das Verkaufsgespräch mit technisch erfahrenen und interessierten Käufern. Diese lassen sich nämlich nur durch sachliche, fachmännische Darlegung technischer Tatsachen überzeugen. Qualitätsbehauptungen allgemeiner Art stehen sie skeptisch gegenüber. Im Grunde kauft auch der technisch erfahrene Käufer ebenso wie alle anderen **„was die Ware tut, nicht was sie ist".** Bevor es dem Verkäufer nicht gelingt, Verlangen nach dem Nutzen seiner Ware zu wecken, hat es auch beim Techniker oder Industriekaufmann keinen Sinn, Qualitätsargumente zu verwenden. Sie verkaufen Funktion, nicht Konstruktion. Und unsere Aufgabe ist es nicht, dem Kunden mit unseren Fachkenntnissen zu imponieren. Der Kunde soll glänzen, nicht wir.

Wie viel ist das Wort Qualität wert?

7. **Das Qualitätsargument muss konkret sein.** Vermeiden Sie Phrasen wie etwa: „hohe, einzigartige, ausgezeichnete Qualität" u. Ä. Das Wort Qualität als solches ist zu abstrakt, abgedroschen, pauschal, allgemein. Trotzdem wird es von – phantasielosen – Verkäufern zu jeder passenden und unpassenden Gelegenheit ohne Konkretisierung verwendet. Das Wort „Qualität" wird auch dadurch nicht wirksamer, dass man ihm ein farbloses oder modisches Adjektiv anhängt. „Qualität" kann sozusagen alles bedeuten, was mit den Vorzügen Ihrer Ware zusammenhängt: Neuheit, Lebensdauer, Stabilität, Biegsamkeit, Härte, perfekte Herstellung, Verwendbarkeit,

leichtes Gewicht, Zweckmäßigkeit, hochwertige technische Konstruktion, Zuverlässigkeit usw. **Sagen Sie, was Sie sagen wollen,** und verwenden Sie die zutreffende Bezeichnung.

Objektive und subjektive Qualität

8. **Auch Qualität wird subjektiv und objektiv empfunden.** Motivforschungen haben viele Fälle aufgezeigt, wo absolut gleiche oder gleichwertige Produkte völlig verschieden vom Kunden beurteilt werden oder bessere Produkte, wie z. B. Computer, Mobiltelefone, Automaten als weniger gut und umgekehrt empfunden wurden. Wenn das psychologische Bild des Unternehmens und des Verkäufers dem Kunden sympathisch ist, färbt sich diese Einstellung auch auf die Beurteilung der Qualität ab.

   Wie sieht Ihr Kunde Ihr Unternehmen, wie sieht er Sie, wie sieht er Ihre Leistungen, wie sieht er Ihre Produkte? Das sich daraus ergebende Urteil färbt sich auch auf die Qualitätsbeurteilung ab.

Argumentation vom Kunden her

9. Als Schlussfolgerung des vorher Gesagten: **Sprechen Sie über den Kunden, nicht über die Ware.** Reden Sie nicht zu viel davon, wie modern, nützlich und wirtschaftlich Ihre Ware ist – sondern sagen Sie dem Kunden, wie modern, nützlich und wirtschaftlich sie **„ihn macht“**. Machen Sie ihn zum Mittelpunkt des Gesprächs. Dann wird es viel leichter für Sie, seine positive Aufmerksamkeit zu gewinnen und ihn für Ihre Ware zu interessieren.

Ihre Stimme und das Qualitätsargument

10. **Auf die richtige Betonung** kommt es bei der Argumentation ebenso an wie auf die Wahl der richtigen Worte. Man spürt das sehr deutlich, wenn zwei Verkäufer die gleiche Ware mit den gleichen Argumenten anbieten. Argumente klingen trotzdem ganz verschieden, weil sie ja jeder von beiden in seiner Art und aus seiner persönlichen Überzeugung heraus ausspricht, nuanciert und färbt. Unterschätzen Sie also Klang und Betonung der von Ihnen gesprochenen Worte nicht: Es ist der Ton, der die Musik macht! Die Stimme kann ein vorzügliches Verkaufsinstrument sein.

„Eine gute Ware verkauft sich von selbst?“

11. **Es ist nicht wahr, dass „eine gute Ware sich selbst verkauft“** – zumindest nicht bei normaler Marktlage. Die Güte Ihrer Ware ist vielmehr Voraussetzung jedes Verkaufserfolges. Eine energische und konstruktive Verkaufstätigkeit ist immer erforderlich, besonders natürlich, wenn eine Ware eingeführt werden soll; oder wenn mehrere, gleichermaßen vorzügliche Waren zur Auswahl stehen (die Entwicklung geht in diese Richtung). Geben Sie wichtigen „nicht verkaufenden“ Instanzen in Ihrem Hause Gelegenheit, sich von dieser Erfahrung durch Verkaufsbesuche und Kontakte mit Kunden zu überzeugen. Vorher werden sie kaum daran glauben. Die Unterschätzung der Schwierigkeit der Verkaufsarbeit seitens der anderen,

besonders der technischen Abteilungen („ ... *bei der Güte unserer Produkte sollte das Verkaufen wirklich keine Kunst sein!*"), führt zu unnötigen Reibungen im Unternehmen. Haben Sie hiergegen schon etwas unternommen?

12. **Nur die Qualität zählt, die vom Kunden honoriert wird.** Ein Kunde honoriert Ihre Qualität, wenn er bevorzugt von Ihnen kauft - entweder als Mehreinkauf oder als Einkauf zu einem höheren Preis. Alles andere ist „brotlose Kunst". Dieser Leitsatz kann viele Unternehmen vor kostspieligen Fehlern in der Positionierung ihrer Produkte - und viele Verkäufer in der Argumentation - bewahren.

!

Jetzt können Sie wohl die vier einleitenden Fragen beantworten und die fünf Verkaufsprobleme lösen?

KEINE WARE WIRD AUFGRUND IHRER VORTREFFLICHEN EIGENSCHAFTEN AN SICH GEKAUFT, SONDERN UM EIN BEDÜRFNIS ZU BEFRIEDIGEN. AUCH DIE QUALITÄT DER WARE MUSS MAN VERKAUFEN KÖNNEN, WENN MAN VERKAUFSERFOLGE ERZIELEN WILL. ABER ERST VERKAUFT MAN DIE IDEE, DEN NUTZEN UND DIE ZWECKDIENLICHKEIT.

Kapitel 7

Ist ein hoher Preis ein unüberwindliches Verkaufshindernis?

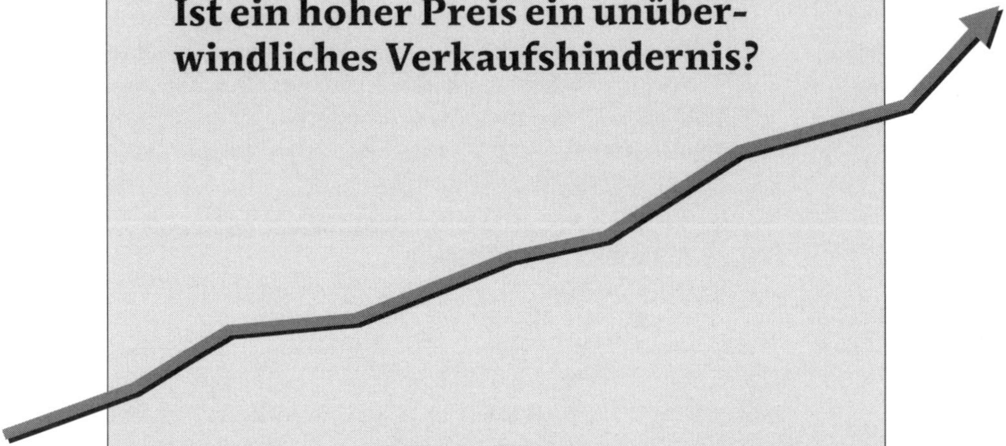

Können Sie diese vier Fragen beantworten?

1. Welcher Zusammenhang besteht zwischen Kaufkraft und Kaufwunsch?
2. Können Sie zehn preisverbilligende Argumente für Ihre Ware nennen?
3. Warum ist es meistens falsch, gleich zu Beginn des Verkaufsgesprächs den Preis einer Ware hervorzuheben, auch wenn er niedrig ist?
4. Welche Umstände beeinflussen unsere Auffassung, ob eine Ware teuer oder billig ist?

Können Sie diese fünf Probleme lösen?

? 1

Zwei Zeitschriften bemühen sich um den gleichen Inserenten, ein Unternehmen, das landwirtschaftliche Maschinen verkauft. Die gleiche Anzeigenserie (in einheitlicher Größe und Wiederholungsfolge) soll in der Zeitschrift A, die eine Auflage von 15.000 Exemplaren hat, 8.000 Euro kosten, während die Zeitschrift B mit einer Auflage von etwas über 10.000 Exemplaren 9.500 Euro verlangt. Der Zeitschrift B gelingt es, den Auftrag zu bekommen.

Ist sie billiger? Wie sieht dasselbe Problem und seine Lösung in Ihrer Branche aus? Trifft es zu?

? 2

Ein Unternehmen, das seit Jahren Drucksachen bei der Druckerei S. bestellt, holt für einen Katalogauftrag zur Frankfurter Messe das Kontrollangebot einer anderen Druckerei ein. Bei gleicher Lieferzeit und Ausführung ist diese Offerte 15 % billiger. Auf Anfrage erklärt die Druckerei S., dass sie nicht teurer sein will als die Konkurrenz und senkt den Preis um 15 %. Daraufhin erhält sie den Auftrag. Dieser Fall wiederholt sich einige Monate später. Wieder ist die Druckerei S. bereit, in die Preise der Konkurrenz einzutreten. Wieder senkt sie den Preis um 15 %, nur bekommt sie diesmal und in Zukunft den Auftrag nicht mehr, sondern die Konkurrenz.

Verstehen Sie die Einstellung des Kunden? Wie hätten Sie als Inhaber der Druckerei gehandelt?

? 3

Ilse Uhlsen, Verkäuferin von Diktiergeräten, besucht einen Textilgroßhändler, der an dem Angebot nicht sonderlich interessiert ist. Im Laufe des Gesprächs weist der Kunde das Werbeschreiben einer konkurrierenden Firma vor. Nun glaubt Frau Uhlsen, endlich den Anlass des Kaufwiderstandes herausgefunden zu haben, zumal der Kunde erklärt: „Ihre Apparate sind viel zu teuer." Mit einem kleinen Triumphgefühl und großer Überzeugung beweist die Verkäuferin sofort, dass ihre Geräte im Gegenteil 5 % billiger sind als die des Mitbewerbers. Aber das hilft anscheinend auch nicht; der Kunde „will sich die Sache überlegen". Und dabei bleibt es. Viel später erst begreift Frau Uhlsen, welchen Fehler sie im Zusammenhang mit der Preisfrage begangen hat.

Wann haben Sie ihn zuletzt gemacht?

? 4

Ein Großhandelsunternehmen in der Konservenbranche bietet eine größere Partie Gemüsekonserven mit 25 % Preisnachlass an. Eine Direktwerbung unterstützt dieses Angebot, von dem man sich einen großen Erfolg verspricht. Es gibt aber einen Fehlschlag: Der Absatz mit dem neuen Angebot erreicht kaum den normalen Verkauf, dem der alte Preis zugrunde lag.

Stimmt hier irgend etwas nicht? Oder muss die Preispsychologie von einer anderen Seite betrachtet werden?

? 5

In der Verkäuferbesprechung einer Büromöbelfirma versucht der Verkaufsleiter, bestimmte Richtlinien für eine geeignete Argumentation zu geben, und fordert mit Nachdruck eine zweckmäßigere Vorführung der Möbel und eine stärkere Variation der Qualitätsargumente, auf die jeweilige Kundengattung zugeschnitten. Ein Verkäufer wendet ein, das Verkaufsgespräch würde dann allzu kompliziert werden. Es wäre viel besser, sich auf den vorteilhaften Preis zu konzentrieren, der seiner Meinung nach im Endeffekt der entscheidende Verkaufsfaktor sei. Seine eigenen Verkaufsresultate sind durchschnittlich.

Wie ist in Ihrer Firma die Einstellung zur Preisfrage? Wann ist ein hoher Preis ein unüberwindliches Verkaufshindernis? Was würden Sie im vorliegenden Problem als Verkaufsleiter dem Verkäufer antworten?

Zuerst sei festgestellt: Natürlich kann ein hoher Preis ein ernsthaftes Verkaufshindernis sein und es gibt keine Methode, die zu einem Auftrag führt, wenn der einzige Unterschied zwischen zwei Angeboten ein auffallender Preisunterschied ist. Gleichwohl hat der Preis, vom Käufer her gesehen, unterschiedliche Bedeutung: Beim Verkauf reiner, in ihrer Güte standardisierter Stapelwaren oder Produktionsmittel kann der Unterschied von Cents je Einheit für das Zustandekommen des Verkaufs ausschlaggebend sein, während bei Luxuswaren oder Investitionsgütern sogar wesentliche Preisunterschiede kein Verkaufshindernis darstellen. Der Verkäufer kann häufig viel dazu beitragen, dass sich der Kunde an einem vertretbaren, hohen Preis nicht stößt, wenn er seine Beeinflussungschance ausnutzt.

Kaufkraft und Kaufverlangen

Man muss sich unbedingt darüber klar werden, dass Kaufkraft und Kaufwunsch nicht dasselbe sind. Das sollte man auch bei der Verkaufsplanung berücksichtigen. Besonders in Unternehmen mit falscher oder ungenauer Marktsegmentierung wird die Preispolitik nicht immer realistisch betrieben. Man denkt allzu oft in rein materiellen, nüchternen Bahnen und wählt als Zielgruppe für teurere Waren ausschließlich die hohen Einkommensklassen. Gewiss, die totale Kauffähigkeit eines Menschen ist abhängig von seiner Kaufkraft, nicht aber deren Verteilung.

Die Verteilung wird vom Kaufverlangen gesteuert. Ein Briefmarkensammler z. B. kann die Hälfte seines Einkommens für seltene Briefmarken ausgeben. Ein Arbeiter, der ständig an Migräne leidet, ist ein besserer Kunde für Kopfschmerztabletten als ein noch so vermögender gesunder Mensch. Leute mit großspurigem Lebensstil und gesellschaftlichen Minderwertigkeitskomplexen leisten sich ein Luxusleben, dessen Kosten in keinem Verhältnis zu ihren Einkünften stehen. Ein Industrieunternehmen mit einer Geschäftsleitung, die ein besonderes soziales Verantwortungsgefühl hat, kann unverhältnismäßig große Summen für Wohlfahrtseinrichtungen ausgeben. Ein hypermoderner Bürochef kann ein interessierter Käufer auch für unnötige und aufwändige Neuheiten zur Automatisierung der Büroarbeit sein. Ein übertrieben berufsstolzer Handwerker oder Fabrikant kann sich Geräte anschaffen wollen, die für seinen Betrieb so teuer sind, dass sie sich niemals rentieren können.

Was bedeutet „sich etwas leisten können"?

Die Frage, wieweit eine Unternehmung oder eine Person „es sich leisten kann", eine gewisse Ware zu kaufen, kann meist so formuliert werden: **„Ist der Kunde gewillt, hierfür ein wirtschaftliches Opfer zu bringen oder auf einen anderen Wunsch zu verzichten?"** Und manchmal: „Wie kann der Kunde sich das Geld beschaffen, das er zu einem wichtigen Kauf benötigt?" Die Aufgabe des Verkäufers kann es sein, dem Kunden klarzumachen, dass er nicht **ohne** die ihm angebotene Ware auskommen kann. Oder, dass es billiger für ihn ist zu kaufen, als nicht zu kaufen.

„Teuer" und „billig"

Man darf ferner nicht vergessen, dass die Begriffe „teuer" und „billig" im höchsten Grade subjektiv, gefühlsbetont und individuell sind. Je mehr eine Ware einem vorherrschenden Verlangen des Käufers entspricht, desto billiger wird sie empfunden. Je mehr dagegen die Ware den Charakter eines „notwendigen Übels" hat, desto teurer erscheint sie.

Eine Wäscherechnung über 19 Euro kann „teurer" empfunden werden als Weißwandreifen (190 Euro pro Stück) für das Auto. Die Zahnarztrechnung über 50 Euro wird teurer empfunden als eine Geburtstagsfeier zum dreifachen Preis, ein Kleiderschrank für 200 Euro teurer als eine Filmkamera für 750 Euro. Die ersteren sind **„preisnegative"**, die letzteren **„preispositive"** Waren.

Das gilt beim Kauf vieler „erwünschter" (preispositiver) Waren wie z. B. für Sportgeräte, die Einrichtung eines Konferenzraumes, die Modernisierung einer Fabrikfassade, die Ferienreise, Festkleidung, Schönheitsmittel, Statusprodukte, Fernseher, Fotoapparate usw.

Ärgerlich (preisnegativ) für den Kunden sind meist Ausgaben für Reparaturen oder das Abstellen irgendwelcher Mängel. Dieser Ärger wird nur dadurch gemildert oder ausgeglichen, wenn der Verkäufer nachweisen kann, dass die Ware durch die Reparatur einen neuen Wert erhält und die viel größere Ausgabe für eine Neuanschaffung ihm erspart bleibt (preispositiv gestalten).

Verkaufen Sie preispositive oder preisnegative Waren? Wenn preisnegativ, welche preispositiven Aspekte können Sie Ihrem Angebot geben? Die Antwort hierauf kann entscheidend für Ihren Verkaufserfolg sein.

Was dem einen teuer vorkommt, kann dem anderen billig erscheinen. Der Berufseinkäufer eines Industrieunternehmens macht sich mehr Gedanken über die Kosten als der Techniker, der mit der neu anzuschaffenden Maschine arbeiten soll (weshalb es ja auch leichter ist, mit diesem über den Preis zu verhandeln).

Hat ein Kunde einen äußerst dringenden Bedarf an einer Ware, so spielt der Preis eine untergeordnete Rolle. Er kauft „Lieferung", nicht „Preis". Bei raren Produkten ist dies ja auch der Fall. Je stärker eine Ware als ein „wirklicher Glücksfall" oder als eine „besondere Gelegenheit" empfunden wird, desto mehr verschwinden preisliche Bedenken.

Wiederverkäufer und Preis

Den Wiederverkäufer interessiert der Preis erst in zweiter Linie. Vorherrschend sind für ihn die Verdienstmöglichkeiten. Ein niedriger Preis ist für ihn nur dann interessant, wenn seine Verkaufsmöglichkeiten dadurch erhöht werden. Bei allzu niedrigen Preisen lohnt es sich für ihn möglicherweise gar nicht, die Ware zu führen.

Vier Grundregeln

Besonders können starke Preissenkungen, wie wir sie im vierten Problem erlebten, beim Kunden zu erhöhtem Misstrauen und Kaufwiderstand führen. Eine geringere Preissenkung kann weniger riskant sein.

In der praktischen Verkaufsarbeit wird die Preisfrage nach folgenden vier Richtlinien behandelt:

1. Finden Sie den „richtigen" Preis!
2. Betonen Sie den Wunschcharakter der angebotenen Ware!
3. Richten Sie die Gedanken des Kunden auf den Gegenwert, den er erhält!
4. Stellen Sie den Preis verkaufstaktisch richtig dar!

1. Finden Sie den „richtigen" Preis

Die Preispolitik

Die Preispolitik selbst liegt ja meist nicht im Zuständigkeitsbereich des Verkäufers. Er kann sie aber häufig direkt oder indirekt beeinflussen. Der Verkäufer kann z. B. aufgrund seiner eingehenden Kenntnis des Kundenkreises auf eine Reihe von unwesentlichen Eigenschaften und Umständen aufmerksam machen, die eine Ware unnötig verteuern. Eine Preissenkung ist natürlich auch durch eine Standardisierung der Warenauswahl oder der Ausführung zu erzielen. In vielen Branchen geht man dazu über, größere und regelmäßig eingehende Aufträge zu prämieren, da sie die Planung, den Einkauf und die Fabrikation erleichtern oder verbilligen. Eine derartige Preisdifferenzierung gestattet auch dem guten Verkäufer, den Umsatz zu erhöhen. Die verschiedenen Sparmaßnahmen im Warenabsatz, die zu niedrigeren Preisen führen können, seien hier nicht berührt.

Nur zwei Fragen seien gestellt:

a) Auf welchen prozentualen Anteil des Kundenkreises kommt der größte und lohnendste Teil des Umsatzes? Häufig zeigt es sich, dass ein Drittel der Kunden drei Viertel des Umsatzes einbringt. Viel Geld lässt sich sparen oder zusätzlich verdienen, wenn man seine Verkaufsanstrengungen und seine Preispolitik auf diesen Teil des Kundenkreises konzentriert. **Haben Sie Ihren „natürlichen" Markt oder Ihr Marktsegment gefunden?**

b) Wie lohnend sind Wiederbesuche? Einige Versicherungsverkäufer z. B. haben ausgerechnet: Falls die dritte Vorsprache bei einem Kunden zu keinem Resultat führt, ist es lohnender, die Zeit für andere Kundenbesuche zu verwenden. Eine Nähmaschinenfabrik hat festgestellt, dass von 12 Aufträgen 5 beim 1., 4 beim 2. und je einer beim 3.,

4. und 5. Wiederbesuch zustande kommen. Durch Verzicht auf Wiederbesuch 3 bis 5 wurde Zeit für 6 Verkäufe geschaffen, mit entsprechender Senkung der Verkaufskosten. Andere haben entgegengesetzte Erfahrungen gemacht. Es kommt auf die Art Ihres Geschäftes an. In manchen Fällen kann die Anzahl der Wiederholungsbesuche fast unbegrenzt sein, in anderen Fällen lohnt sich kaum ein einziger Besuch. Der Verkauf am Telefon bietet auch eine echte Möglichkeit, Kosten zu senken. Haben Sie mal festgestellt, ob Sie nicht mehr oder genau so viel am Telefon verkaufen können? Derartige statistische Untersuchungen sind höchst wertvoll - nicht nur für das Unternehmen, sondern auch für den Verkäufer.

Was kostet ein Verkaufsbesuch

Wo liegt bei Ihnen der kritische Punkt, wo sich Aufwand und Ergebnis in der Kostenkurve schneiden? Haben Sie genügend Verkäufer? Werden lohnende Kunden intensiv genug bearbeitet? Welche Aufwendungen können eingespart werden?

Geben Sie Ihren Verkäufern ein wettbewerbsfähiges Angebot und damit eine echte Verkaufschance? Geben Sie ihnen einen Anreiz, kalkulationsgerecht zu verkaufen, lohnende Geschäfte hereinzuholen?

Die gängige Einteilung der Kunden in Bedeutungsgruppen (z. B. A: Schlüsselkunden, B: gute Kunden, C: durchschnittliche Kunden, D: unbedeutende und E: unrentable Kunden) gestattet eine marktgerechte Besuchsplanung. Sie muss nur regelmäßig überprüft werden - und wahrscheinlich häufiger.

2. Betonen Sie den Wunschcharakter Ihrer Ware

Der Preis und das Bedürfnis nach einer Ware

Der Unterschied zwischen einer „erwünschten" Ware und einer, deren Anschaffung ein „notwendiges Übel" darstellt, ist schon besprochen worden. Nicht nur durch die Form oder durch die Aufmachung (Verpackung) einer Ware kann das Begehren nach ihr verstärkt werden, sondern auch durch Betonung ihres Wunschcharakters in der Argumentation. Die Zahnpasta hat z. B. die Entwicklung von „der täglichen Mundhygiene" über „schönere Zähne, schöneres Lächeln" zu „erhalten Sie Ihre Zähne" durchgemacht. Der Besitzerstolz über das elegante Aussehen eines Wagens und Freude an der Leistung, gekoppelt mit erhöhter Sicherheit, gibt dem Auto bei entsprechenden Kunden mehr Wunschempfinden als Qualität oder Zuverlässigkeit. Bequemlichkeit und Selbstgefühl - „Sie brauchen nur auf den Knopf zu drücken" - können eine Sprechanlage begehrenswerter machen als die rationellen Vorzüge der Einrichtung. Mit „Gewinnen Sie ein Sommerhäuschen" verkauft man mehr Lotterielose als mit dem Vorschlag „Kaufen Sie ein Los". Die erste

Fabrik am Ort zu sein, die eine Werkzeugmaschine allerneuesten Typs in Betrieb hat, kann eine größere Befriedigung geben als die Möglichkeit, ihre technische Leistung auszuwerten.

Der erfahrene Verkäufer betont in seiner Argumentation je nach Kunden den Wunschcharakter der Ware.

3. Richten Sie die Gedanken des Kunden auf den Gegenwert

Der „relative" Preis

Als Verkäufer sollten Sie vor allem die Gedanken des Kunden von den absoluten auf die **relativen** Kosten lenken, d. h. den Preis im Verhältnis zum Wert. Sprechen Sie überhaupt möglichst nur vom Wert, den der Kunde durch den Kauf erhält, nicht vom Preis – und wenn vom Preis, immer nur im Zusammenhang mit dem Wert.

Zeigen Sie dem Kunden, was er für sein Geld bekommt! Das ist es, was dem Anzeigenverkäufer der Zeitschrift B im ersten Problem gelungen ist (durch Nachweis der Verbreitung in ausgesprochenen Interessentenkreisen).

Den Kunden zum Nachdenken über den Gegenwert (den **relativen** Preis) zu veranlassen und nicht über die Ausgabe als solche (den absoluten Preis), kann entscheidend sein für Ihren Verkaufserfolg.

Verkäufer mit Preiskomplex

Eine Voraussetzung für eine richtige Preisargumentation ist, dass Sie als Verkäufer nicht selbst überempfindlich gegen den Preis sind; dass Sie selber keinen „Preiskomplex" haben. Sonst neigen Sie leicht dazu, durch ständige Beschäftigung mit dem Thema „Preis" (auch einem „niedrigen Preis") die Gedanken des Kunden allzu früh und allzu eingehend auf die Preisfrage zu lenken. Verkäufer klagen manchmal darüber, dass ihre Kunden nur auf den Preis sehen, vergessen aber dabei, dass sie selbst preisempfindlich sind und die Kunden unbewusst entsprechend suggestiv beeinflussen. Diese eigene Preisempfindlichkeit ist wesentlich verbreiteter als man glaubt.

Eine zweckmäßige Art, den Kunden zu veranlassen „preisrelativ" zu denken, besteht darin,

1. den **gewinnbringenden**,
2. **verlustvermeidenden** oder
3. **kostensparenden** Charakter

der Ware hervorzuheben.

Insbesondere beim Verkauf von Investitionsgütern, industriellen Produkten oder Dienstleistungen können Sie als Verkäufer auf diese Weise Ihre Chancen erhöhen. Dazu benötigen Sie natürlich genaue Berechnungen und Beweismaterial. **Beweisen Sie einem Kunden, dass Ihr Angebot ihm zusätzlichen Gewinn bringt,** kostspielige Verluste vermeidet, oder ihm Kosten sparen hilft, dann werden Sie zusätzliche Aufträge gewinnen.

Um den gewinnbringenden, verlustvermeidenden oder kostensparenden Charakter einer Ware hervorzuheben, verfügt der Verkäufer über eine ganze Reihe von Argumenten (siehe auch Punkt 9). Das Argumentationsschema in Kapitel 18 enthält mehrere solcher Vorschläge, deren eingehendes Studium sich lohnt.

14 preisverbilligende Faktoren

Außer diesen und den schon genannten „preisverbilligenden" Umständen können Sie noch Folgende verwenden:

1. **Die Zahlungsweise.** Das Preisgefühl wird z. B. von folgenden Umständen beeinflusst:
   a) günstige Zahlungsbedingungen;
   b) Kreditkauf mit späterer Bezahlung;
   c) Abzahlungskauf;
   d) Mietkauf, Leasing;
   e) bargeldlose Bezahlung (Scheck, Zahlauftrag usw.). Es fällt leichter, Geld auszugeben, das auf einem Konto ruht, als Geldscheine aus der Brieftasche zu nehmen;
   f) genau spezifizierte Rechnungen. Damit der Kunde den Umfang und Wert einer Lieferung oder Reparatur versteht - bei Reparaturen sollten alle ausgeführten Arbeiten und das verbrauchte Material sowie der hierdurch erzielte, erhöhte Funktionswert genau aufgeführt werden;
   g) der richtige Zeitpunkt für Rechnungsversand und Fälligkeit. Senden Sie Rechnungen, solange dem Kunden der große Wert des Kaufes noch bewusst ist, d. h. **schnellstens** - auch als gute Vorbeugungsmaßnahme gegen „faules" Zahlen. Keine Rechnung verschicken zu geldknappen Terminen (wie Weihnachten oder Steuerfälligkeit)! Dieser Ratschlag gilt natürlich hauptsächlich beim Verkauf von Gebrauchsgütern.

2. **Die Kaufgepflogenheit oder der Gewohnheitskauf.** Je häufiger eine Ware unter gleichen Bedingungen gekauft wird, desto weniger denkt der Kunde an den Preis. Hier spielt auch die Einkaufsbequemlichkeit eine Rolle. Allein dieser Umstand lohnt Pflege und Begünstigung von Stammkunden.

3. **Großzügigkeit in Kleinigkeiten.** Verlangen Sie keine Bezahlung für jede Kleinigkeit oder Änderung! Kleinlichkeit irritiert und macht den Kunden sofort preisempfindlich. Viele Kunden sind z. B. von gewis-

sen Autofirmen oder Maschinenlieferanten verärgert worden, die Bezahlung für kleine Änderungen in Beträgen zwischen 2,50 und 7,50 Euro forderten, wenn der Kunde gerade etwa 20.000 oder 30.000 Euro für den neuen Wagen oder für eine neue Maschine bezahlt hatte. Auf vielen Gebieten würde es sich lohnen zu untersuchen, was diese Kleinrechnungen das Unternehmen eigentlich an Fakturierung, Versand, Kontrolle, Mahnungen, Buchführung, Steuerabgaben, Schreibarbeit usw. kosten. Man würde da oft feststellen, dass man ohne größeren Verlust großzügig sein und billige Ersatzteile z. B. einfach verschenken, unproduktive Arbeit einsparen und zugleich die Geschäftsfreundschaft festigen könnte. „Jede Rechnung kostet uns 4,50 Euro“, stellte eine elektrotechnische Fabrik fest und verlangt keine Bezahlung für geringfügige Beträge mehr, während ein Autounternehmen Ersatzteile unter 1,80 Euro und Arbeiten unter einer halben Stunde verschenkt. Wo liegt bei Ihnen der Kostenpunkt, wo Sie ohne Verlust etwas verschenken und dankbare Kunden erwerben können?

4. **Richtige Kundenbehandlung** (Kundendienst, Betreuung, Hilfeleistung) beeinflusst das Preisgefühl günstig. Der Kunde denkt weniger an den Preis, wenn er gern bei dem betreffenden Unternehmen kauft. Er ist in vielen Fällen sogar bereit, etwas mehr für diese Annehmlichkeit (Befriedigung von Geltungsbedürfnis und Sicherheit) zu bezahlen.

   Jede sinnvolle zusätzliche Kundendienstleistung empfindet der Kunde als preisvermindernde Zusatzleistung.

5. Beim Verkauf von Rohwaren oder anderen Produktionsgütern ist der **relative Anteil des Preises an den Totalkosten** des zu fertigenden Produktes von großer Bedeutung. Je kleiner er ist, desto weniger fällt der Preis ins Gewicht. Gleiches gilt für den relativen Kostenanteil an einem Budgetbetrag. Ein Betrag von z. B. 500 Euro wird unterschiedlich empfunden, je nachdem ob er 3 % oder 15 % einer Totalausgabe ausmacht.

6. Je mehr aufwändige Arbeit, komplizierte Fertigung oder wertvolles Material zur Herstellung des Produktes benötigt wird, desto weniger fällt der Preis ins Gewicht. Rohwaren sind schwierige, komplizierte technische Geräte leichte Preisobjekte. Je **sichtbarer** die Leistung, je **zweckdienlicher** die Ware für die besondere Verwendung, desto geringer das Preisempfinden. Jede Sonderanfertigung stärkt Ihre Preisverhandlungslage.

7. Wenn ein Verkäufer auf **eigene Initiative** einem Kunden einen „richtigen“ Vorschlag unterbreitet, ist der Preisfaktor leichter zu behan-

deln, als wenn der Kunde Offerten einzieht (und natürlich vergleicht). Dies unterstreicht die Bedeutung der aktiven Verkaufstätigkeit (Akquisition). Je ungünstiger Ihr Angebot im Wettbewerb liegt, desto mehr solcher Initiativverkäufe und Bearbeitung von Marginalkunden (d. h. von vom Wettbewerb nicht oder nur wenig bearbeitete Kunden) benötigen Sie.

8. Die **Bedarfsdringlichkeit** spielt auch eine wichtige Rolle. Je nötiger eine Ware gebraucht wird, desto weniger preisempfindlich ist der Kunde. Gleiches gilt bei einer Monopolstellung, bei der der Kunde auf Sie angewiesen ist (und dabei trotzdem zuvorkommend behandelt wird). Im extremen Fall kauft der Kunde dann weder Warengüte noch Preis, sondern Lieferung. Seien Sie stets über die Dringlichkeit des Bedarfs bei Ihren Kunden unterrichtet. Planen Sie auch Ihre Verkaufsbesuche in zeitlicher Hinsicht danach.

9. Die **Wertbeständigkeit** oder **Investition** (auch Möglichkeit der Wiederveräußerung) wird als Verminderung der Ausgabe empfunden (z. B. Geldanlage in Sachwerten oder Grundstücken, Gebrauchswert eines Wagens). Eine Verlustvermeidung und eine **Einsparmöglichkeit** durch einen Einkauf haben eine ähnliche Wirkung.
   „Hierdurch vermeiden Sie für weniger als 50 Euro das Risiko eines Produktionsausfalls für einen vielfachen Betrag und Sie benötigen nur 1/3 des normalen Schmieröls“, lautet eine entsprechende Argumentation.

10. Das Prestige des Produktes oder der Einkaufsquelle (ein Schlips, in einem berühmten Laden der Avenue George V. in Paris gekauft, wird preiswerter empfunden als ein vergleichbarer aus einem Vorstadtladen, auch wenn er teurer war). Auch ein **Erfolgsprodukt** lässt einen höheren Preis vergessen. Eine Kombination von Punkt 8 und 10 ergab seinerzeit den berühmten VW-Werbespruch: *„Es lohnt sich, auf ihn zu warten.“*

11. **Sicherheit** (Garantie, Zuverlässigkeit) – ein preisverbilligender Faktor von immer größerer Bedeutung.

12. Ein **Pauschalpreis** anstatt Einzelposten.

13. Ein **„psychologischer Preis“** – im Allgemeinen unter jeder Dezimalschwelle (99 Euro, 990 Euro usw.) sowie ein als „annehmbar“ empfundener Preis.

14. Und dann selbstverständlich die **Leistung** und Vorzüge Ihres Angebotes (hierüber mehr unter Abschnitt 4.). Fertigen Sie eine Liste Ihrer

preisverbilligenden Faktoren an, die Sie dann im Verkaufsgespräch konsequent verwenden sollten. Das wird Ihnen Ihre Aufgabe erheblich erleichtern.

4. Stellen Sie den Preis verkaufstaktisch richtig dar

Erst Wert, dann Preis

Erstes Gebot beim Preisthema im Verkaufsgespräch ist, den Preis nicht zu früh zu nennen. Ein Preis, auch ein günstiger, ist immer ein Opfer für den Kunden. Deshalb wird auf den Preis erst eingegangen, wenn beim Kunden ein Verlangen nach der Ware oder deren Idee entstanden ist. Umgekehrtes Vorgehen schreckt ab; der Preis selbst wird keinerlei Verlangen wecken. Das übersah der Verkäufer in einem der fünf Beispiele völlig. Je stärker das Verlangen, desto weniger fällt der Preis ins Gewicht. Wenn ein Kunde aus eigenem Antrieb eine Ware kaufen will und der Verkäufer nicht den üblichen Fehler begeht, zur Abgrenzung der Auswahl gleich nach der gewünschten Preislage zu fragen, dann kann der Kunde sich sehr wohl für eine teurere Ware entscheiden, als er von vornherein beabsichtigt hatte.

Einige Ratschläge für die Preisargumentation

1. Wann ist/der beste Augenblick, die Preisfrage anzuschneiden? Je später desto besser! Frühestens, wenn der Kunde selbst fragt. Die Frage des Kunden deutet in der Regel auf Interesse für das Angebot. Dieser positive Umstand sei auch dann nicht vergessen, wenn der Kunde den Preis eingehender diskutiert. Es kann aber auch passieren, dass der Verkäufer die Frage des Kunden nach dem Preis als verfrüht empfindet. Was soll er dann tun?

   Er kann die Frage überhören, sie zurückstellen („*Darf ich gleich darauf zurückkommen*") oder mit einer Gegenfrage („*Darf ich Sie in diesem Zusammenhang fragen, wie Sie ...*") die Initiative zurückgewinnen. Manchmal genügt auch die Antwort: „*Das hängt davon ab ... (Ihren besonderen Wünschen, von der Ausführung, die Sie brauchen, oder davon, welche Ersparnisse Sie erzielen wollen).*"

   Besteht der Kunde auf sofortiger Auskunft, kann die Frage kaum länger unbeantwortet bleiben. Aber der Verkäufer kann sehr wohl antworten: „*Den Preis muss man im Verhältnis zur optimalen Lebensdauer der Maschine sehen, die man mit ... Jahren berechnen kann. Bitte, berücksichtigen Sie auch, dass sie Ihnen täglich ... Stunden Arbeitskraft einspart. Die Ausgabe von 490 Euro wird bei Ihnen in ... Monaten schon mehr als wettgemacht sein.*" Jetzt wird der Verkäufer nicht durch eine allzu lange Pause oder durch ausführliche Preiserörterung den Kunden veranlassen, seine Gedanken nur auf den Preis zu konzentrieren; er wird vielmehr ruhig und bestimmt mit dem Verkaufsgespräch fortfahren.

2. Die hinhaltende Methode darf jedoch nicht in einer Weise angewendet werden, dass der Kunde schließlich annimmt, der Verkäufer müsse in Bezug auf den Preis ein schlechtes Gewissen haben. Das mag ihn zum Preisdrücken ermutigen.

3. Begnügen Sie sich niemals damit, den Preis allein zu nennen, sondern setzen Sie ihn gleich ins Verhältnis zum Gegenwert, den der Kunde bekommt. Die richtige Folge ist Wertargument (eins oder mehrere) – Preis – Wertargument (eins oder mehrere, eventuell auch Wiederholung der anfangs genannten).

Was bedeutet „zu teuer"?

4. Wenn der Kunde den Preis bemängelt und sagt, die Ware sei zu teuer, vergewissern Sie sich, was er wirklich damit meint. Sonst würden Sie, wie viele Verkäufer, aufs Geratewohl antworten. Fragen Sie z. B.: *„Zu teuer im Verhältnis wozu?"* Diese einfache, zu selten angewandte Gegenfrage kann Ihnen Aufträge retten. „Zu teuer" kann nämlich alles Mögliche bedeuten.

   Die Ware kann beispielsweise zu teuer sein im Verhältnis zu (die Liste ist keinesfalls vollständig):

   a) den Mitteln des Kunden im Allgemeinen,
   b) den Mitteln des Kunden im Augenblick,
   c) den Mitteln, die der Kunde für diesen besonderen Kauf verfügbar hat,
   d) dem, was der Kunde für diesen Kauf aufzuwenden gewillt ist,
   e) dem, was nach Ansicht des Kunden eine derartige Ware kosten sollte,
   f) Angeboten der Konkurrenz (häufig fälschlich angenommen)
   g) Ersatz oder ähnlich gearteten Waren,
   h) früheren Einkäufen,
   i) den früher bewilligten Vergünstigungen,
   j) zukünftigen Geschäftschancen,
   k) durch den Einwand provozierten Zugeständnissen (eventuell auch erzwungenen)

   Außerdem kann die Preisbeanstandung bedeuten:

   l) Ausdruck chronischer oder routinemäßiger Preisbeanstandung,
   m) ein Versuchsballon, um die Preisfestigkeit des Verkäufers zu prüfen,
   n) eine Ausrede,
   o) eine allgemeine Kaufunlust,
   p) einen Versuch, den Verkäufer irrezuführen,
   q) das Gefühl eines unfairen Ausnutzens einer Notlage, einer Mangelsituation, einer Monopolstellung usw. vonseiten des Lieferanten.

Man kann unmöglich auf einen Preiseinwand vernünftig antworten, ohne zu untersuchen, was hinter der Äußerung des Kunden steckt. Jetzt werden Sie leicht verstehen, welchen Fehler der Verkäufer im dritten Beispiel begangen hat. Einige geschickte Fragen hätten ihn darüber aufgeklärt, dass der Einwand des Kunden nicht dem wahllos angenommenen Fall f) entsprach, und er hätte sich allmählich zur eigentlichen Ursache vortasten können.

14 Preiseinwände mit Beantwortung

Welche Möglichkeiten der Beantwortung stehen dem Verkäufer in den angeführten Fällen a) bis q) zur Verfügung?

a) Dieser Einwand ist selten aufrichtig; in der Regel meint der Kunde Fall b), c) oder d). Oder auch Fall p) ist der Grund. Besonders im Geschäftsleben ist der Kunde, der behauptet, „kein Geld zu haben“, häufig recht begütert. Wäre er wirklich finanziell schwach, würde er diese Situation nicht ausposaunen und damit weiter verschlechtern. Im Allgemeinen ist er ganz einfach nicht gewillt, auf andere Käufe (oder seine Ersparnisse) zu verzichten. Sein Verlangen ist nicht geweckt – der Verkäufer hat wahrscheinlich die Idee seines Angebots nicht verkaufen können. Würde eine nähere Untersuchung ergeben, dass der Kunde wirklich nicht zu der Ausgabe imstande ist, so erscheint es ratsam, vom Angebot abzusehen, bis die Situation sich geändert hat. Es sei denn, Sie könnten ihm oder ihr bei der Finanzierung helfen.

b) Häufig helfen hier geeignete Zahlungsbedingungen (die der Kunde sich vielleicht geniert, zu verlangen). In manchen Fällen kann der Kauf von solcher Bedeutung für den Kunden sein, dass er Geld leihen oder sogar andere Werte veräußern wird (z. B. kann der Besitzer eines Fuhrgeschäftes, der einen abgenutzten Lastwagen hat und einen neuen zur Aufrechterhaltung des Betriebes braucht, sich veranlasst sehen, privaten Besitz zu verkaufen).

c) Diese Lage kann sich oft ergeben, wenn nur begrenzte Gelder zur Verfügung stehen. Dabei wird der Käufer aber häufig ein besonderes Entgegenkommen vom Lieferanten verlangen, weil er zukünftige Mittel in Anspruch nehmen muss, z. B. den Kauf erst bei Lieferung abzuschließen und die Zahlung auf einen geeigneten zukünftigen Zeitpunkt zu verschieben. Der Kunde kann manchmal dazu bewogen werden, einen Terminabschluss zu machen oder umzudisponieren, damit die veranschlagten Mittel ausreichen. Diese Verhandlungen müssen häufig mit anderen Instanzen zur Unterstützung weitergeführt werden.

d) Dieser Grund dürfte der vorherrschende sein; er besagt meistens, dass es dem Verkäufer nicht geglückt ist, ein genügend starkes Verlangen beim Kunden zu wecken (siehe auch unter a) und Kapitel 15).

e) Hier sollte man nicht an konkreten sachlichen Aufschlüssen sparen. Kunden haben oft ganz falsche Vorstellungen davon, welcher Preis für eine Ware als angemessen anzusehen ist. Die Herstellungskosten - nicht zuletzt bei „einfachen" Waren, Dienstleistungen oder Massenartikeln - werden häufig unterschätzt. In diesem Fall muss der Verkäufer die Qualität der Ware „verkaufen" können. Auch ein sachlich aufklärender Werbefeldzug kann angebracht sein, um Kunden zu „wertbewusstem" Denken zu bewegen.

Den Preis verkaufen können

f) Der Verkäufer wird entweder untersuchen müssen, warum der Vergleich des Kunden fehlerhaft ist, oder den Anlass für den höheren Preis zu erläutern haben. Waren oder das Angebot in seinem Gesamtumfang können verschieden sein, auch wenn sie dem Kunden gleich vorkommen. Der Kunde kann sich in gutem Glauben wähnen, ohne Recht zu haben. Oft kann es ratsam sein, ihn verstehen zu lassen, dass man vor der Antwort erst die gemachten Angaben näher untersuchen will. Nichts hindert den Verkäufer, inzwischen mit anderen Punkten seiner Argumentation fortzufahren.

Richtige Preisbegründung

Die Erläuterung eines höheren Preises kann jedoch nur dann den Verkauf fördern, wenn gleichzeitig damit Vorteile für den Kunden verbunden sind. Hinweise darauf, dass die Firma X größer (oder kleiner) sei und niedrigere Kosten habe, sind bereits eine Kapitulation. Liegt der Preis höher als beim Konkurrenten, so dürfte man gezwungen sein, entweder entsprechende Vorteile anzubieten, den Preis zu ändern oder auf den Verkauf zu verzichten. Da hilft auch keine Verkaufstechnik. Einkauf ist eben kein Akt der Wohltätigkeit.

In vielen Fällen werden Sie **alle** Zusatzvorteile Ihres Angebots (im Sinne der Leistung Ihres Unternehmens, wie technische Beratung, Forschung, Kundendienst, Programmbreite, Eintauschmöglichkeiten usw.) heranziehen, um zu zeigen, dass es in seiner Totalität doch „billiger" ist. Sie verkaufen also das **Gesamtangebot**.

g) Wenn der Kunde eine billigere Ersatzware kaufen oder eine unmoderne Maschine im Betrieb behalten will, versuchen Sie, das Verlangen des Kunden zu steigern: Vergleichen Sie die beiden Möglichkeiten in extremen Auswirkungen (damit die Gegensätze hervortreten) und unterstreichen Sie so die Vorteile des Kaufes.

h) Dies ist einfach ein Versuch, den Preis zu drücken und bevorzugt behandelt zu werden. Wenn es nicht möglich ist, die Preisbeanstandung zu überhören, kann der Verkäufer entweder begründen, weshalb die Offerte besonders vorteilhaft ist und schon eine Begünstigung darstellt, oder dem Kunden andere Vorteile anbieten:

Besondere Begünstigungswünsche

kostenlose Wartung, schnelle Lieferung usw. Lassen Sie sich nicht in eine Lage hineinmanövrieren, in der der Kunde feststellt, wie dankbar Sie ihm für einen etwaigen Kaufentschluss sein müssen. Beweisen Sie ihm vielmehr, dass er ganz und gar zu seinem eigenen Vorteil bei Ihnen kauft. Decken Sie das Verhältnis zwischen Bedingungen, Preis und Vorteilen des Angebots auf.

i) und j) Verfahren Sie wie geschildert. Jedes Zugeständnis verursacht ein weiteres. Wenn Sie also schon einmal eines gemacht haben, betonen Sie dessen Einmaligkeit.

k) Dieser für den Kunden häufig lukrativen Taktik begegnen Sie am besten mit einer Vorteilsargumentation und einer festen Abwehrhaltung.

Chronische Preisdrücker

l) Diese Kunden (meistens Berufseinkäufer) erkennt man bald. Für sie ist alles zu teuer! Es gehört einfach zu ihren Spielregeln, immer den Preis zu beanstanden. Der Verkäufer tut gut daran, einen solchen Einwand zu ignorieren und das Gespräch auf die Vorteile der Ware zu konzentrieren. Wenn man Serienprodukte oder mit Hilfe von Musterkollektionen verkauft, kann man zuerst eine teure Ware anbieten, um dem Kunden Gelegenheit zu gehen, seinen Preiseinwand abzureagieren; danach erscheint ihm eine billigere Ware günstiger. Vor allem: Vermeiden Sie Diskussionen und zeigen Sie keine moralische Entrüstung!

m) Dies entspricht oft der Situation h), j). Falls es nur ein Versuchsballon ist, entscheidet in diesem Augenblick die höfliche, aber feste Haltung des Verkäufers, inwieweit der Kunde sich zu weiteren Versuchen ermuntert fühlt. Auch hier, wie in vielen anderen Fällen, ist es wichtig, das Gespräch energisch auf die Vorteile des Angebots zu lenken, um die Preisfrage weitestgehend zurückzudrängen.

Bei traditionell preisschwankenden Produkten, die von der jeweiligen Marktlage preislich beeinflusst werden, spielt das Preishandeln eine bedeutende Rolle, ebenso bei Spezialitäten oder „nach Maß bestellten“ Erzeugnissen, bei denen der Preis eine jeweilige Berechnungs-, Beurteilungs- oder Ermessensfrage ist. Hier kann der Verkäufer leichter zu Zugeständnissen verführt werden, wobei jedes Mal die Gefahr entsteht, dass Preisnachlässe verbindlich oder richtungweisend für zukünftige Käufe werden. Es ist häufig eine Illusion zu glauben, dass man ein Zugeständnis als eine Einmaligkeit beim Kunden durchsetzen kann – im Gegenteil, meistens ist es der Anfang einer immer steiler werdenden Preisabfahrt.

Bei ernsthaftem, häufig wiederkehrendem Preishandeln dieser Art untersuchen Sie das echte Motiv des Preisdrückers. Durch Befragungen Hunderter von Verkäufern bei Verkaufsseminaren in aller Welt wurden u. a. folgende **rein psychologische 12 Gründe** ermittelt (es gibt noch weitere):

1. Der Kunde will billiger kaufen (der natürlichste Grund).
2. Er will billiger kaufen als seine Mitbewerber oder andere Kunden.
3. Er will den Verkäufer in der Verhandlung besiegen, seine Tüchtigkeit beweisen.
4. Er benutzt diese Taktik, um andere Verhandlungsziele zu erreichen.
5. Er will seine Leistung gegenüber seinen Auftraggebern unterstreichen.
6. Er hat Angst, übervorteilt zu werden.
7. Er empfindet einen Nachlass als ein Zeichen von Wertschätzung und Geltung.
8. Er weiß aus Erfahrung, dass Preishandeln sich lohnt, oder merkt das mangelnde „Stehvermögen" des Verkäufers.
9. Er empfindet ein mangelndes Wertgefühl für das Angebot („soviel ist es nicht wert").
10. Er möchte den **echten** Preis herausfinden.
11. Er möchte bei anderen Lieferanten günstiger kaufen (also ein Druckmittel gegenüber Dritten).
12. Er verbirgt andere, wichtige Widerstände (die nicht direkt mit dem Preis zusammenhängen).

Dazu kommen noch die materiellen Zwänge oder Motive.

Es ist klar, dass der Verkäufer, der bei diesen Preisverhandlungen erfolgreich sein will, erst einmal analysieren muss, welcher dieser Gründe (oder welche Kombination von Gründen) hinter der Verhandlungstaktik des Kunden steckt.

Hier haben Sie ein reiches Thema für Ihre nächsten Verkaufsbesprechungen, Seminare oder auch Besprechungen mit Kollegen!

Nachgeben? Wie?

Nachgeben – falls es geduldet werden muss – ist günstiger, falls sich dadurch ein größerer oder für Sie besserer Auftrag oder mehrere Aufträge ergeben sollten. Der Preis ist ja ein guter Regulator, Aufträge lohnender zu gestalten, z. B. dadurch, dass der Kunde mehr kauft, sich an eine Standardausführung hält, eine ganze Serie bestellt, eine längere Lieferzeit annimmt usw. Wenn Sie Bedingungen an einen Preisnachlass knüpfen, geben Sie nicht direkt nach und vermeiden dadurch für die Zukunft verbindliche Abmachungen, die der Kunde später ausnutzen kann.

Glauben Sie ja nicht, dass ein Nachgeben im Preis den Kunden immer glücklich macht! Auf der einen Seite kann man einen Kunden durch einen unbedeutenden Preisnachlass manchmal leicht zufrieden stellen; denn es gibt Kunden, für die nicht die Höhe der Preissenkung wichtig ist, sondern die Genugtuung, den Preis gedrückt zu haben. Für viele Einkäufer ist der Erfolg beim Aushandeln des Preises ein Wertmesser der eigenen Einkaufsgeschicklichkeit.

Festbleiben können

Andererseits werden den Kunden folgende Überlegungen beunruhigen: Wer hat noch günstiger gekauft? Hätte ich nicht noch mehr herausholen können? Habe ich nicht früher immer zuviel bezahlt? Wo liegt der echte Preis? Wann, wo und wie holt sich der Lieferant den Ausgleich für den entgangenen Gewinn?

Es gibt Unternehmen, die unbeirrt hart bleiben in Preisfragen. Sie verlieren hier und da mal einen Auftrag, aber sie setzen sich durch und verschaffen sich und ihrer Leistung Respekt für ihre Preispolitik.

Ohne eine feste Preispolitik kommt kein Unternehmen auf die Dauer aus. Man gerät dann von der einen Schwierigkeit in die andere.

Verkäufer sind nicht immer reaktionsstabile Menschen. Werden sie von dem Kunden preislich mal etwas zurechtgestoßen, sind viele schnell überzeugt, dass nur ein Preisnachlass ihre Marktposition retten kann. Wenn es nach ihnen ginge, müssten alle sechs Monate die Preise herabgesetzt werden. Sie resignieren mit der Feststellung, dass ihre Kunden eben „nur Preise kaufen", glauben nicht mehr an die qualitativen Vorzüge ihres Angebots, sehen überall offene oder verdeckte Preisnachlässe der Konkurrenz und rechtfertigen so eigene Fehler.

Es ist Aufgabe einer **guten** (eine andere kann es nicht) Verkaufsleitung, diesem Defaitismus energisch und **überzeugend** (gegebenenfalls durch eigenes Beispiel) entgegenzutreten. Machen Sie Ihre Verkäufer „hart im Nehmen" – sonst bekommen Sie lauter „Preisverkäufer", die preisempfindlicher sind als Ihre Kunden und natürlich bei Preisverhandlungen immer verlieren.

Ausreden

n) Ausflüchte sollten Sie ignorieren. Je mehr sich das Gespräch bei einer Preisbeanstandung, die sich als Ausrede erweist, festfährt, desto mehr verschwindet die Verkaufschance. Versuchen Sie in solchen Fällen zunächst herauszufinden, welcher andere Kaufwiderstand sich hinter der Ausrede verbirgt.

Aus einem Verkaufsgespräch wird sonst ein unechtes Preisgespräch, das sogar nach und nach zu einem echten Widerstand werden kann (denn der Kunde muss ja seinen Einwand verteidigen).

o) Allgemeine Kaufunlust ist die Folge von Unvermögen des Verkäufers (oder des Angebotes), ein Verlangen des Kunden zu wecken; in einem derartigen Falle **erscheint je der Preis zu hoch.**

p) Die Preisbeanstandung wird, ähnlich wie bei n), vorgebracht, um irgendeinen anderen Widerstand zu verbergen. Hier müssen Sie als Verkäufer Absicht und Ziel der Irreführung ergründen, sonst haben Sie nicht die geringste Chance, diesen Auftrag zu bekommen. Kein Einwand fällt dem Kunden leichter als der Preiseinwand.

q) Vor allem müssen Verkäufer und Unternehmen darauf bedacht sein, zu beweisen, dass der Kunde keinesfalls in unfairer Weise ausgenutzt wird. Hier hilft nur ein offenes Gespräch.

Diese summarischen Hinweise werden durch Ausführungen unter den Punkten 5 bis 12 vervollständigt.

Wann muss ein Preis begründet werden?

5. Oft genügt es nicht, nur den Preis zu erläutern: Der Verkäufer muss (auch wenn er nicht darum gebeten wird) für die Höhe des Preises eine Begründung geben. Wann? Vor allem, wenn der Preis dem Kunden bedeutend höher oder bedeutend niedriger vorkommt, als er erwartet hat. Es ist gewiss nicht schwer zu verstehen, dass der Preis einer teuren Ware begründet werden muss. Gleiches gilt aber auch für besonders niedrige Preise. Der Kunde muss das sichere Gefühl bekommen, dass es sich trotz des niedrigen Preises um ein vollwertiges Angebot handelt. Starke Preisherabsetzungen deutet ein Kunde leicht als ein Zeichen von Absatzschwierigkeiten oder Mängeln an der Ware. Im vierten Beispiel wäre es deshalb vielleicht besser gewesen, den Preis um z. B. 10 % herabzusetzen, die Kunden über den Anlass des Preisnachlasses aufzuklären und eine Garantie - z. B. in Form von Rückgaberecht - anzubieten.

   Es hat Fälle in der Praxis gegeben, wo eine wirkliche Nachfrage erst nach einer bedeutenden **Preiserhöhung** (verbunden mit z. B. einer Veränderung der Ware oder der Verpackung) als Folge einer günstigen Positionierung einsetzte.

Preistaktische Methoden

6. Benutzen Sie, wo möglich, folgende preistaktischen Hilfsmittel:

   Stellen Sie Ihr Angebot preislich auf kleinere Mengen ab! Gewisse Waren werden im Allgemeinen in größeren Gewichtsmengen, z. B. je Tonne, abgegeben. Viele Verbraucher kaufen jedoch kleinere Mengen, z. B. 80 oder 90 kg. Hier wird ein guter Verkäufer 90 Euro je 100 kg (oder 90 Cent je 1 kg) anbieten, denn den Kleinverbraucher erschreckt dieser Preis nicht so wie der Preis für die Tonne (900 Euro). Ein Stückpreis kann leichter zum Abschluss führen als ein Preis pro Dutzend. Wenn Sie in ein Geschäft gehen und fragen, was der beste Kaffee kostet, so klingt es billiger, wenn der Verkäufer sagt: „250 g 4 Euro" als „16 Euro per Kilo".

Die kleinste Einheit

   Amerikanische und auch die meisten europäischen Großexporteure notieren gewisse Chemikalien immer noch in Pence per Pound

(453 g), obwohl die Ware nicht anders als in ganzen Waggons, 20 Tonnen entsprechend, verkauft wird. Eine solche Preisliste macht zweifellos auf den ersten Blick einen vorteilhafteren Eindruck als der Dollarpreis pro Tonne oder gar pro Waggon.

Ein Holzverkäufer würde zweifellos im ersten Augenblick angenehmer berührt werden von einer schwedischen Offerte für Eiche, die in Kubikfuß notiert wird, als von einem französischen Angebot in Kubikmetern, das bei gleichem Preis einen Offertenbetrag aufweist, der etwa dreieinhalb Mal höher liegt. Die Umstellung der D-Mark auf den Euro hat ähnliche Chancen für Preiserhöhungen ermöglicht.

Scandinavian Airlines System inseriert: „Nur 82 Öre pro Kilometer kostet Ihr Flug auf den innerschwedischen Linien"; ein Rasiercremehersteller argumentiert *„Weniger als 1,5 Cent pro Rasur"*; eine deutsche Fabrik für Duschanlagen: *„13 Cent Mehrkosten pro m^2"*; eine Baggerfirma: *„Nur 16 Cent pro Kubikmeter gebaggerte Masse"*; und die Londoner U-Bahn: *„40 Pence das Plakat, von 2 Millionen Reisenden gesehen"*. „Becel"-Aufstrich (teurer als Butter oder Margarine) wird mit dem Argument verkauft, *„Tun Sie etwas Gutes für Ihre Gesundheit zum Preis von einem Apfel pro Tag."*

Können Sie ähnlich **kundengerecht** argumentieren? Ja? Haben Sie es bisher getan? Nein? Warum nicht?

Preisvergleich

7. **Die Vergleichsmethode.** Eine teure Ware wird „billiger" empfunden, wenn sie mit einer Ware verglichen wird, die bedeutend teurer ist. Und die teuerste Einheit einer Warengruppe wird immer als „ganz besonders teuer" empfunden (unabhängig vom Preis an sich). Deshalb sollte man immer stark kontrastierendes Vergleichsmaterial (bedeutend teurere oder bedeutend billigere Produkte oder Lösungen) zur Hand haben.

Vergleichende Vorführung

8. **Die Demonstrationsmethode.** Wenn der Preis einer Ware besonders erdrückend auf den Kunden wirkt, kann der Verkäufer ihre Vorteile durch eine vergleichende Vorführung anschaulich machen.

   So hatte z. B. eine Werkzeugfabrik anfänglich Schwierigkeiten, ihre neuen superleichten hydraulischen Wagenheber zu verkaufen. Als man aber jede zweifelnde Werkstatt praktisch ausprobieren ließ, ein Auto mit ihrem bisherigen Wagenhebersystem zu heben und danach mit dem neuen Modell, verschwand der Widerstand gegen den höheren Preis.

Was wiegt einen höheren Preis auf?

9. **Die Kompensationsmethode.** Stellen Sie alle Gegenwertfaktoren ins helle Rampenlicht, die einen höheren Preis mehr als aufwiegen! Es ist oft die einzig mögliche Methode, wenn eine Ware wirklich teuer ist oder eine Auseinandersetzung über den Preis entsteht, die in einer Sackgasse zu enden droht. Kein Verkäufer darf wortlos dastehen,

wenn ein Kunde einen hohen Preis bemängelt. Wenn er die Motive des Einwandes richtig geklärt hat, muss er auch alle ausgleichenden Wertvorteile hervorheben können (siehe Argumentationsschema in Kapitel 18).

Preisunterschied bagatellisieren

10. **Die Bagatellisierungsmethode** ist bei verhältnismäßig unbedeutenden Preisunterschieden konkurrierender Waren angebracht. *„Was spielen diese 75 Euro bei einer Lieferung von 10.000 Broschüren für eine Rolle? - Das ist doch nur ein Cent je Exemplar, und dafür bekommen Sie, wie Sie wissen, einen hochwertigen, sauberen Druck, der Ihres Hauses würdig ist und Ihr Ansehen nach außen verstärkt. Zudem liefern wir Ihnen alles, wie immer, garantiert termingerecht."* Dieses Argument hat einem Druckereivertreter geholfen, nach einer Preiserhöhung Aufträge zu sichern.

Kosten aufteilen

11. **Die Aufteilungsmethode.** Sie besteht darin, die Kosten auf die ganze Nutzungszeit zu verteilen. Bei einem Staubsaugerverkauf: *„Dieses Modell kostet 410 Euro. Der Staubsauger ist so gut, dass Sie ihn mehr als zehn Jahre benutzen können. Wenn wir aber auch nur fünf Jahre zugrunde legen, zahlen Sie im Jahr 82 Euro und im Monat ca. 6,85 Euro, also knapp 23 Cent pro Tag. 23 Cent pro Tag sind doch wohl keine große Ausgabe bei der Arbeit und Zeit, die Sie mit dieser verdoppelten Saugfähigkeit sparen. Dazu diese weiteren Vorteile - ..."*

Oder (Kunde): *„Das ist viel Geld, 1.350 Euro für eine solche Maschine."* - *„Nicht übermäßig, wenn Sie bedenken, dass Sie nur 50 Cent täglich dafür bezahlen. Die Maschine macht sich in ... Jahren bezahlt, nach fünf Jahren ist sie amortisiert."* - *„Das Gerät kostet Sie gar nichts! Es bezahlt sich selbst innerhalb von drei Jahren durch eingesparte Arbeitslöhne"*, argumentiert eine Baugerätefirma. Und eine Schweizer Reinigungsmittelfabrik: *„1.600 Teller zaubern Sie mit diesem Paket glänzend sauber."*

Die Gleichnismethode

12. **Die Gleichnismethode** ist ein Vergleich mit sich wiederholenden Kleinausgaben. Man vergleicht z. B. den Preis mit einer geringfügigen (aber durch regelmäßige Wiederholung sich häufenden) Ausgabe, die der Kunde im Berufs- oder Privatleben hat. Dass dabei große Summen herausspringen, ist dem Kunden meist nicht bewusst. *„Sie bezahlen jeden Tag doch wenigstens 75 Euro für die Säuberung Ihrer Fabrikräume und Büros, nicht wahr? Das sind 2.250 Euro im Monat und annähernd 27.000 Euro im Jahr. Im Vergleich dazu ist eine einmalige Ausgabe von 13.500 Euro für eine komplette Lüftungsanlage mit einer jahrzehntelangen Lebensdauer ein bescheidener Betrag, nicht wahr?"*

Ein geschickter Videoverkäufer berichtet, dass er viele schwankende Kunden dadurch zum Kauf bewegen kann, dass er nachweist, das Videogerät koste nicht mehr Geld, als der Kunde für Zigaretten oder Autobusfahrten innerhalb einer bestimmten Zeit ausgibt. Eine schwedische Zeitung annonciert: *„3 $^1/_2$ Zigaretten - Dagens Nyheter im Briefkasten - der gleiche Preis“*, und eine schwedische Knäckebrotfabrik: *„Was bekommt man für 15 Öre? Kaum einen Knopf, aber eine Scheibe Knäckebrot.“* Und ein österreichischer Verkäufer von elektrischen Arbeitsgeräten: *„x Cent sind die Stromkosten pro Tag, weniger als eine Schachtel Streichhölzer.“*

Eine andere Version: *„Gewiss sind 18.000 Euro für eine Anlage viel Geld, es sind jedoch nicht mehr als 150 Euro pro Monat in zehn Jahren. Aber nun wollen wir einmal rechnen, wie viel Geld Sie verlieren, wenn Sie die alte Anlage behalten, deren Leistung doch nur 75 % der neuen beträgt. Das wird wahrscheinlich teurer. So sieht die Kalkulation jedenfalls aus …“*

Jede sachgerechte und psychologisch geschickte Preisargumentation setzt eine gründliche Kenntnis des Angebots voraus. Ebenso eine Kenntnis der Kaufgepflogenheiten oder Einkaufspolitik des Kunden. Bei der Preisbehandlung müssen Sie völlig sattelfest sein; sonst wird Ihnen vielleicht nicht der Preis, sondern Ihre Handhabung der Preisfrage zum Verhängnis.

Es gibt noch mehr Möglichkeiten, Preisprobleme zu klären. Dabei handelt es sich aber um Kombinationen oder Abwandlungen der hier beschriebenen Methoden. Wenn die Ware, die Sie verkaufen, wirklich einem Bedarf entspricht und konkurrenzfähig ist und Sie die hier aufgezeigten Methoden beherrschen, besteht für Sie kein Anlass zur Sorge, wenn über den Preis gesprochen wird.

!

Jetzt können Sie wohl die vier einleitenden Fragen beantworten und die fünf Verkaufsprobleme lösen?

Nennen Sie den Preis zum richtigen Zeitpunkt (häufig zu früh). Setzen Sie ihn immer ins Verhältnis zum Gegenwert, den der Kunde bekommt! Und hüten Sie sich vor eigener Preisempfindlichkeit!

Kapitel 8
Muss der Verkäufer an etwas glauben?

Können Sie diese vier Fragen beantworten?

1. Haben gute Verkäufer Schwächeperioden? Wie kann die Verkaufsleitung dem Verkäufer helfen, eine solche Lage zu überwinden?
2. Was kann einen Spitzenverkäufer einer Branche hindern, auch in einer anderen Erfolg zu haben, selbst wenn er die notwendigen Waren- und Branchenkenntnisse erworben hat?
3. Wie wirkt sich das Ansehen des Verkäuferberufes auf die Verkaufstätigkeit aus?
4. Was bedeutet es, den Verkäufer Meier an Herrn Meier, den Verkäufer „zu verkaufen"?

Können Sie diese fünf Probleme lösen?

? 1

Johann Becker verkauft Farben und Lacke. Er besucht die Großhändler und die größten Einzelhändler nun schon annähernd zehn Jahre. Becker ist der Spitzenverkäufer seiner Firma, der oft bewiesen hat, dass er verkaufstechnisch erfahren ist und seinen Kundenkreis kennt. Um so mehr wundert es den Verkaufsleiter, dass Beckers Verkaufsergebnisse plötzlich nachlassen und der letzte Halbjahresabsatz stark gesunken ist. Becker kann sich diese Entwicklung selbst nicht erklären. Er fühlt sich zwar gesundheitlich nicht so ganz auf der Höhe; aber das ist nichts Neues ... Er meint aber, dass er sich trotzdem oder deshalb mehr anstrengt als bisher ... Allerdings, die Konkurrenz ist wesentlich aktiver geworden ... und der Markt schwieriger ... Aber es wird schon wieder werden.

Welche Ursachen können für das Nachlassen verantwortlich sein? Welche Maßnahmen würden Sie als Verkaufsleiter ergreifen?

? 2

„Es gibt nur einen Weg, unseren sinkenden Umsatz zu erhöhen", erklärt der Verkaufsdirektor, „und der ist, die Verkäufer zu verpflichten, anstelle von sechs Kundenbesuchen täglich acht oder neun zu machen. Dann erzielen sie auch entsprechend bessere Umsätze. Verkäufer sind ganz besondere Menschen. Mit schönen Worten an ihr Pflichtgefühl zu appellieren genügt nicht. Verkaufen ist eine harte Sache, die harte Methoden erfordert. Wer die Ärmel nicht aufkrempeln kann, sollte sich einen anderen Beruf suchen.

Welche Ansicht haben Sie zu dieser Einstellung?

? 3

Der neue Verkäufer im größten Sportgeschäft am Platze, Wächter, kommt sehr gut voran. Obwohl nur 23 Jahre alt, hat er sich zum besten Verkäufer der Abteilung für Sport- und Wanderausrüstungen sowie Angelgeräte entwickelt. Eine erstaunliche Leistung, denn er ist Neuling im Warenverkauf. In seiner Freizeit leitet er einen Sportklub. Irgendwelche „Kniffe" beherrscht er nicht, er wirkt sogar in mancher Beziehung noch recht „jung", und dennoch erzielt er gute Erfolge. Und außerdem macht ihm die Arbeit Spaß.

Wie erklären Sie sich Wächters Erfolge? Hauptursache?

? 4

Die Firma hat ihren Verkaufsleiter gewechselt. Der neue Mann ist Volkswirtschaftler, sehr bewandert und intelligent. Seine Marketingkenntnisse sind ausgezeichnet. Er versteht auch mehr von der Branche als sein Vorgänger. In fast jeder Beziehung „liegt er eine Klasse drüber". Aber der Verkauf geht zurück. Die Verkäufer finden zum neuen Chef kein rechtes Verhältnis und sagen, ihm „fehle etwas"; aber dieses „etwas" können sie nicht klar ausdrücken.

Können Sie es?

? 5

Heute ist es dem Versicherungsvertreter Weber schlecht ergangen. Er hat damit gerechnet, bei der Großschlächterei Kandler, bei dem Chef der Buchhaltung Queitsch und dem jung verheirateten Ehepaar Geißler je eine Versicherung abschließen zu können. Aber der Großschlächter hat sich schon durch einen Neffen versichern lassen, Queitsch ist ein Todesfall in der Familie dazwischengekommen, der ihn finanziell stark beengt, und Ehepaar Geißler hat gerade eine erschreckende Zahl auf dem Steuerbescheid gesehen. Weber macht dennoch pflichtgetreu drei weitere, aber erfolglose Besuche. Nun stehen noch zwei Besuche auf seinem Arbeitsprogramm. Soll er die begüterte Witwe Lütge und Oberingenieur Hamann noch aufsuchen? Darüber ist er sehr im Zweifel. Das Pflichtgefühl gebietet zwar, die Arbeit fortzusetzen. Schließlich aber gibt er auf.

„Heute ist ein schlechter Tag. Was hat es da für einen Sinn, Besuche zu machen? Es wird doch keiner sagen: ‚Ach wie gut, dass Sie kommen, gerade wollte ich bei Ihnen anläuten!" Heute bringe ich nichts mehr zustande, eher verderbe ich mir meine Aussichten. Ich arbeite lieber meine Kartei auf, die hat es nötig …"

Was meinen Sie dazu?

„Verkaufskanonen" jetzt und früher

In früheren Zeiten herrschte die Auffassung, dass eine „Verkaufskanone" ein Mann sei, der mit allen möglichen Zauberkniffen, einem sonnigen Charme und aggressiver Überrumpelung Erfolg auf Erfolg einheimst. Damals kam man noch nicht auf die Idee, dass der Verkäufer von seiner Sache durchdrungen sein und an sie glauben muss, wenn er Erfolg haben will. Harte Verkaufskanonen waren Trumpf, die nicht gleich die Flinte ins Korn warfen, sondern in der Lage waren, „Kunden abzuschießen". Heute erleben Verkaufsleiter immer wieder, dass neu engagierte Spitzenverkäufer aus anderen Branchen oft weit davon entfernt sind, das zu halten, was man sich von ihnen versprochen hat. In einigen wenigen Fällen fehlen Waren- und Branchenkenntnisse. Was aber kann die Ursache in allen anderen Fällen sein? Es ist eben nicht ohne weiteres so, dass der verkaufs-technisch geschickteste Verkäufer stets auch den größten Erfolg hat. Weshalb auch sollte es so sein? Im Fußballspiel ist der beste Balltechniker ja ebenfalls nicht immer der erfolgreichste Spieler.

Die Voraussetzung, andere überzeugen zu können

Als Verkäufer müssen Sie Ihre Kunden überzeugen können! Dafür ist unerlässliche Voraussetzung, **dass Sie selbst von der Sache überzeugt sind, die Sie vertreten.** Deshalb gründet sich jede Verkaufstätigkeit auf eine dreifache Forderung.

Der Verkäufer muss:

1. an sein Unternehmen,
2. an sich selbst, den Verkäufer, und
3. an seine Ware glauben.

Das ist das so genannte UVW-Dreieck.

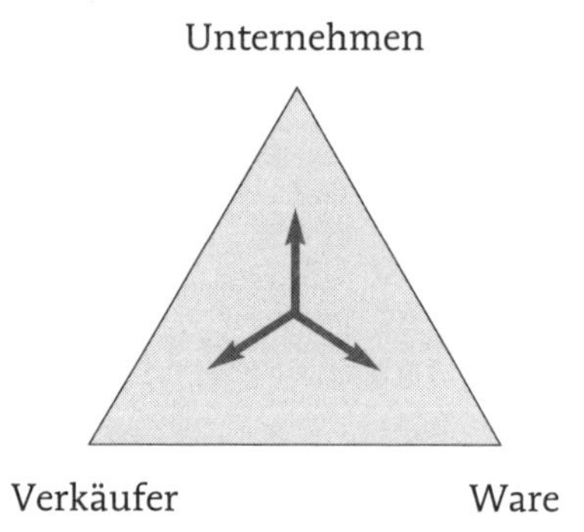

Überzeugung erzeugt Begeisterung, Begeisterung ermöglicht Verkaufserfolg. Mangelnder Glaube an das Unternehmen ist gefährlich genug, mangelnder Glaube an die Ware verhängnisvoll, und mangelnder Glaube an sich selbst ist Gift für jeden Verkäufer. Eine beinahe selbstverständliche Überlegung, nicht wahr? Und trotzdem wird in der Verkäuferführung nichts so sehr vernachlässigt wie gerade die Forderung, die Überzeugung in dieser dreifachen Beziehung zu fördern. Wir setzen fälschlicherweise einfach voraus, dass jeder normale Mensch von seiner Aufgabe in jeder Beziehung durchdrungen sei und an sie glaube. Unsere Überlegungen bewegen sich hierbei in materieller Richtung und schenken dem Menschen selbst und den Kraftquellen seiner Arbeitsleistung viel zu wenig Aufmerksamkeit. Besonders verhängnisvoll ist diese Unterlassung bei einem Beruf, wo ein wesentlicher Teil der Arbeitsleistung darin besteht, aus Eigenüberzeugung andere zu überzeugen. Außerdem haben Freizeitwerte eine andere Bedeutung gewonnen.

Neu eingestellte Verkäufer werden vor allem in Waren- und Marktkenntnissen, in der Auftragsbearbeitung und manchmal auch in Verkaufstechnik unterwiesen. Hier und da kommt es auch vor, dass man kontrolliert, ob diese Erklärungen verstanden worden sind. Aber nur selten kümmert man sich darum, dass der Verkäufer auch von der Ware, von dem Unternehmen und von sich selbst überzeugt und von seiner Aufgabe begeistert sein muss. Das kommt nicht von selbst, bleibt nicht von selbst, verschwindet aber sehr schnell von selbst. Nicht nur bei jungen Verkäufern vernachlässigt man diese dreifache Motivations- und Erziehungsaufgabe. Noch seltener pflegt man die alten Verkäufer mit diesem Gedanken vertraut zu machen.

„Weitermachen wie bisher" - ein zweifelhafter Rat

Auch Becker (Problem 1) ist ein gestandener Spitzenverkäufer. Leider gehen seine Umsätze zurück. Anscheinend ist die Ursache in einem neuen Konkurrenten zu suchen, der ihm einige Kunden weggenommen hat. Die Verkaufsleitung sagt aber: *„Kein Grund zur Unruhe. Weitermachen wie bisher und etwas mehr anstrengen!"* Doch das hilft dem Mann im Außendienst wenig, der zuerst den Glauben an die Ware, dann an das von ihm vertretene Unternehmen und schließlich an sich selbst verliert. Je mehr ein Verkäufer in seiner Arbeit auf sich selbst gestellt und von seinem Haus isoliert ist (wie z. B. ein Reisender einer norddeutschen Firma in Oberbayern oder im fernen Ausland), desto schneller lockern sich die Bande des Vertrauens und der Überzeugung von seiner Firma, Ware und Aufgabe. Nicht immer hat ein Unternehmer das gleiche Glück wie das Sportgeschäft (in Problem 3), das für den Verkauf von Sport- und Anglerausrüstungen den rechten Mann in einem aktiven Sportler gewonnen hatte, der die natürliche Begeisterung für „seine" Waren mitbrachte.

Die Ware an den Verkäufer verkaufen

Das UVW-Dreieck setzt voraus, dass die Berechtigung dazu sachlich und personell wirklich vorhanden ist. Eine Ware zweifelhafter Qualität, eine Firma, die „Hochdruckverkaufsmethoden" auch nur duldet, die ständig ihr Tätigkeitsfeld und Arbeitsgebiet wechselt und spekulative Anstrengungen mal in der einen, mal in der anderen Richtung macht, kann diese Voraussetzungen kaum erfüllen.

Dem Verkäufer die Überzeugung vom Wert seiner Ware zu geben, ist vor allem eine Aufklärungsaufgabe. Durch genaue Kenntnis von deren Vorteilen, anschaulich vorgeführt, auch im Vergleich zu Wettbewerbserzeugnissen, immer wieder neu aufgefrischt, entsteht das notwendige Wertgefühl. Verstärkt wird es durch laufende Unterrichtung über Einsatzerfolge der Ware auf den verschiedensten Gebieten und Märkten (solche Erfolgsberichte lassen sich auch gut im Verkaufsgespräch verwenden). Wenn möglich, sollte der Verkäufer die Ware selbst als Verbraucher verwenden und dadurch schätzen lernen. Besuche im Unternehmen, Kontakte mit den Herstellern, mit der technischen Entwicklung, Anwendungsspezialisten, Tätigkeit in Kundenunternehmen und dergleichen ergeben weiteren Unterbau für die Überzeugung des Wertes der Ware.

„Den Verkäufer verkaufen"

Die Verkaufsleitung muss in übertragenem Sinne den **Verkäufer Meier an ihren Verkäufer Herrn Meier verkaufen** können, um ihm die Grundlagen seines Erfolges beim Verkauf der ihm anvertrauten Waren zu geben. Die Verkaufsleitung muss den Verkäufer davon überzeugen, dass **er** der richtige Mann ist, der sein Haus, dessen Ware und seine eigene Tüchtigkeit an den Kunden zu verkaufen weiß – und verkaufen kann! Diese Überzeugung gilt es ständig wach zu halten.

„Das Unternehmen verkaufen"

Soweit man sich früher überhaupt mit diesen Verkaufsproblemen beschäftigt hat, ist man im Allgemeinen davon ausgegangen, dass es reicht, die Unterschrift oder Zusage des Käufers zu erringen, indem man die Ware dem Vertreter sozusagen anhängte, der dann zusehen musste, sie an den Mann zu bringen. Das Unternehmen war häufig eine Einrichtung, dessen Entwicklung, Erfolge und Leistung nur dem so genannten inneren Kreis bekannt waren. Im Regelfalle wurde wenig für eine wirkliche Führung und Information des Verkäuferstabes getan. Natürlich gab es aber zu allen Zeiten weit schauende, außerordentlich fähige Kaufleute (in diesem Sinne schon seinerzeit echte „Marketing-Leute"), die Mitarbeiter motivieren konnten.

Genießt das Unternehmen Ansehen und Vertrauen, so profitiert auch der Verkäufer davon. Sein Selbstgefühl wird gestärkt und damit auch seine Sicherheit in der Verkaufsarbeit. Aber auch Ansehen und Vertrauen wollen täglich neu errungen und gehalten sein, u. a. durch überlegte Führung und Offenheit dem Verkäufer gegenüber. Für den Kunden ist das Prestige eines Lieferanten auch ein Kaufmotiv, und es geschieht laufend, dass ein Kunde das Angebot des ihm wohl bekannten Unternehmens bevorzugt und ein anderes, vielleicht besseres, einer verhältnismäßig unbekannten Firma unterbewertet. Sozialkompetenz und Umweltbewusstsein werden zunehmend bedeutungsvoll bei der Lieferantenwahl. Die richtige Einstellung zur Verkaufstätigkeit fördert man jedoch nicht durch Druck oder Einschüchterung seitens der Verkaufsleitung, wie beim zweiten Problem. Dieses Vorgehen erhöht nur Unsicherheit und Komplexe.

Das Erfolgsgefühl

Wie nun entsteht Selbstvertrauen, der Glaube des Verkäufers an sich selbst und seine Fähigkeiten? Selbstvertrauen wird geboren aus dem Bewusstsein des Beherrschens der zu lösenden Aufgaben, und dieses Bewusstsein wiederum wird gespeist durch **Erfolge**! Ein Verkäufer braucht Erfolge, vielleicht noch mehr als andere Menschen, da sein ausgewogenes Selbstvertrauen eine der Grundlagen seiner Beeinflussungsaufgabe bildet. Selbstvertrauen und Ausgeglichenheit geben ihm ein **unentbehrliches** Abwehrmittel gegen unvermeidliche Rückschläge.

Die Niedergeschlagenheit, die den Versicherungsvertreter im fünften Beispiel befallen hat, wird bei anstrengender Verkaufstätigkeit niemals ständig ausbleiben. Die Aufgabe der Verkaufsleitung – und bei selbstständiger Tätigkeit auch die des Verkäufers selbst – ist es, die Arbeit so zu planen, dass sie die innere Leistungsfähigkeit des Verkäufers nicht strapaziert. Dann und wann könnte es ratsam sein, dem Verkäufer auch „leichte" Verkäufe in die Hände spielen, die die Nerven entspannen und das Selbstvertrauen stärken. Das gibt dem Erfolgsgefühl neue Impulse! Dann wird er mit größeren Aussichten auch an andere und schwierigere Aufgaben herangehen.

Sinkt die Leistung eines Verkäufers, so ist es falsch, ohne weiteres anzunehmen, dass er eine fehlerhafte Verkaufstechnik anwendet. Kann nicht auch seine innere Überzeugung nachgelassen haben? Wer nicht überzeugt ist, kann nicht überzeugen; und so bleibt schließlich nur die Mitleidstour: *„Sei so nett und kauf mir das ab!"*

Es besteht ein wesentlicher Unterschied zwischen zwei Verkaufsleitern mit gleichen Fähigkeiten und Kenntnissen, von denen der eine es versteht, seine Mitarbeiter für ihre Aufgaben zu begeistern, während der andere ausschließlich ein Mann „vom Fach" ist, wie im vierten Beispiel. Ein Verkaufsleiter muss Menschen führen können.

Begeisterungsfähigkeit des Verkäufers

„Ich kann einem Mann oder einer Frau in wenigen Minuten ansehen, ob er oder sie ein guter Verkäufer ist oder nicht", erklärt der Verkaufsdirektor eines großen Industrieunternehmens mit dreißigjähriger Erfahrung. *„Ich brauche ihn nur über seine Ware, seine Firma und seine Tätigkeit reden zu hören. Klingt es nicht irgendwie durch, dass er von seiner Sache begeistert ist, ist er kaum ein guter Verkäufer."*

Ohne Überzeugung und Begeisterung ist es auch Ihnen nicht möglich, gut und erfolgreich zu verkaufen. Wenn Sie bei einem Kunden von Anfang an damit rechnen zu scheitern, sind Sie schon gescheitert, bevor Sie überhaupt beginnen. Wenn es Ihnen innerlich gleichgültig ist, ob der Kunde kauft oder nicht, wird es der Kunde ebenfalls gleichgültig finden. Wenn Sie von Zweifeln befallen werden über den Sinn Ihrer Arbeit, leistet Ihnen der Kunde dabei fleißig Gesellschaft. Nur wenn Sie sich ganz von Ihrer Aufgabe erfüllt fühlen und im Voraus überzeugt sind, dass Sie sie lösen können, wird sie gelingen. Fast alle Veröffentlichungen über den Verkauf betonen, der Verkäufer sollte versuchen, „echte Begeisterung“ zu zeigen. Leider kann niemand genau sagen, wie man dies anfängt. Irgendeine Patentmedizin, die auf Kommando Begeisterung hervorzaubern kann, gibt es bedauerlicherweise nicht. Bevor sie jedoch einem Kunden gegenübertreten, empfiehlt es sich, Ihre Gedanken einige Minuten zu sammeln und sich alle Gründe zurechtzulegen, die den Kunden zu einem „Ja“ bewegen müssten. Geben Sie Ihren Gedanken dabei keine Möglichkeit, sich bei früheren Rückschlägen aufzuhalten, sondern konzentrieren Sie sie auf jene Gelegenheiten, bei denen Sie trotz ungünstigster Umstände erfolgreich waren!

Auch das Privatleben

Das Privatleben des Verkäufers beeinflusst sein berufliches Schaffen – leider auch in negativer Richtung: Ein übernächtigter oder dem Alkohol zugetaner Verkäufer kann für seine Arbeit keine Begeisterung aufbringen und ein zerrüttetes Familienleben, Sorgen oder Krankheit zehren an seinen Nerven und nehmen ihm den inneren Schwung und die Ausgeglichenheit. Wie kann er dann überzeugend wirken?

Der Verkaufsleiter soll weder müdes Verzagen, noch Trägheit bei seinen Verkäufern zulassen. Das geschieht aber nicht durch nichtssagende Parolen: *„Nur immer ran!“* oder aufmunterndes Schulterklopfen, sondern dadurch, dass er die Hintergründe mangelnder Motivation aufdeckt und systematisch Wettbewerbsinstinkt, Ehrgeiz und Überzeugung weckt. Dulden Sie nicht, dass der Verkäufer nach Belieben in seiner Arbeit aussetzt. Der Arbeitsrhythmus, der so wichtig für den Erfolg ist, sollte nicht unterbrochen werden, denn nur regelmäßige und häufige Kundenbesuche führen zu Verkaufsresultaten. Aber auch in dieser Beziehung darf Ihr Verkäufer nicht „getrieben“, vielmehr muss er durch entsprechende Aufklärung und Anteilnahme an seiner Arbeit überzeugt und geführt werden. Die Verkaufsleitung, die im Sinne dieser Gedankengänge ihre Mannschaft zu leiten und eine rechte Arbeitsgemeinschaft zu bilden versteht, wird nicht nur die Verkaufsergebnisse erhöhen, sondern auch etwas zutage fördern, was vielen Verkäufern fehlt: **Berufsstolz.**

Die gesellschaftliche Stellung des Verkäufers

In Europa wird der Verkäufer in gesellschaftlicher Beziehung nicht so hoch bewertet, wie es in den USA seit jeher selbstverständlich ist: Dort wird ein erfolgreicher Verkäufer hoch anerkannt, und es herrscht keine dünkelhafte und überhebliche Auffassung vor, den Verkäuferberuf nicht als „voll“ anzuerkennen. Dort gilt der Mensch und seine Leistung, gleich, an welcher Stelle er wirkt.

Bei uns werden aus Unverstand und Rückständigkeit oft genug Verkäufer über die Achsel angesehen. Ja, es gibt Studenten von der Universität oder Hochschule, die sich wundern, wenn ein Kommilitone Verkäufer wird. Und die Einstellung: Auch manche Eltern würden es lieber sehen, wenn ihr Sohn, der erfolgreich und zufrieden als Verkäufer arbeitet, „einen ordentlichen Beruf" gewählt hätte. Urteile wie *„Er hat es in keinem Beruf zu etwas gebracht, und da ist er eben Vertreter geworden"*, sind eine andere ironische Variante dieser Einstellung.

Verkauf früher, heute und morgen

Der Techniker gilt häufig mehr im Betrieb als der Verkäufer. Auch bei anderen Abteilungen im Unternehmen wird der Verkäufer unterbewertet und nicht genügend unterstützt, obwohl es doch der Verkäufer ist, der Arbeitsplatz und Gehalt aller anderen Mitarbeiter sichert. Schließlich werden Löhne und Gehälter ausschließlich von Kunden bezahlt - und diese Kunden hat der Verkäufer gewonnen.

Diese seltsamen Ansichten sind bedauerlich. Es ist überhaupt nicht abzusehen, was deutsche und ausländische Kaufleute für ihre Länder und die Welt geleistet haben. Soweit man überhaupt zurückblicken kann und bis in unsere Zeit ist der Kaufmann Schrittmacher des Fortschritts und der Entwicklung gewesen und wird es auch künftig sein. Waren die Gründer des Hauses Krupp, Siemens, Henkel, Thyssen, Bosch usw. und ihre Nachfolger nur Fachleute? Waren sie nicht auch Kaufleute, die selbst von Werkstatt zu Werkstatt, von einem mutmaßlichen Abnehmer zum anderen reisten? Waren sie es nicht sogar in erster Linie, die sich auch später, als sie einem Riesenunternehmen vorstanden, wichtige Absatzfragen vorbehielten, sich durch persönliche Fühlungnahme um in- und ausländische Großabnehmer kümmerten, während alle anderen Verkaufsmaßnahmen durch eine immer größere Zahl von Verkäufern durchgeführt wurden. Waren sie nicht „reisende Kaufleute"? So ist auch in allen Geschäftszweigen der Verkäufer zum Nachfolger des „reisenden Kaufmanns" geworden; er wurde sein persönlicher Repräsentant, sein Vertreter im eigentlichen Sinne des Wortes und nicht der Verfechter einer Sache. Dieser Vertreter ist es, der immer neue Waren dem Verbrauch zuführt und durch seine Erfolge die Grundlagen zur Massenherstellung schafft und damit wertvolle Bedarfsartikel immer breiteren Schichten zugänglich macht. Der Leiter eines Weltunternehmens, der sich selbst auch heute noch als der erste Verkäufer seines Unternehmens bezeichnet, hat den Nagel auf den Kopf getroffen. Hoffentlich tut es Ihr Chef auch.

Wie im Kapitel 5 schon erwähnt, wird neuerdings der Verkäufer auch gesellschaftskritisch unter die Lupe genommen. Diese Kritik ist nicht nur berechtigt, sondern auch erwünscht. Fortschrittliche Unternehmen werden sich ihrer sozialen und sozialpolitischen Rolle zunehmend bewusst und muten ihren Verkäufern keine umweltschädlichen Aufgaben zu. Dieser Sanierungsprozess sollte weiter um sich greifen, damit gewissenhaft ausgeführte Verkaufstätigkeit sich immer mehr durchsetzt.

Erfahrungsaustausch

Ein Mittel, die Mittel der Eigenüberzeugung zu festigen und Kenntnisse, Fähigkeiten und Einstellungen zu beeinflussen, sind richtig geplante und sachkundig durchgeführte, regelmäßige Verkäuferbesprechungen, Konferenzen und Ausbildungskurse.

Während einerseits fortschrittliche Unternehmen diese wöchentlich oder monatlich abhalten und echte Erfolge damit erzielen, scheuen andere aus kleinlichen Kostengründen oder kurzsichtiger Bumeranglogik („*Unsere Verkäufer sollen verkaufen, nicht tagen*") davor zurück, ihre Mitarbeiter überhaupt einmal für solche Zwecke zu versammeln.

Lassen Sie Verkäufer stärker am Leben des Unternehmens teilnehmen, lassen Sie sie untereinander Erfahrungen austauschen, lassen Sie sie mit anderen im Unternehmen zusammenkommen, und Sie werden schon hieraus einen merkbaren Auftrieb für erfolgreiche Verkaufsarbeit erzielen.

Wenn zusätzlich noch echte Kenntnisse vermittelt oder Fähigkeiten verstärkt werden, fühlt der Verkäufer seine Leistungsfähigkeit und Überzeugungskraft wachsen.

Ist der Verkäufer mitschuldig?

Wie aber stellt sich der Verkäufer selbst zum Ehrbegriff seines Berufes? Leider steckt er häufig den Kopf in den Sand. Er könnte weit mehr tun, um dem Ansehen seiner Aufgabe zum Recht zu verhelfen. Er sollte mehr Berufsstolz empfinden und nach außen zeigen.

Verkaufen ist mehr als ein Auftragentgegennehmen. Wenn Sie sich als Verkäufer damit begnügen würden, nur die Aufträge mitzubringen, die der Kunde sowieso geschickt hätte, wäre Ihre Tätigkeit überflüssig und für das Unternehmen unrentabel. Es reicht auch nicht nachzufragen, ob und was im Augenblick gebraucht wird. Sie würden zwar nicht immer mit leeren Händen zurückkommen, aber nur Zufallsaufträge mitbringen und vom eigentlichen Kern der Verkaufsarbeit noch weit entfernt sein.

Die wirkliche Aufgabe des Verkäufers

SIE MÜSSEN DAVON AUSGEHEN, DASS BEI IHREN BESUCHEN VIELLEICHT VIER FÜNFTEL ALLER KUNDEN AN IHREM ANGEBOT NICHT INTERESSIERT SIND. SIE MÜSSEN VON IHNEN INTERESSIERT WERDEN. DAMIT BEGINNT ERST IHRE VERKAUFSARBEIT! DAS UNAUFGEFORDERTE ANBIETEN VON DIENSTLEISTUNGEN IST KERN IHRER AUFGABE.

Diesen Umstand sollten Sie immer vor Augen haben und zum Ausgangspunkt Ihrer Verkaufsgespräche machen. Dann kann es keinen Anlass zur Kapitulation geben, nur weil der Kunde von vornherein erklärt, kein Interesse zu haben. Wenn Ihre Kollegen, die als Schrittmacher die ersten Autos, Haushaltsgeräte, Versicherungen, Feuerlöschgeräte, Registrierkassen, Druckmaschinen, Transportanlagen, Rasierapparate, EDV-Anlagen usw. verkauft haben, sich mit solchen Ablehnungen begnügt hätten, hätte es diese Dinge nie gegeben.

Jetzt können Sie wohl die vier einleitenden Fragen beantworten und die fünf Verkaufsprobleme lösen?

VERKAUFEN BEDEUTET, UNINTERESSIERTE KUNDEN ZU INTERESSIEREN. DAS ERFORDERT GRÖSSTE GEISTIGE UND NERVLICHE KONZENTRATION. DESHALB MUSS DER VERKÄUFER DIE ÜBERZEUGUNG HABEN, DASS ER EINE WIRKLICHE AUFGABE ZU ERFÜLLEN HAT.

Kapitel 9

Der Mann, der so viele Diskussionen gewann

Können Sie diese vier Fragen beantworten?

1. Kann eine ganze Verkaufsverhandlung mit der Fragemethode bestritten werden?
2. Warum wird ein Diskussionserfolg so selten ein Verkaufserfolg?
3. Inwieweit muss der Verkäufer Recht behalten, um verkaufen zu können?
4. Welche Möglichkeiten gibt es, Ansichten von Kunden zu ändern?

Können Sie diese fünf Probleme lösen?

? 1

„Er“ war ein alter routinierter Verkäufer von landwirtschaftlichen Maschinen. Er kannte alle Marken bis in jede Einzelheit und war mit all ihren Vor- und Nachteilen vertraut. Er wusste, dass die Traktoren des von ihm vertretenen Hauses die besten waren; er wusste auch warum und stellte dieses Wissen und diese Tatsache auch nicht unter den Scheffel. Es gibt aber auch Landwirte, die ebenfalls etwas von Traktoren verstehen, und so kam es, dass sich das Verkaufsgespräch zwischen unserem Vertreter und diesen Kunden zu einem Wettstreit darüber entwickelte, wer am besten Bescheid wusste. Kein Wunder, dass unser Vertreter – durch jahrelange Erfahrung und ehrgeizig angeeignetes Wissen – obenauf war; er hatte das letzte Wort und fast immer Recht, und dabei blieb es. Aber trotz seiner überlegenen Sachkenntnis gelang es dem Vertreter nicht, entsprechende Verkaufsabschlüsse zu tätigen.

Wann und wie würden Sie einem Kunden Ihre Sachkenntnis beweisen?

? 2

Irmgard Nagel, junge Verkäuferin von Büroausstattung, vor allem von Mikro-Archivsystemen, hatte verschiedene Verkaufshandbücher fleißig studiert und erkannte, dass die Art, wie sie ihre Verkaufsgespräche führte, zu lasch war. Es galt, viel stärker an die Aufmerksamkeit zu appellieren. Der Kunde muss aufgerüttelt werden: „Das Registratursystem Ihres Unternehmens ist überholt. Sie können täglich mehrere Stunden Arbeit sparen, wenn Sie sich unseres neuen Systems bedienen.“ Viele Kunden reagierten „sauer“ auf solche Feststellungen, auch wenn sie richtig waren. Frau Nagel fand, das schade nichts. Nun sah sie eine Chance, dem Kunden zu zeigen, was sie alles über computergesteuerte Ablage und mikroelektronische Registratur wusste. „Dann darf ich mir erlauben, diese Behauptung zu beweisen.“ Weit ist sie im Allgemeinen mit dieser Forschheit aber nicht gekommen, denn irgendwie waren die Kunden verärgert, sie bezweifelten ihre Ausführungen, hörten nicht recht zu oder lehnten ein echtes Gespräch ab. „Hört auf keine sachlichen Argumente“, schrieb Frau Nagel dann in ihre Kundenkartei. Viele Kunden erhielten diese schlechte Zensur.

Irmgard Nagels Vorgehen war doch, logisch betrachtet, gar nicht einmal falsch, nicht wahr? Haben Sie daran trotzdem etwas auszusetzen? Können Sie einem Kunden eine Mangellage nachweisen, ohne ihn zu kritisieren? Wie machen Sie das?

? 3

Der Verkaufsleiter der Großhandelsfirma bespricht mit seinem Chef die Einstellung von neuen Verkäufern. Der Inhaber möchte, dass Leute mit Marktkenntnissen und praktischer Verkaufserfahrung gewonnen werden.

Der Verkaufsleiter ist anderer Ansicht: „Nehmen wir Herren, die für andere Firmen tätig waren, dann gibt es Durcheinander und Gegeneinander, ehe sie sich an unsere Arbeitsmethoden gewöhnt haben, wenn sie innerlich überhaupt bereit sind, nach unseren Methoden zu arbeiten. Erfahrene Verkäufer schwören meist auf ihre Methoden und sind kaum oder nur sehr schwer davon abzubringen. Wenn sie keine Erfolge haben, sagen sie, 'unsere Produkte' seien Schuld, und auf 'unsere' Argumente würde kein Kunde hören. Es ist schon besser, es mit geeigneten Nachwuchskräften unter unseren Angestellten, gern auch Frauen, zu versuchen, die gewillt sind, sich belehren zu lassen. Wenn wir sie entsprechend vorbereiten und sie bei der Kundschaft richtig einführen, wissen unsere Kunden, dass Mitarbeiter kommen, die unsere Erzeugnisse aus wirklicher Erfahrung kennen und unsere Abnehmer demgemäß auch gut beraten können. Etwaige Schnitzer – ihnen fehlt ja noch die Verkaufsroutine – wird man ihnen nicht übel nehmen."

Doch der Unternehmer hält an seiner Auffassung fest und meint, man müsse eben die fremden Herren nur „richtig schulen". Und am besten führe man mit erfahrenen gut eingeführten Handelsvertretern, die man durch entsprechende Verträge an das Haus binden könne.

Und was meinen Sie zu diesem echten Problem? Hat die Ansicht beider Herren etwas für sich?

? 4

Für gewisse Kunden bedeutet es eine nette Abwechslung, neue, unerfahrene Verkäufer grob zu empfangen und zu sehen, wie „hart im Nehmen" sie sind. So hatte auch der Einkäufer einer Baufirma die Angewohnheit, neue Verkäufer mit abweisender Miene zu empfangen: „Na, was wollen Sie mir denn heute andrehen?" Da verloren zwei von fünf Verkäufern die Fassung und gingen auf den Leim. Sie seien ganz und gar nicht gekommen, um jemandem etwas anzudrehen, erklärten sie. Sie fügten etwas frostig hinzu, dass sie untadelige Häuser verträten, die nach solchen Grundsätzen handeln, und wollten die Gründe für die spöttische Bemerkung wissen. Der Dritte fragte, ob er lieber an einem anderen Tag wiederkommen sollte. Zwei Verkäufer machten es anders und kamen zu einem Verkaufsgespräch.

Wie haben sie sich wohl verhalten?

? 5

„Ich widerlegte seine Auffassung Punkt für Punkt, mit Zahlen und Untersuchungsmaterial", berichtete ein Verkaufsingenieur dem Verkaufsdirektor. „Ich zeigte ihm, dass seine Einwände unberechtigt waren. Etwa drei Stunden habe ich verhandelt und alle, aber auch alle Argumente vorgebracht und Einwände entkräftet. Zum Schluss kam es dem Kunden nur noch darauf an, um jeden Preis Recht zu behalten. Beinahe eine ganze Stunde hielten wir uns bei dem Abreibungswiderstand auf – an und für sich eine Nebensächlichkeit! Dann ging ich. Es wäre sinnlos gewesen, länger zu bleiben." –

„Mann, Sie hätten schon nach einer Viertelstunde gehen sollen", sagte der Verkaufsdirektor ärgerlich. Der Verkäufer versteht diesen Standpunkt nicht: „Ich kann doch nicht einfach die Flinte ins Korn werfen."

Wer von beiden hat nach Ihrer Meinung recht?

Kann man durch Diskussionen verkaufen?

Nur allzu oft sind Verkäufe deshalb nicht zustande gekommen, weil Kunde und Verkäufer vom Gespräch in eine Auseinandersetzung und schließlich auch noch in Streit geraten sind. Alle kennen wir „ihn", den Mann, der so manche Diskussion gewinnt – und so wenig verkauft. Alle wissen wir, dass man keine Kunden gewinnt, die man in der Diskussion besiegt. Wir wissen, dass ein mundtot gemachter Kunde kein Verlangen mehr nach der angebotenen Ware empfinden kann und minutenlange Wortklaubereien das Kaufinteresse auch bei kauflustigen Kunden ersticken.

Fast jeder hat einen angeborenen Widerwillen gegen rechthaberische Menschen, von rechthaberischen Verkäufern ganz zu schweigen. Alle fühlen wir eine Abneigung gegen unerbetene Ratschläge (manchmal auch gegen erbetene, sofern sie nicht unsere eigene Meinung bestätigen) von jenen, die es besser wissen wollen. Und dennoch gibt es Verkäufer, die sich geradezu freudig in heftige Diskussionen stürzen und die wichtigste Verhandlungsregel in der Verhandlung vergessen, die besagt, **dass es unmöglich ist, einen Menschen gegen seinen Willen zu überzeugen.** Das gilt auch für die Verkäuferführung (Beispiel 3). Brennt auch Ihnen das Temperament manchmal durch?

Kann man den Standpunkt eines Menschen ändern?

Der Verkäufer, der die Ansicht eines Kunden ändern will, muss zuerst erreichen, dass der Kunde sie ändern **will.** Der Kunde muss indirekt so beeinflusst werden, dass aus ihm selbst der Antrieb kommt, den Standpunkt des anderen anzunehmen und zum eigenen zu machen. Deshalb ist von allen Überzeugungsmethoden die Diskussion die schlechteste. Seien Sie vorsichtig, sobald Sie merken, dass Ihre und die Auffassung des Kunden auseinander gehen. Vermeiden Sie, zu Anfang Punkte zu berühren, in denen Sie nicht mit dem Kunden übereinstimmen, und schaffen Sie erst durch Betonung gleicher Ansichten eine gemeinsame Ausgangslage. Bestätigen Sie dem Kunden, wie Recht er in vielem hat und wie sehr Sie seine Ansichten verstehen. Behandeln Sie Meinungsverschiedenheiten als weniger wichtige Momente. Vermeiden Sie es, wenn möglich, überhaupt, Negatives zu berühren. Bevor Sie eine Ansicht des Kunden widerlegen, fragen Sie sich: *„Ist es zur Erreichung meines Zieles unbedingt notwendig, dass ich diesen Punkt auf- bzw. angreife?"*

Und das Prestige ...

Je mehr Sie dem Kunden recht geben, desto „sympathischer" wird er Sie finden und desto günstiger wird die Verhandlungsatmosphäre (das Kontaktklima) sein, die für den Abschluss so wichtig ist. Wenn Sie die Ansichten des Kunden berücksichtigen und geistige Zugeständnisse machen, nehmen Sie den Kunden für den Kaufvorschlag ein. Jede Kompromisslösung verpflichtet und bindet den Partner. Vermeiden Sie Prestigestandpunkte! Ein Verkäufer, der an sein Prestige denkt, hat bald Anlass, an seine wirtschaftliche Existenz zu denken. Provozieren Sie den Kunden nicht zum Widerspruch! Belehren Sie nicht! Lassen Sie dem

Kunden weitestgehend seine Vorurteile, seine Eigenheiten, seine Meinungen. Versuchen Sie nicht, den Kunden zu ändern oder zu „bessern“; auch wenn es angebracht wäre – das haben sicherlich schon andere, ihm näher stehende Personen versucht.

Die Fragemethode

Ein häufiger Anlass zu Meinungsverschiedenheiten sind oft selbstbewusste Behauptungen des Verkäufers. Hier ist die Schlussfolgerung zwingend: Behaupten Sie nicht, sondern fragen Sie! Fragen Sie den Kunden nach seiner Meinung zur Sache. Behauptungen fordern Kritik heraus, Fragen dagegen kaum. Frau Nagel in Beispiel 2 hätte es vermeiden können, ihre Kunden gegen sich aufzubringen, wenn sie ihre Behauptungen durch folgende Frage z. B. ersetzt hätte: *„Falls es sich zeigen sollte, dass die Neueinrichtung Ihrer Registratur eine Einsparung mehrerer Arbeitsstunden pro Woche ergäbe, würden Sie dann Wert darauf legen, nähere Einzelheiten zu erfahren?“* Durch diese Fragestellung wäre es leichter zu einem sinnvollen Gespräch gekommen: sie reizt den Kunden nicht, sondern lädt ihn zu einem näheren Meinungsaustausch ein. Sollte die Antwort des Kunden verneinend ausfallen, haben Sie noch keine Verkaufschance verloren, sondern können andere Fragen stellen. Eine übertriebene oder fehlerhafte Behauptung Ihrerseits kann der Kunde dagegen immer und leicht zu einem Gegenangriff verwenden. Es fällt Verkäufern nicht leicht, von der eingefahrenen Behauptungsmethode abzukommen und alle Argumente in Frageform vorzubringen. Ihnen auch? Zählen Sie mal das Verhältnis zwischen Argumenten und Fragen in Ihrem Verkaufsgespräch. Nicht gut, oder? Also ändern, viel mehr Fragen als Behauptungen. Versuchen Sie es! Es lohnt sich.

Gespräch neutralisieren können

Behalten Sie auch in schwierigen Situationen die Fassung, so wie das in Problem 4 geschehen ist. Wenn der Kunde fragt, was Sie ihm „anzudrehen“ gedenken, quittieren Sie die Äußerung mit einem freundlichen Lächeln, beispielsweise: *„Andrehen? Das wäre doch aussichtslos, besonders bei einem so kritischen Kunden, wie Sie es sind. Ganz abgesehen davon, dass ich meinen Kunden ja nicht nur einmal, sondern immer wieder unter die Augen treten muss. Die Verbindung zu Ihnen ist mir in diesem Sinne einfach zu wertvoll.“*

Es wird nicht ausbleiben, dass man mal in eine verfahrene Verkaufssituation hineingerät, die in Gegensätzen festzufahren droht. Dann muss der Verkäufer es verstehen, das Gespräch zu neutralisieren – oder umzuschalten und in manchen Fällen sogar zu vertagen. Sich aus einem festgefahrenen Gespräch herauslösen können, ist nicht leicht. Können Sie es?

Studieren Sie folgendes praktische Beispiel als Beschreibung von gefährlichen Auseinandersetzungen und Diskussionsfallen. Es ist verkürzt, dadurch etwas vereinfacht und schematisiert wiedergegeben.

Der Automobilverkäufer Vogel führt einen neuen japanischen Vierzylinder vor:

V.: *Man sitzt außerordentlich bequem in diesem Wagen.*
(Der Kunde, Herr Kunz, schweigt.)

V.: (merkt seinen Fehler): *Bitte, setzen Sie sich mal rein. Sie legen doch gewiss Wert darauf recht bequem zu sitzen, nicht wahr?*

K.: *Natürlich.*

V.: *Nun, Herr Kunz, wie sitzt es sich am Steuerrad? Nicht wahr, recht bequem?*

K.: *Ja, das schon. Aber der Wagen ist nicht geräumig genug.*

V.: *Nicht geräumig genug? Das kann man doch wohl kaum behaupten.*

K.: *Doch, das finde ich.*

V.: *Aber Herr Kunz! 60 cm Bodenraum ist doch eine ganze Menge.*

K.: *Mir ist es reichlich knapp.*

V. (merkt seinen Fehler und hört auf zu widersprechen):
Natürlich ist er nicht so groß wie bei einem Achtzylinder, aber wie Sie sagen, man sitzt bequem. Sie werden sicherlich bemerkt haben, wie ungewöhnlich gut dieser Wagen gepolstert ist. Es geht doch nichts über einen Lederbezug (Behauptung ohne Beweisführung).

K.: *Ich weiß nicht, ich finde Kunstlederbezug im heißen Sommer zu warm und im Winter zu kalt. Ich bin nicht davon begeistert.*

V. (hätte sich vor seiner Äußerung vergewissern können und müssen, was der Kunde von den verschiedenen Polsterbezügen hält. Zudem handelt es sich ja um eine Einzelheit ohne entscheidende Bedeutung. Also versucht V. darüber hinwegzuleiten):
Ja, das ist oft eine persönliche Geschmacksfrage. Und Sie haben schon Recht, Kunstleder ist im Sommer etwas warm, wenn es ganz besonders heiß ist. Aber hier wird es selten so heiß, dass es stört.

K.: *Das mag sein, aber ich will auch mal in den Süden fahren.*

V. (steht vor der Möglichkeit, dem Kunden beizubringen, dass er doch wohl nicht in die Tropen fahren will und eine Auslandsreise auch nur eine verhältnismäßig kurze Zeit dauert. V. aber fühlt, dass er auf diese Weise in eine unnötige Diskussion gerät):
Nun, hiervon einmal abgesehen. Wozu gedenken Sie den Wagen hauptsächlich zu verwenden?
(So versucht V. auf den Hauptverwendungszweck des Wagens zurückzukommen und will – mit gebührender Vorsicht – beweisen, dass die Größe des Wagens zweckmäßig ist.)

K.: *Um zur Arbeit und auch zum Sommerhaus zu fahren. Wir haben ja noch einen zweiten Wagen.*

V. (überhört den Zusatzhinweis): *Ist das sehr weit?*

K.: *Nein, nicht besonders.*

V.: *Und wie groß ist Ihre Familie?*

K.: *Wir haben zwei Kinder, die zur Schule gehen.*

V.: *Und Sie wollen sicher einen Wagen haben, der wenig Benzin verbraucht?* (Obwohl V. eine Frage stellt, ist er auf ein gefährliches Gebiet zu sprechen gekommen. Deshalb gleitet er auf ein Nebenthema ab.)
Bei den heutigen Benzinpreisen?!

K.: *Ja, aber das mit dem Benzinverbrauch, das stimmt niemals. Es wird immer mehr, als im Katalog steht.*

V.: *Natürlich hängt der Verbrauch davon ab, wie man fährt.*

K. (etwas gekränkt): *Wieso, wie man fährt?*

V.: *Wenn man sehr schnell fährt und häufig schaltet, steigt der Verbrauch immer etwas.*

K.: *Aber das kann doch wohl kaum auf 100 Kilometer 3 Liter ausmachen. Die Katalogangaben sind ganz einfach in vielen Fällen falsch. Ich habe einen guten Freund ...* (es folgt eine längere Erzählung).

V. (beherrscht sich, dem Kunden zu sagen, welche falsche Auffassung er sich zu Eigen gemacht hat):
Wenn Sie wollen, können wir ja während der Fahrt den Benzinverbrauch kontrollieren. Sie können den Wagen selbst fahren. Wollen wir mal, Herr Kunz?

K.: *Ja, meinetwegen.*

V.: *Wird auch Ihre Gattin den Wagen fahren?*
(Er beabsichtigt, die leichte Steuerung des Wagens als Argument anzuführen und hat damit Glück).

K.: *Ja, ja, sie will endlich Fahrunterricht nehmen.*

V. (Versuchsballon): *Da kann unsere Fahrschule Ihnen behilflich sein. Soll ich etwas für Ihre Gattin vereinbaren?*

K.: *Nein, das hat noch Zeit.*

V. (ist auf dem Sprung, eine eingeübte Behauptung anzuführen, aber besinnt sich eines Besseren):
Auf jeden Fall wird es für Ihre Gattin leichter sein, einen kleineren als Ihren vermutlich größeren Wagen zu fahren, nicht wahr?

K.: *Ja, das mag sein.*
(Jetzt kommt ein anderer Kaufwiderstand zum Durchbruch):
Muss ein kleiner Wagen wirklich soviel Geld kosten?

V. (Dank dieser Frage braucht der Verkäufer das Gespräch nicht mit einer Diskussion über die geeignete Größe des Wagens aufzuhalten, da dies auch kein entscheidender Punkt zu sein scheint. Wenn er nun andererseits widerspräche und zu beweisen versuchte, dass der Preis

nicht hoch ist, müsste es zu einer Diskussion kommen, also wählt er einen Umweg):
Sie sind doch ein erfahrener Autofahrer, Herr Kunz, nicht wahr?

K.: *Na, und ob.*

V.: *Worauf legen Sie denn bei einem Wagen den größten Wert?*
(Indem er den Kunden „einen erfahrenen Autofahrer" nennt, schafft er sich eine etwas angenehmere Atmosphäre und kann jetzt auch wesentliche Punkte berühren.)

K.: *Na, vor allem auf die Straßenlage, die Geschwindigkeit und Qualität ganz allgemein. Und den Wiederverkaufswert.*

V. (versucht vorsichtig zu korrigieren):
Die Wirtschaftlichkeit, nicht wahr?

K.: *Ganz recht.*

V.: *Also Straßenlage, Geschwindigkeit und Wirtschaftlichkeit. Und bei der Geschwindigkeit in erster Linie Spitzengeschwindigkeit oder Beschleunigung, Herr Kunz?*

K.: *Vor allen Dingen Beschleunigung, Spitzengeschwindigkeiten kann man ja sowieso nirgends ausnutzen.*

V. (der nun – zu guter Letzt – herausbekommen hat, woran der Kunde am stärksten interessiert ist):
Ja, klar. Diese Eigenschaften sind tatsächlich ausschlaggebend und müssen alle bei der Wertbeurteilung eines Wagens eine entscheidende Rolle spielen. Und für Sie ganz besonders, nicht wahr?

K.: *So ist es.*

V. (ist sich endlich darüber im Klaren, wie er argumentieren und welchen Fragen er ausweichen muss: Er stellt den Wert des Wagens in den drei genannten Gesichtspunkten heraus und begegnet indirekt dem Preiswiderstand. Beim dritten Besuch gelingt es, das Geschäft abzuschließen, aber erst, nachdem er dem Einwand „Vierzylinder gegenüber Sechszylinder" psychologisch geschickt begegnet ist.)

!

Jetzt können Sie wohl die vier einleitenden Fragen beantworten und die fünf Verkaufsprobleme lösen?

EINE DISKUSSION ZU GEWINNEN, IST KEINE KUNST. BEHAUPTUNGEN AUFZUSTELLEN, AUCH NICHT. EINER DISKUSSION AUSZUWEICHEN UND MIT FRAGEN ZU ARGUMENTIEREN, VERLANGT WEIT GRÖSSERES GESCHICK. DAMIT ÖFFNEN SIE SICH DEN WEG ZUM ERFOLGREICHEN VERKAUF.

Kapitel 10
Wie Sie Verkaufshindernisse überwinden

Können Sie diese vier Fragen beantworten?

1. Wie reagiert ein geschickter Verkäufer auf Ausreden?
2. Warum können Einwände einem guten Verkäufer häufig eher helfen als schaden?
3. Wie viel Gründe sprechen dafür, Einwänden eines Kunden zuvorzukommen?
4. Wissen Sie, wie Einwände nach der Bumerangmethode behandelt werden?

Können Sie diese fünf Probleme lösen?

1

Zwei Verkäufer sprechen über ihre jüngsten Erfahrungen: „Dieser Schulze ist ein harter Bursche", sagt der eine. „Der hatte an allem, was ich sagte, etwas auszusetzen, immer wieder kam er mit Einwänden." – „Na, bist du damit fertig geworden?" – „Nicht mit allen! Aber wenn ich diesen Besuch noch mal zu machen hätte, dann wüsste ich jetzt, was ich sagen müsste. Nun kann ich ja einen Kunden leider nicht bitten, mir die Sache überlegen zu dürfen und ihm erst später eine Antwort zu geben." – „Aber warum nicht, das kannst du doch." – „Wieso?" – „Nun, so ..."

Kann man das? Wenn ja, wie? Bekommt der Kunde dann nicht leicht den Eindruck, man sei nicht sachkundig?

2

Ingenieur Meyer, Vertreter eines Stahlwerkes, besucht einen belgischen Kunden. Er legt die Vorteile seiner Erzeugnisse mit gut durchdachtem Beweismaterial dar. Während der ganzen Zeit hört der Kunde aufmerksam zu, antwortet aber nicht und nimmt auch sonst in keiner Weise Stellung. Nach einer guten halben Stunde dankt der Kunde für die Aufschlüsse und sagt jetzt zur großen Überraschung des Verkäufers, dass er zur Zeit nicht interessiert sei. Zwei weitere Besuche verlaufen ebenfalls ergebnislos.

Mehrere Monate später folgt ein neuer Besuch. Meyer entwickelt wiederum alle Gründe, die für sein Produkt sprechen. Wiederum hört der Kunde etwa 20 Minuten zu, ohne etwas zu sagen. Aber dann kommt er plötzlich mit einem Einwand, der gegen einen Kaufentschluss spricht. Meyer, zuerst etwas angeschlagen, wirft dann aber alle Hemmungen über Bord und begegnet dem Einwand.

Beim nächsten Besuch glückt es ihm nach zehn Minuten, den Auftrag zu bekommen. Als er nachher den Verlauf des Verkaufsprozesses analysiert, erkennt er selbst, welch schwere Fehlbeurteilung ihm unterlaufen ist. Er hätte diesen Auftrag, den er sich selbst beinahe aus den Händen gespielt hätte, möglicherweise viel früher bekommen können.

Was hatte Meyer falsch gemacht? Welche Bedeutung haben solche Fehler für eine Verkaufsverhandlung?

3

Bei einer Verkäuferbesprechung fordert der Verkaufsleiter einer Computerfirma seine Verkäufer auf, die Einwände, die gewöhnlich von den Kunden erhoben werden, darzulegen. Ein jüngerer, sehr energischer Verkäufer wartet mit einer ganzen Kollektion auf und sagt, dass er oft bei einem Kunden allen diesen Argumenten begegnet sei. Der Verkaufsleiter wird nachdenklich: Wenn der Verkäufer auf solche massiven Einwände stößt, muss in der Argumentation irgendein Fehler liegen. Er bittet den Verkäufer, sein Verkaufsgespräch einmal vorzutragen, und seine Bedenken werden bestätigt. Der Verkäufer ändert allmählich seine Verkaufstaktik und stellt fest, dass seine Verkaufserfolge besser werden.

Sicher haben Sie schon herausgefunden, wieso dieser Verkäufer so vielen Einwänden begegnete ...? Passiert Ihnen das auch?

4

Ein Häusermakler bespricht den Kauf einer Villa mit dem Inhaber einer größeren Firma. Sie sehen sich das Haus gemeinsam an, und der Makler merkt, dass der Kunde nicht uninteressiert ist. Der Verkäufer sagt dann: „Ich will gleich darauf hinweisen, dass das Haus einige Mängel hat - die Zentralheizung ist nicht ganz in Ordnung, die Garage muss frisch gestrichen werden, und der Garten hinter dem Haus braucht eine ordentliche Pflege." Der Kunde zeigt sich dankbar für die Aufschlüsse, und das Gespräch geht weiter.

War die Methode des Häusermaklers richtig, von sich aus die genannten Schwächen in seinem Angebot hervorzuheben?

5

„Das ist ein Einwand, den ich vorher noch nicht gehört habe", antwortet spontan Herr Altmann, Verkäufer von Maschinenzubehör. „Ich weiß nicht, was ich darauf antworten soll. Aber darf ich bei unserem Spezialisten, Ingenieur Möller, der selbst in Italien war und die Maschinen gekauft hat, nachfragen, was er dazu zu sagen hat? Ich schreibe Ihnen darüber morgen ein paar Zeilen." Und dann setzt er seine Argumentation fort. Möller gibt Altmann die gewünschten Aufschlüsse, bemerkt aber: „Das hätten Sie auch selbst beantworten können. Es macht nicht gerade einen guten Eindruck, dass unsere Vertreter solche Einwände nicht erledigen können." - „Das hätte ich können, das wollte ich aber nicht." - „Das verstehe ich nicht."

Verstehen Sie es? Was bezweckte die Taktik des Verkäufers?

Der Kunde ohne Einwände

Nur selten kommen Verkäufe zustande, ohne dass der Verkäufer zuvor gezwungen ist, Einwänden des Kunden zu begegnen. Einwände sind zunächst Hindernisse; deshalb hat die Verkaufsarbeit vieles mit einem Hindernisrennen gemeinsam. Will man verkaufen, d. h. also an einem Hindernisrennen teilnehmen, muss man auch entschlossen sein, die Hindernisse zu nehmen. Ein Kunde, der nur Ja und Amen sagt **und kauft**, ist eine Rarität. **Ein Kunde ohne Einwände ist in der Regel ein Kunde ohne Kauflust.** Meyer in Problem 2 glaubte, dass er nahe daran war, einen Auftrag zu erhalten, nur weil der Kunde keine Einwände machte. Er gab dem Kunden ganz einfach keine Gelegenheit, seine Einwände auszusprechen. Dadurch wurden sie aber nicht beseitigt.

Einwände gegen ein Angebot gibt es beinahe immer. Auch beim günstigsten Angebot muss ein Kunde ja etwas opfern oder auf etwas verzichten, um kaufen zu können. Hinzu kommen die eigentlichen Einwände gegen das Angebot selbst. Jedes Angebot ist bekanntlich ein Produkt von Kompromissen, mit Vor- und Nachteilen. Der Verkäufer muss die Einwände des Kunden kennen lernen, wenn er ihn zum Kauf bewegen will. Er erreicht nichts, wenn er die vorhandenen Einwände unterdrückt. Nur eine offene Verhandlungsführung veranlasst den Kunden, seine Einwände auszusprechen. Nur eine Gruppe von Einwänden gefährdet den Verkauf: diejenigen, die nicht zufrieden stellend beantwortet werden können, sei es nun, dass die Mängel an der Ware oder am Verkäufer liegen.

Einwände sind im Grunde also eine **Hilfe** für den Verkäufer. Kein Kunde erhebt Einwände gegen ein Angebot, das ihn **völlig** unberührt lässt. Der erste Einwand des Kunden – sofern es sich nicht um eine kategorische Absage handelt – ist in Wirklichkeit das erste Zeichen dafür, dass er anfängt, sich für das Angebot zu interessieren. Einwände sind orientierende Wegweiser, die dem Verkäufer die Einstellung des Kunden aufdecken.

Es ist wichtig, Folgendes festzustellen:

1. Viele Verkäufer verlieren die Nerven und glauben, ein Verkauf sei verloren, sobald der Kunde einen ernsthaften Einwand erhebt.
2. Andere sind ungenügend vorbereitet, Einwänden richtig zu begegnen.

Eine Voraussetzung, um Einwände beantworten zu können, sind **Kenntnisse** über das eigene Angebot, den Kunden und seine Probleme, Mitbewerber, den Markt.

Einwandtraining

Es gibt eine ausgezeichnete Methode, sich in der Erledigung von Einwänden zu üben; sie ist so einfach, dass nur wenige Verkäufer sich der Mühe unterziehen, sie anzuwenden: Nehmen Sie einen Bogen Papier, teilen Sie ihn in der Längsrichtung und schreiben Sie auf die linke Seite alle Einwände, die Sie mutmaßlich von Ihren Kunden zu hören bekommen. Das können sehr viele sein, aber man kann sie leicht dadurch vermindern, dass man gleichartige Einwände zu einer Gruppe zusammenfasst. Die Zahl der verschiedenen Einwände gegen ein Angebot ist selten größer als sechs bis acht: In einer bestimmten Verkaufsverhandlung mit einem Kunden vielleicht drei bis vier. Alle übrigen sind Abarten oder andere Formulierungen. Nun schreiben Sie auf die rechte Seite die nach Ihrer Meinung beste Antwort. Und jetzt fragen Sie jeden Ihrer Kollegen, den Verkaufsleiter eingeschlossen, nach deren bester Antwort. Auf diese Weise erhalten Sie eine große Anzahl brauchbarer Fingerzeige. Versuchen Sie jetzt gemeinsam, die wirklich besten Antworten auszuwählen, und studieren Sie dann die Liste, bis Sie alle Argumente beherrschen. Pauken Sie sie zusammen ein, im gespielten Wechselgespräch zwischen einem „Kunden" und einem „Verkäufer" – so lange, bis sie „sitzen".

Sehen Sie aber zu, dass die Liste immer aktuell bleibt. Nehmen Sie neue Einwände und neue Antworten dazu, streichen Sie Entgegnungen, die sich als ungeeignet erwiesen haben, und vervollständigen Sie die Liste unter Berücksichtigung aller Erfahrungen, die Sie nach und nach sammeln. Dann wird es Ihnen so leicht nicht mehr passieren, ohne Antwort dazustehen; im Gegenteil, Sie empfinden eine wohltuende Sicherheit bei Ihren Kundenbesuchen.

Damit Sie den Einwänden richtig begegnen können, müssen Sie wissen:

1. was,
2. wann und
3. wie Sie antworten sollen.

Die 10 Arten von Einwänden

1. Um auszumachen, **was** man antworten soll, muss man wissen, mit welchen Einwänden in jedem besonderen Fall zu rechnen ist:

   a) Die **unausgesprochenen** Einwände – die der Kunde nicht aussprechen kann (weil der Verkäufer ihn nicht lässt), will oder darf und die der Verkäufer erst ans Tageslicht bringen muss, um sie beantworten zu können.

   b) **Ausreden** (Scheineinwände) – die am besten beiseite gelassen werden, da sie keine wirklichen Einwände darstellen.

   c) **Vorurteile, vorgefasste Meinungen** – nicht logisch bedingte, sondern stark gefühlsbetonte Einwände, denen mit Vernunft nicht ohne weiteres zu begegnen ist.

   d) **Boshafte Einwände** – Störungsversuche des Kunden, die teils auf schlechte Laune zurückzuführen sind oder mit denen beabsichtigt wird, den Verkäufer aus der Fassung zu bringen oder irrezuführen. Mitunter versucht der Kunde hier, auch fremde Gedankengänge anzubringen, die also nicht seine eigene Meinung widerspiegeln.

e) **Informationswünsche** – Einwände, die in der Absicht vorgebracht werden, zusätzliche Aufschlüsse vom Verkäufer zu erhalten.

f) **Einwände aus Geltungsbedürfnis** – sachlich unbegründete Einwände, die hauptsächlich eingeworfen werden, um eine eigene Meinung zu zeigen und dem Verkäufer (oder Zuhörern am Gespräch) zu imponieren.

g) **Subjektive Einwände** – nach dem Motto „Ihre Ware ist an sich schon gut, aber sie passt nicht für mich" oder „Unsere Probleme sind ganz speziell".

h) **Objektive Einwände** – Bemerkungen, die gegen die Ware oder das Angebot gerichtet sind. Es ist wichtig, diese von den subjektiven zu unterscheiden.

i) **Allgemeiner Kaufwiderstand** – eine ganz allgemeine, nicht näher begründete negative Haltung, die dem Verkäufer zu Beginn des Verkaufsgespräches begegnet.

k) **„Der letzte Versuch"**, der letzte Einwand kurz vor dem Kaufentschluss, oft auch eine Wiederholung. Ton und Dosierung verraten, dass der Kunde kaufreif ist.

Hier einige kurze Hinweise, wie man in diesen zehn Fällen verfahren kann:

Unausgesprochene Einwände

a) Der Verkäufer kann die Anzahl der unausgesprochenen Einwände schon dadurch vermindern, dass er seinen eigenen Wortschwall stark eindämmt, um zu einem richtigen Gespräch (Frage und Antwort) mit dem Kunden zu gelangen. Je mehr der Kunde ins Reden kommt, um so aufschlussreicher offenbart er seine Gründe für und gegen das Angebot. Manchmal muss der Verkäufer den Kunden auch förmlich zwingen, sich zu äußern. Die Frageargumentation (manchmal sogar provozierender Art) ist hier eine ausgezeichnete Methode (siehe Kapitel 9).

Konzentrieren Sie das Gespräch auf die Situation **des Kunden** und **seine** Probleme anstatt auf das Angebot als solches.

Diese Taktik bietet keine besonderen Schwierigkeiten, sie erfordert nur Selbstdisziplin und Selbstkontrolle, um nicht der Versuchung zu unterliegen, selbst zu viel zu reden. Wenn Sie fühlen, dass der Kunde irgendeinen Einwand auf der Zunge hat, so ist es am besten, den direkten und geraden Weg auf das Hindernis zu wählen: Fragen Sie ihn, was er nicht versteht, ob er sich irgendeinen Einwand überlegt oder womit er nicht einverstanden ist. In der Regel wird der Kunde freimütig antworten und froh sein, sich aussprechen zu können, ganz besonders, wenn er aus Gründen des Taktes nichts Unvorteilhaftes sagen wollte. Machen Sie es deshalb dem

Kunden leicht, seine Einwände zu äußern. Manchmal müssen Sie den Einwand auch selbst aussprechen, wenn der Kunde es nicht darf oder sich geniert. Erst wenn ein Einwand ausgesprochen ist, können Sie ihn entkräften.

b) Bei Ausreden soll man nicht allzu viel Zeit verschwenden. Sie stellen ja keine wirklichen Einwände dar. Auch **wenn** Sie sie beantworten könnten, wären Sie damit dem Verkaufsziel nicht wesentlich näher gekommen. Hinzu kommt noch das Risiko, dass der Kunde sich veranlasst fühlt, die Ausrede als ernsten Einwand verteidigen zu müssen. Außerdem würden Sie dabei unnötig Verärgerung riskieren. Ausreden erkennen Sie in der Regel daran, dass sie in keinem Zusammenhang mit der übrigen Argumentation des Kunden stehen. *Ausreden*

Es gibt verschiedene Methoden, mit Ausreden schnell fertig zu werden: Man kann sie überhören. Man kann den Kunden bitten, etwas später auf das Thema zurückkommen zu dürfen, in der Hoffnung, dass er unter dem Eindruck des weiteren Gesprächs von der kritischen Bemerkung Abstand nimmt. Manchmal können Ausreden auch mit einigen wenigen Worten abgefertigt werden. Und schließlich können Sie dem Kunden Recht geben und weiter verkaufen.

c) Vorurteile und vorgefasste Meinungen sind unangenehm. Selbst wenn die Ansicht des Kunden vollkommen falsch ist, hilft kein Gegenbeweis. Ist ein Kunde der Meinung, dass die Einführung der elektronischen Zeitkontrolle in seinem Büro Unzufriedenheit schaffen muss, dass ein Auto für ihn unbedingt Vorderradantrieb haben muss, dass grüne Büromaschinen hässlich sind, dass alle französischen Parfüms besser sind als deutsche und dass Handel durch Zwischenhände ein Übel ist, so ist es sehr schwer, dagegen erfolgreich zu **argumentieren**. Die Ansicht des Kunden ist in solchen Fällen gefühlsmäßig bedingt, und logische Argumente prallen einfach ab. Wenn Sie, ohne den Verkauf zu gefährden, es vermeiden können, darauf einzugehen, tun Sie es! Lassen Sie den Kunden bei der Ansicht, dass Grün nicht die schönste Farbe für Schreibmaschinen ist, wenn das Aussehen von untergeordneter Bedeutung ist. Geben Sie zu, dass Vorderradantrieb etwas für sich hat: aber gehen Sie dann ruhig auf die Vorteile Ihres Fabrikates für die deutschen Straßenverhältnisse ein. Mit dem Parfüm verfahren Sie ähnlich, d. h., lenken Sie von der Frage des Ursprungs ab. Überhören Sie die Bemerkung über den Zwischenhandel, konzentrieren Sie das Gespräch auf das Angebot und den für den Kunden günstigen Umstand, Lagerware kaufen zu können und mit Einfuhrformalitäten und Finanzierung nichts zu tun haben zu müssen. *Vorurteile*

Die Frage der Zeitkontrolle ist vielleicht nicht so einfach, da das Vorurteil des Kunden einen zentralen Punkt Ihres Angebots berührt, wodurch das Geschäft in Frage gestellt wird. Geben Sie zu, dass der betreffende Gedankengang nahe liegt. Zeigen Sie dann (anhand von Originalaussagen ähnlicher Unternehmen), welche Erfahrungen andere in einer ähnlichen Situation gemacht haben. Ziehen Sie Vergleiche mit anderen technischen Maßnahmen für Leistungssteigerung, die der Kunde schon selbst vorgenommen hat (solche Beispiele sind besonders wirkungsvoll). Schlagen Sie dem Kunden Ihre Unterstützung bei der Einführung des neuen Systems vor, um eine positive Einstellung des Personals zu erreichen usw.

Boshafte Einwände

Übereilen Sie sich vor allen Dingen nicht, und lassen Sie sich nicht hinreißen, „einzuschnappen". Können Sie den Einwand überhören, tun Sie es. Die schlechte Laune des Kunden braucht nicht unbedingt vom Verkäufer hervorgerufen zu sein. Vielleicht will er auch nur Ihr geistiges Stehvermögen prüfen. Zu solchen Einwänden gehören auch Gerüchte, die der Kunde irgendwo aufgeschnappt hat (Preisverfall, Einfuhrverbot usw.). Man kann sie unschwer auf ihre wirkliche Bedeutung zurücklenken. Im Übrigen sind boshafte Einwände mit Ausreden weitläufig verwandt und können manchmal ähnlich behandelt werden.

Informationswünsche

e) Ein Einwand, der zu genauerer Auskunft über das Verkaufsobjekt auffordert, ist natürlich vom Verkaufsstandpunkt aus sehr positiv zu werten. Er ist ein Beweis für ein wirklich vorhandenes Interesse und weist den Verkäufer auf Mängel in seiner Argumentation hin, wobei er sofort Gelegenheit hat, diese zu reparieren.

Lernen Sie Einwände dieser Art schnellstens erkennen! Sie haben meistens einen fragenden (nicht behauptenden) Charakter, wenn nicht in der Formulierung, so doch im Ton. Zum Beispiel: *„Kaltgepresste Nieten können ja doch wohl nicht gedrehte ersetzen?!"* oder *„Dieser Stoff kann doch wohl nicht von der gleichen Güte sein wie der andere, teurere!"* oder: *„Das hört sich ja alles ganz gut an, aber wir können ja doch nicht unsere ganze Waschmittelherstellung auf den Kopf stellen nur aufgrund einer Möglichkeit, die Qualität zu erhöhen, nicht wahr?"* Der Kunde benötigt eine sachlich überzeugende Erklärung oder Beweisführung.

Der Verkäufer sollte sich daran gewöhnen, Einwände prinzipiell als eine Aufforderung zu weiterer und besserer Information anzusehen (auch wenn er glaubt, sie gehörten der Kategorie d) oder f) an). Dann werden seine Antworten nicht nur positiver, sondern auch ruhiger, bestimmter und überzeugender.

Geltungsbedürfnis-einwände

f) Viele Einwände lassen sich auf das Bedürfnis des Kunden zurückführen, eine eigene Meinung herauszustellen. Er will zeigen, dass er nicht zu beeinflussen ist oder dass seine Stellung ihn von Lieferanten unabhängig macht. Einwände aus Eigensinn oder Geltungsbedürfnis stehen erstaunlich oft im umgekehrten Verhältnis zu den Vorteilen des Angebots – je günstiger das Angebot, desto mehr hat der Kunde das Bedürfnis, eine abweichende Meinung herauszustellen. Bei einiger Menschenkenntnis findet man eine solche Einstellung durchaus verständlich. Oft fühlt sich der Kunde durch allzu sichere Argumentation und allzu selbstzufriedenes Auftreten des Verkäufers zu dieser Haltung herausgefordert. Benutzen Sie deshalb keine überschwänglichen Argumente, treten Sie nicht zu sicher auf und behaupten Sie nicht, sondern fragen Sie. Geben Sie sich dem Kunden gegenüber nicht den Anschein, dass Sie alle echten Geistesblitze für sich gepachtet haben. Steuern Sie das Gespräch so, dass der Kunde seine eigenen Ideen in Ihren Gedankengängen bestätigt findet. Lassen Sie ihn selbst an der Ausarbeitung des Vorschlags teilnehmen! Bitten Sie um Aufschlüsse und Ratschläge. Machen Sie ihn zum „Mitarbeiter"! Manchmal ist es notwendig, Einwände in Ihrem Vorschlag zu berücksichtigen und dadurch eine Kompromisslösung anzustreben – die natürlich den Kunden irgendwie verpflichtet. Solche Kompromisse, die ein gewisses Nachgeben des Verkäufers bedeuten, sind einer Einigung meist außerordentlich förderlich.

Subjektive Einwände

g) Jeder Verkäufer muss lernen, zwischen subjektiven und objektiven Beanstandungen zu unterscheiden. Die Vortrefflichkeit einer Ware zu beweisen, hilft dem Verkäufer noch lange nicht, den Kaufwiderstand eines Kunden zu überwinden, dem die Ware für seine Zwecke nicht gefällt (vergleichen Sie auch das Verhältnis zwischen Qualität und Zweckdienlichkeit des Angebots in Kapitel 6). Dort steht u. a., dass Qualität nicht unbedingt Kaufverlangen auslöst. Zu allen Zeiten gab es Menschen, die glaubten, ihre Probleme seien ganz besonderer Art, ihre Arbeitsaufgaben könnten nicht mit denen Anderer verglichen werden, und die Erfahrungen Anderer seien auf sie nicht anzuwenden, oder die grundsätzlich alles anders machen und eigene Wege gehen wollen. Jedes Mal, wenn ein Verkäufer solchen subjektiven Einwänden begegnet, kann er annehmen, dass seine Argumentation zu sehr auf sein Angebot anstatt auf den Kunden und dessen Probleme ausgerichtet ist.

Wenn der Verkäufer Referenzen und Empfehlungsschreiben benutzt, was sehr zu begrüßen ist, muss er bei der Auswahl vorsichtig sein. Es empfiehlt sich, Äußerungen von Unternehmen und Kunden zu wählen, die nach ihrer Bedeutung und Aufgabenstellung dem zu besuchenden Kunden entsprechen. Der Verkäufer muss sich eine möglichst eingehende Kenntnis über den Kunden und seine Arbeitsprobleme verschaffen, was in vielen Fällen nur durch

Untersuchungen am Ort selbst möglich ist. Auch Probeangebote, Versuche, Probeeinbau, Garantien, Rückgaberecht und ähnliche Hilfen der Angebotstechnik können dazu beitragen, Zweifel des Kunden zu überwinden. Die Erfahrung zeigt, dass der Kunde auch subjektive Einwände fallen lässt, wenn er sich davon überzeugt hat, dass der Verkäufer wirklich ein Fachmann ist, der sich mit seinen besonderen Problemen vertraut gemacht hat (oder bereit ist, dies zu tun). Je persönlicher der Verkäufer argumentieren kann, desto größer sind seine Aussichten, schwierigen subjektiven Einwänden zu entgehen.

Ein Wort nebenbei: Subjektive Einwände sind wahrscheinlich die schwierigsten. Patentrezepte dagegen gibt es ebenso wenig wie gegen andere Einwände, sondern nur Hinweise, wie Sie sie hier verzeichnet finden. In einigen Fällen hat der Kunde ganz einfach Recht, in anderen gibt es nichts, was ihn überzeugen kann. Kein Verkäufer ist imstande, mit allen mutmaßlichen Kunden fertig zu werden.

Obkektive Einwände

h) Hier sollte sich der Verkäufer „zu Hause" fühlen! Er ist es in der Regel auch – manchmal vielleicht zu sehr. Bevor Sie eine fehlerhafte Auffassung des Kunden berichtigen, lassen Sie ihn fühlen, dass Sie seine Ansicht verstehen und diese an seiner Stelle vielleicht auch gehabt hätten, z. B.: *„Diese Leistungsdaten klingen tatsächlich fast unwahrscheinlich, wenn man sie das erste Mal hört. Tatsache ist, dass auch wir ziemlich skeptisch waren, als wir vor diesen Verbesserungen standen. Wir haben deshalb Versuche angestellt, deren Ergebnisse Sie hier einsehen können."*

Allgemeiner Kaufwiderstand

i) In diesem Falle handelt es sich nicht um Einwände in der eigentlichen Bedeutung des Wortes, da sie in der Regel bei Beginn des Verkaufskontaktes nicht konkret sind und auch nicht sein können. Darauf einzugehen, wäre verfrüht. Das Verkaufsgespräch würde sich leicht in Gegensätzen festfahren. Bei keiner Gelegenheit ist die Gefahr eines Wortstreites, der den Kontakt direkt abschneiden kann, so groß wie zu Beginn des Gesprächs. Um dieser Art von Kaufwiderstand einigermaßen zu entgehen, sollten Sie den Hinweisen über das Aufmerksamkeitsmoment im Verkaufsvorgang (Kapitel 13 und 17) folgen. **Zeigt sich laufend ein starker Kaufwiderstand zu Beginn Ihrer Besuche, so stimmt etwas mit Ihrer Verkaufstaktik oder Ihrem Angebot nicht.**

„Letzter Versuch"

k) Dieser Einwand – „kurz vor Toresschluss" – ist selten ernst gemeint. Jedem Kaufentschluss, wie jeder anderen Entschlussleistung, geht ein unbehagliches Gefühl der Endgültigkeit voraus. Der Gedanke an die Ausgabe, an die Folgen des Kaufes, an die Schwierigkeiten, die mit dem Kauf und der Anwendung verbunden sind, die Angst, sich übereilt oder keinen vorteilhaften Kauf gemacht zu haben, von anderen kritisiert zu werden, sind ganz normale Gedanken und Gefühle, die sich in Letzten-Augenblick-Einwänden ausdrücken. Oft sind sie nur Wiederholungen eines Einwandes, den der Kunde früher schon gemacht hat. Das erleichtert die Widerlegung.

Die Wiederholung eines Einwandes kann natürlich auch eine Warnung sein: Als Zeichen dafür, dass der Verkäufer den Einwand nicht zufrieden stellend beantwortet hat, als er zum ersten Mal aufkam. Hier macht sich das Vertrauen, das Sie während des Gespräches bei Ihren Kunden gewonnen haben, bezahlt. Ein beruhigender Hinweis kann dann genügen.

Nicht selten aber ist ein Einwand dieser Art nur Schein und deutet den bevorstehenden Kaufentschluss an. Anstatt einen derartigen Einwand direkt zu beantworten, kann man oft eine indirekte Aufforderung zum Kauf anbringen und dadurch schnell zum Abschluss kommen. Beispiel: Kunde: *„Die Maschine ist trotz allem reichlich groß für die wenige Wäsche in unserem Haushalt."* Verkäufer: **„Sollen wir sie Ihnen morgen ins Haus schicken, damit Ihre Gattin sie ohne Verpflichtung ausprobieren kann?"**

Der richtige Zeitpunkt

2. Den **richtigen Zeitpunkt** für die Antwort zu wählen, ist viel wichtiger, als allgemein angenommen wird, und oft ebenso wichtig wie die Antwort selbst.

   Man kann antworten,

   a) **bevor** der Einwand ausgesprochen wurde,

   b) **sofort,**

   c) **später** und

   d) **niemals.**

   Für jede dieser 4 Möglichkeiten gibt es eine Vielzahl guter Gründe.

Vorher

   a) Vorher: Wenn man merkt, dass der Kunde sowieso einen bestimmten Einwand machen wird, kann es ratsam sein, ihm zuvorzukommen und ihn selbst aufzugreifen. Auf diese Weise braucht der Verkäufer nicht zu widersprechen. Das Risiko eines Wortstreits wird vermindert. Als Verkäufer haben Sie außerdem den Vorteil, die Formulierung des Vorwandes selbst zu wählen. Sie greifen dabei den Einwand zu einem Zeitpunkt auf, den Sie selbst bestimmen. Der Kunde merkt auch, dass Sie nicht versuchen, etwaige Nachteile zu vertuschen, sondern freimütig alles Für und Wider klarlegen. So schaffen Sie sich von Anfang an eine Vertrauensgrundlage. Außerdem verliert der vorweggenommene Einwand an „Gewicht", denn

Sie und nicht der Kunde haben ihn zuerst aufgegriffen. Außerdem gewinnen Sie noch eine Menge Zeit, wenn Sie einen Einwand selbst aussprechen und behandeln. Der Kunde fühlt, dass Sie sich in ihn und seine Reaktionen hineindenken können. Manchmal werden Sie diese Taktik auch benutzen, um Widerstände und Ansichten des Kunden hervorzulocken, die er sonst nicht äußern würde.

Ein geschickter Verkäufer lernt in kurzer Zeit die „üblichen" Einwände gegen sein Angebot kennen, und seine Kundenkenntnis sagt ihm rasch, welche Einwände er bei der Denkweise des Kunden zu erwarten hat. Damit dürfte auch die Frage beantwortet sein, ob der Verkäufer beim Problem 4 richtig gehandelt hat. Je mehr Einwände Sie voraussehen und in Ihre Darstellung „hineinpacken" können, desto besser. Haben Sie mitgezählt, wie viel Vorteile Ihnen diese „Vorgriff"-Methode gibt?

Sofort

b) Sofort: Sicherlich ist dies der gewöhnlichste Zeitpunkt; er sollte in allen Normalfällen angewendet werden.

Nachher

c) Nachher: Die Antwort aufzuschieben, ist in sieben Fällen die richtige Methode:

1. Wenn man den Einwand nicht zufrieden stellend beantworten kann. Altmann in Problem 5 handelte doch wohl richtig, indem er die Antwort aufschob. Die Antwort des technischen Sachverständigen hat ein stärkeres Gewicht als die des Verkäufers. Der Verkäufer zeigt mit diesem Vorgehen, dass er die Einwände nicht leichtfertig behandelt und erzielt damit ein Vertrauensplus.
2. Wenn eine unmittelbare Antwort den Verkaufsvorgang ungünstig beeinflussen könnte, d. h. den richtigen Aufbau des Verkaufsprozesses stören würde. Der Verkäufer muss sich das Recht vorbehalten, **den Zeitpunkt** seiner Antwort selbst zu bestimmen. Die Initiative dem Kunden zu überlassen, hieße sich einem Verhör auszusetzen.
3. Wenn man nicht unmittelbar widersprechen will, sei es, um den Kunden nicht zu verärgern, sei es, um nicht den Eindruck eines „Widerlegungsroboters" zu machen, sei es, um einen taktisch oder psychologisch günstigeren Augenblick abzuwarten.
4. Ein Einwand verliert an Bedeutung, je länger die Verhandlung fortschreitet.
5. Wenn man durch den Aufschub erhoffen darf, der Notwendigkeit einer Antwort entgehen zu können. Einige Einwände beantworten sich auch selbst nach einiger Zeit. Ausreden aus Geltungsbedürfnis oder schlechter Laune können oft vom Kunden selbst im Laufe der Unterhaltung als unbegründet oder unwe-

sentlich empfunden werden, sodass er eine Antwort nicht mehr erwartet, wenn der Verkäufer es versteht, den Zeitpunkt der Entgegnung aufzuschieben.

6. Ständig kommt es vor, dass Verkäufer „ihr Gesicht verlieren“ beim Versuch, eine Antwort auf einen Einwand zu geben, den sie im Augenblick nicht beantworten können. Eine übereilte, schlechte Antwort gefährdet den ganzen Verkauf, besonders wenn sie durch einen ernsthaften Einwand hervorgerufen wurde. Unkenntnis einzugestehen, kann vielleicht manchmal den Verkauf verzögern, erzeugt in der Regel aber Respekt vor der Zuverlässigkeit des Verkäufers. Das Risiko eines Misserfolges im Verkauf ist dabei geringer als bei einer schlecht durchdachten Antwort.
7. Wenn der Einwand des Kunden ganz aus dem Rahmen des Gesprächs fällt, einer Erklärung vorgreift, die der Verkäufer etwas später zu geben gedachte, oder der Kunde abseits liegende Gedankengänge anführt, ist es ratsam, die Antwort aufzuschieben. Es gibt Einwände, die überhaupt nicht richtig beantwortet werden können, bevor das Gespräch eine gewisse Entwicklungsstufe erreicht hat.

Waren dies nun sieben oder mehr Vorteile?

Niemals

d) Niemals: Es ist schon erwähnt worden, dass Ausreden, übellaunige Einwände und vor allem der allgemeine Kaufwiderstand zu Beginn des Besuches tunlichst übergangen werden. Das Gleiche gilt für Ablenkungsmanöver, Fallen und Bemerkungen, die nicht den Kern der Verhandlung berühren. Kommentare über Konkurrenten oder Geschäftsgeheimnisse lässt man sich auch nicht entlocken. Auch dort, wo der Kunde unbeschadet recht behalten kann, wird man einem Einwand nichts entgegnen.

12 taktische Ratschläge

3. Allgemeine taktische Ratschläge, **wie** Einwände beantwortet werden sollten:

Lokalisieren

a) **Lokalisieren Sie den Einwand genau,** bevor Sie antworten. Der wirkliche Einwand kann hinter einem Vorwand versteckt liegen. Auch ernsthaft vorgetragene Einwände können irreführend sein und den wirklichen Kaufwiderstand verbergen, den der Kunde nicht nennen will oder dessen er sich selbst nur dunkel bewusst ist. Wenige Kunden geben z. B. gern zu, dass sie nicht zu kaufen wagen, ohne die Zustimmung anderer Personen eingeholt zu haben. Deshalb schieben sie andere Gründe für ihre Unentschlossenheit vor. Man gibt auch nicht gern zu, dass man es sich zur Zeit nicht leisten kann, eine bestimmte Ware zu kaufen oder dass die Geschäfte schlecht gehen. Stattdessen sucht der Käufer mit der Lupe nach Mängeln oder Fehlern, um andere Einwände vorschieben zu können. Ein Einkäufer sagt auch nicht gern, dass er nicht befugt ist, eigenmächtig zu kaufen; stattdessen bemängelt er das Angebot. Ein anderer begründet seine Weigerung, beispielsweise einen Schreibcomputer zu kaufen, damit, dass er einen billigeren anderweitig kaufen kann, statt zuzugeben, dass seine tägliche Post nicht den Umfang hat, der einen solchen Einkauf rechtfertigt.

Warum

Man ist also oft gezwungen, einen Einwand genau zu erforschen, bevor man antwortet. Einige Verkaufsexperten behaupten, wahrscheinlich mit Recht, dass beinahe jeder Einwand nur eine Tarnung für einen anderen Einwand ist. Die einfachste Art, den wirklichen Einwand zu lokalisieren und überhaupt Aufschlüsse über die Hintergründe der Äußerungen und Reaktionen des Kunden zu bekommen, ist, eine einfache Frage „Warum?" (z. B.: *„Warum finden Sie, dass es sich so verhält?"*). Man darf nur nicht aggressiv dabei werden. Je weniger wirkliche Gründe der Kunde für seine Ansicht hat, desto schwerer fällt ihm die Antwort. Je mehr Aufschlüsse er Ihnen gibt, desto richtiger wird Ihre Erwiderung. Gegenfragen helfen Ihnen immer, mehr über die Hintergründe von Einwänden zu erfahren. Es gibt geschickte Verkäufer, die eine Einwandfrage prinzipiell erst mit einer Gegenfrage beantworten. Sie gewinnen Zeit zur Überlegung und größere Sicherheit für eine Entgegnung.

b) **Antworten Sie immer ruhig und freundlich!** Gereizte Antworten sagen dem Kunden, dass der Einwand Sie belastet, und schon wird es schwieriger, ihn zu überzeugen. Eine unbeschwerte Art, eine entspannte Haltung, ein Lächeln, eine klare und überzeugende Stimme haben gerade bei schwierigen Einwänden eine stark beeinflussende Wirkung.

c) **Widersprechen Sie einem Kunden niemals direkt!** Auch wenn er noch so Unrecht hat – durch Ihren Widerspruch wird er bestimmt nicht überzeugt. Versuchen Sie deshalb, seinen Einwand „aufzufangen" und indirekt zu behandeln.

d) **Respektieren Sie die Ansichten des Kunden,** auch wenn sie „falsch" sind und von Ihnen nicht geteilt werden.

e) **Geben Sie dem Kunden häufiger Recht.** Viele Einwände entspringen dem Geltungsbedürfnis und dienen der Stärkung des Prestiges des Kunden und sind nicht immer entscheidend für den Kaufentschluss.

f) **Seien Sie zurückhaltend mit persönlichen Urteilen** („Ich würde an Ihrer Stelle ...", „Ich verwende das selbst"), wenn der Kunde sie nicht verlangt oder Sie nicht offen als für ihn maßgeblichen Ratgeber und Fachmann anerkennt.

g) **Bringen Sie Ihre Erwiderung in konzentrierter Form vor!** Zerreden Sie Ihre Ansichten nicht. Der Kunde wird leicht durch eine allzu ausgedehnte und umständliche Entgegnung zum Widerspruch gereizt. Je weiter Sie ausholen, desto mehr Blößen geben Sie sich.

Wirkung kontrollieren

h) **Kontrollieren Sie,** z. B. durch vorsichtige Fragen, **ob der Kunde Ihre Antwort anerkennt.** Geben Sie nicht nach, bevor Sie sicher sind, dass es Ihnen wirklich geglückt ist, seinen Einwand zu entkräften. Gehen Sie auch nicht wie die Katze um den heißen Brei. Fragen Sie im geeigneten Fall ruhig geradeheraus, ob der Kunde mit Ihrer Antwort zufrieden ist. Dann haben Sie eine Garantie dafür, dass Ihre Erwiderung ihren Zweck erfüllt hat.

i) Verweilen Sie nicht länger beim Einwand, als Punkt g) erfordert. Wechseln Sie den Gesprächsstoff, und **treiben Sie die Verhandlung vorwärts!**

k) **Lernen Sie Ihre Ware und deren Einsatz (noch) besser kennen.**

l) **Lernen Sie Ihre Kunden (noch) besser kennen.**

m) **Bereiten Sie sich (noch) eingehender auf alle erdenklichen Einwände vor.**

16 darstellungstechnische Methoden

Wie soll Einwänden darstellungstechnisch begegnet werden?

Die Präventivmethode

1. Die Präventivmethode oder vorbeugende Darstellung. Sie bedeutet, dass Sie Ihr Gespräch so aufbauen, dass der Kunde überhaupt nicht zu Einwänden kommt, weil ihm kein Anlass dazu gegeben wird. Besonders aggressive Verkäufer sind in ihrer Argumentation zu hart und reizen den Kunden zum Widerspruch. Vielen Einwänden können Sie entgehen, indem Sie ein Verkaufsargument in eine Vielzahl von Teilargumenten aufteilen und sie außerdem in Frageform vortragen. Nach jedem Punkt vergewissern Sie sich, ob der Kunde ihn akzeptiert hat. So „dosieren" Sie die Argumentation. Setzen Sie eher zu wenig als zu viel als selbstverständlich in Bezug auf positive Einstellung und Sachkenntnis voraus.

   Viele für Sie selbstverständliche Tatsachen sind für den Kunden lose Behauptungen. Also den Kunden langsam und vorsichtig in

Ihren Gedankengang einführen und Ihre Argumente beweisen! Auch das Tempo der Darstellung hat seine Bedeutung und Ihre Art, die Ausführungen dem Aufnahmevermögen des Kunden anzupassen.

Es ist klar, dass der Verkaufsleiter in Problem 3 den bewussten Verkäufer vor allem in der vorbeugenden Methode unterwies, um die ungewöhnlich hohe Zahl von Einwänden zu vermindern.

Die Ja-und-Methode

2. **Die „Ja, ... und-Methode".** Man stimmt zuerst dem Kunden zu. Damit wird das Widerspruchsbedürfnis des Kunden entwaffnet, und er wird für die Gegenargumente aufnahmebereiter. Beispiel: *„Sie haben völlig Recht, dass ein leichtes Gewicht den Erschütterungswiderstand vermindert, ..."* Durch allzu häufigen Gebrauch fängt andererseits die bisher gebräuchliche „Ja, ... aber-Methode" an, unwirksam zu werden. Das Wort „aber" wird ein Warnungssignal für den Kunden (*„Aha,* ***jetzt*** *kommt das, was der Verkäufer wirklich sagen will"*). Vermeiden Sie das „aber". Die Antwort wird dadurch annehmbarer. Beispiel: *„Es ist völlig richtig, dass leichtes Gewicht den Erschütterungswiderstand vermindert. Und deshalb ist die Frage, um wie viel? Und außerdem – wie wirkt sich diese Verminderung auf die Stabilität aus? Hier liegen die Ergebnisse sehr kritischer Untersuchungen aus der Praxis vor, die vorher auch vom ... Institut der Technischen Hochschule in ... gemacht worden sind."* Also Änderung von „aber" in „und". Das Kundenargument wird akzeptiert und weiterentwickelt.

Die Bumerangmethode

3. **Die Bumerangmethode.** Viele Einwände sind im Gegensatz zu der Annahme des Kunden direkt oder indirekt ein Vorteil für das Angebot und können Ausgangspunkt einer Beweisführung in diesem Sinne sein.

   Geben Sie dem Gesprächspartner einen solchen Einwand unmittelbar zurück: *„Es ist doch unnötig, eine Vollkaskoversicherung für das Auto abzuschließen. Ich fahre so wenig, dass mir kaum etwas passiert." – „Gut, dass Sie das erwähnen.* ***Gerade deshalb wollte ich Ihnen eine Vollkaskoversicherung vorschlagen.*** *Die Prämie vermindert sich um 10 % für jedes schadenfreie Jahr. Je vorsichtiger man fährt, desto mehr lohnt sich eine solche Versicherung, die Sie gegen empfindliche Reparaturkosten schützt, falls der Wagen einen größeren Schaden bekommen sollte. Und ein Schaden kann ja ohne eigenes Verschulden eintreten, nicht wahr?" – „Ja, das ist klar. Aber wenn der Wagen draufgeht, reicht doch die gewöhnliche Versicherung aus." – „Gewiss, doch* ***auch dieser Gesichtspunkt spricht für eine Vollkaskoversicherung,*** *denn es passiert ja glücklicherweise sehr selten, dass ein Wagen bei einem Zusammenstoß oder beim Abrutschen auf vereister Straße vollständig zerstört wird. Bei einer Vollkaskoversicherung werden eben, wie Sie wissen, alle entstehenden Kosten bezahlt."*

4. **Die Verzögerungsmethode.** Hierbei verschiebt der Verkäufer seine Antwort auf einen geeigneten Zeitpunkt, um eine treffendere Antwort geben zu können. Schon ein paar Sekunden oder Minuten Zeitgewinn können wertvoll sein. Der Verkäufer kann wiederholen, was der Kunde gesagt hat und sich vergewissern, dass er den Einwand richtig aufgefasst hat. Auch kann er den Kunden bitten, deutlicher zu werden, Beispiele anzuführen, seinen Einwand näher zu begründen. Weiterhin kann der Verkäufer den Einwand in seine verschiedenen Bestandteile zerlegen und mit dem Kunden darüber reden. Wenn der Kunde auf diese Weise veranlasst wird, seinen Einwand konkret zu durchdenken, wird ihm vielleicht klar, dass dieser unberechtigt war und er zieht seine Bedenken zurück. Schließlich kann der Verkäufer sich durchaus auch ein paar Minuten Bedenkzeit erbitten. *„Lassen Sie mich einen Augenblick darüber nachdenken und dann antworten"* deutet auf einen seriösen Verkäufer hin.

Die Verzögerungsmethode

5. **Zustimmung plus Ausgleich.** Die Richtigkeit völlig berechtigter Einwände zu bestreiten, ist kurzsichtig und ausgeprägter „Hochdruckverkauf". Der Verkäufer gewinnt mehr dadurch, dem Kunden Recht zu geben, gegebenenfalls die praktische Bedeutung des Nachteils einzuschränken oder ausgleichende Vorteile herauszustellen. Wichtig ist nur, dass er nicht „sprachlos" dasteht.

Zustimmung plus Ausgleich

6. **Die Wiederholungs- und Milderungstaktik** (auch Umformulierungsmethode). Es ist schwer, einer unsachlichen und übertriebenen Behauptung zu begegnen. Man kann diese Schwierigkeit vermindern, wenn man den Einwand in gemilderter Form wiederholt und ihn dann beantwortet oder vielleicht nur umformuliert. Beispiel: *„Haben Sie die Preise schon wieder erhöht? Es ist unglaublich, wie teuer Ihre Sachen geworden sind."* – *„Ja, Sie haben schon Recht, der Preis liegt höher als vor einem Jahr, und darüber sind Sie nicht gerade erbaut ..."* – *„Nein, bestimmt nicht!"* Danach dürfte es leichter sein, den Einwand in der neuen Fassung zu beantworten. Allein die Umformulierung eines Einwandes *„Die sind mir viel zu teuer!"*, z. B. in *„Sie meinen, dass die Werkzeuge nicht gerade billig sind?"*, vom Kunden als zutreffend bestätigt, erleichtert die Entgegnung.

   Ein sehr geschickter Verkäufer von Dienstleistungen formuliert konsequent jeden Einwand um in *„Sie fragen sich, ob wirklich ... ?"* und nach Bestätigung seitens des Kunden beantwortet er den in eine Frage verwandelten Einwand.

Einwände dämpfen

7. **Bedingte Zustimmung.** Zum Beispiel Kunde und Anzeigenvertreter Werner: *„Ich halte nicht viel von Werbung"* – *„In gewissem Sinne tue ich das auch nicht, denn sie ist alles andere als eine Patentmedizin. Und Sie haben ganz Recht mit Ihrer Skepsis. Für die Werbung ist schon viel falsche*

Bedingte Zustimmung

Werbung gemacht worden. Nur bei einer nüchternen Planung, die drei wesentliche Unsicherheitsfaktoren so weit wie möglich ausschaltet, kann sie eine Umsatzsteigerung bringen, nämlich ... "

Diese Antwort hat eine größere Chance, Kontakt mit dem Kunden herzustellen, als die sonst nahe liegende Entgegnung: „*Das kann man doch wohl pauschal so nicht behaupten. Die Werbung hat doch schon sehr viel zuwege gebracht*" – eine Antwort, die bestenfalls zu weiteren subjektiven Einwänden führt („*Jedenfalls ist sie für mich wertlos*"). Hingegen ist die zitierte Antwort entwaffnend und dürfte auch die Neugier des Kunden fördern, denn – dass ein Anzeigenvertreter die begrenzten Möglichkeiten der Werbung zugibt, dürfte der Kunde nicht erwartet haben. Außerdem wird es ihn wohl interessieren, zu erfahren, welche drei Unsicherheitsfaktoren der Verkäufer meint.

Manchmal sollten Sie noch weiter gehen und dem Kunden endgültig oder vorübergehend einfach Recht geben.

Die vorwegnehmende Methode

8. **Die vorwegnehmende Methode.** Die Nützlichkeit dieser Methode ist schon früher angedeutet worden. Ein Einwand, dessen Anwendung durch den Kunden man mit Sicherheit voraussehen kann, wird entscheidend dadurch abgeschwächt, dass der Verkäufer ihn von sich aus aufgreift und in die Kette seiner Darstellung einfügt.

   Beispielsweise sagt der Verkäufer nach einer Beschreibung der Ware: „*Nun könnte man natürlich glauben, dass der Druck, der sich in einem Druckkocher ansammelt, ein gewisses Risiko darstellt, aber durch dieses Sicherheitsventil ...*" Der Verkäufer weiß, dass viele Leute diese Explosionsgefahr fürchten, und findet es deshalb zweckmäßig, diesem Einwand zuvorzukommen. Gewiss soll man keine Befürchtungen erwecken, die gar nicht existieren. Aber, auch wenn der Kunde sie nicht empfinden sollte – vielleicht wird seine Umgebung sie ihm eingeben.

   Ein anderes Beispiel: „*Ich weiß, dass Sie während der letzten Jahre immer mit dem Material X gearbeitet haben* (bevor der Kunde dies zum Haupteinwand machen kann), *deshalb geht mein Vorschlag darauf aus ... Diese Verbindung konnte bisher nicht zum Schmelzen verwendet werden. Sie werden sich fragen, wie wir es fertig bringen. Es ist inzwischen gelungen, durch Zusatz von ...*"

Zusammenfassung

9. **Zusammenfassung mehrerer Einwände.** Die Wirkung mehrerer Einwände wird abgeschwächt, wenn diese „in einem Schwung" behandelt werden, d. h., wenn man sie in einem Satz zusammenfasst. Der Verkäufer in Problem 4 hat diese und die achte Methode angewendet und beim Kunden Vertrauen gewonnen.

Unsinnigkeitsbeweis

10. **Der Unsinnigkeitsbeweis.** Wenn man alle Folgen eines Einwandes in ihrer ganzen Reichweite aufzeigt, kann man den Kunden dazu be-

wegen, die Unsinnigkeit des Einwandes einzusehen. Beispiel: *„Sie finden es schwierig"*, sagte der Verkäufer zu einem Einzelhändler, *„Ihren Kunden eine wirkliche Qualitätsware zu verkaufen. Das würde bedeuten, dass die Kunden in einem Geschäft, das zu den ersten der Stadt gehört, eher eine weniger gute Ware angeboten bekämen als eine, deren Haltbarkeit erwiesenermaßen bedeutend größer ist. Und so würden Ihre Kunden in ein zweitrangiges Geschäft gehen müssen, um eine erstrangige Ware zu bekommen."*

Die angenommene Voraussetzung

11. **Annahme der Voraussetzung.** Besonders bei subjektiven Einwänden, die schwer zu erwidern sind, kann es vorteilhaft sein, auf eine Erwiderung zu verzichten und den Einwand des Kunden als eine gegebene Voraussetzung zu akzeptieren, wenn hierdurch die Vorteilhaftigkeit des Angebots nicht ernstlich verändert wird. Beispiel: *„Angenommen, Ihre Befürchtungen würden zutreffen, so ist diese Maschine trotzdem das Geld wert, da sie ..."* Ein bekannter französischer Anzeigenvertreter und Verkaufsfachmann benutzt folgende Version: *„Nehmen wir einmal an, dieses Problem sei zu lösen ..."* – er ersucht also den Kunden um die Annahme seiner Voraussetzung!

12. **Die Analogiemethode.** Einem Einwand kann man oft besser begegnen, wenn man einen Vergleich zieht, anstatt direkt zu erwidern. Man kann Vergleiche aus Gebieten, die dem Kunden vertraut sind, heranziehen oder Parallelfälle anführen, die aus dem eigenen Erfahrungskreis des Kunden stammen. Zum Beispiel beim Kauf von Schreibcomputern: *„Als Sie daran dachten, sich die Haustelefonanlage* (die auf dem Schreibtisch des Kunden steht) *anzuschaffen, fanden Sie zuerst sicher auch, dass Sie sich das nicht leisten könnten."*

    Man kann auch Fälle aus der eigenen Verkaufserfahrung anführen, die den Problemen des Kunden entsprechen. Beispiel: *„Genau die gleichen Bedenken hatte die Firma X, als sie die Installation der Leuchtröhren in ihrem Zeichenbüro erwog. Sie bedachten dann ..."*

Hinhaltende Verteidigung

13. **„Hinhaltende Verteidigung".** Wenn der Kunde den Verkäufer mit einer Reihe von Einwänden in gereiztem und abweisendem Ton förmlich bombardiert, ist es meist besser, nicht direkt zu antworten, sondern nur darauf bedacht zu sein, das Gespräch in Gang zu halten. Wenn der Kunde später auf seine Einwände zurückkommt, haben sie sicherlich an Zahl und Stärke verloren.

14. **Die Fragemethode** birgt das geringste Risiko für eine unangenehme Diskussion. Diese Methode zielt darauf ab, dass der Verkäufer nicht antwortet, sondern Fragen an den Kunden richtet, damit dieser seine eigenen Einwände selbst beantwortet. Ein Kunde für Lastkraftwagen z. B. sagt: *„Ich brauche keinen so großen Wagen. Das kleine Modell der*

Firma X reicht durchaus." Das Übliche wäre, wenn der Verkäufer in dieser Situation dem Kunden zu beweisen versuchte, dass er doch den größeren Wagen braucht.

Die Fragemethode entwickelt die Situation (vereinfacht und zusammengedrängt) folgendermaßen:

V.: „*Wie groß ist Ihre durchschnittlich zu transportierende Last?*"

K.: „*Schwer zu sagen, aber ungefähr zwei Tonnen.*"

V.: „*Manchmal mehr und manchmal weniger, nicht wahr?*"

K.: „*Jawohl.*"

V.: „*Die Beanspruchung des Wagens ist teils abhängig von der Last, teils von der Straßenbeschaffenheit und dem Gelände?*"

K.: „*Sicher, aber immerhin ...*"

V.: „*Wird die Belastung des Wagens nicht in bergiger Landschaft und im Winter größer sein als unter guten Bedingungen?*"

K.: „*Ja, schon.*"

V.: „*Haben Sie mehr Fahrten im Winterhalbjahr als in den Sommermonaten?*"

K.: „*Viel mehr. Im Sommer ist das Geschäft ziemlich ruhig.*"

V.: „*Kann man sagen, dass Ihr Fahrzeug mit einer Durchschnittslast von zwei Tonnen, die auch manchmal mehr werden kann, unter solchen Verhältnissen eigentlich mehr beansprucht wird?*"

K.: „*Ja, das ist richtig.*"

V.: „*Und das also während der Hauptbelastungszeit, nicht wahr?*"

K.: „*Ja, im Winter.*"

V.: „*Müssten Sie dann nicht der Wagenstärke etwas Spielraum geben?*"

K.: „*Wieso?*"

V.: „*Was entscheidet nach Ihrer Meinung den Wert eines Lastkraftwagens auf längere Sicht?*"

K.: „*Wie lange er hält, natürlich.*"

V.: „*Von welchem Fahrzeug kann man erwarten, dass es länger hält, von einem mit Kraftüberschuss, also einem, das niemals überbeansprucht zu werden braucht, oder einem, das ständig mit Höchstbelastung fahren muss und bei dem man immer die Höchstbelastung des Motors ausnützen muss?*"

K.: „*Von dem größeren.*"

V.: „*Ist die Entscheidung, die Sie zu treffen haben, nicht vor allem eine Frage der Lebensdauer?*"

K.: „*Ja, Lebensdauer im Verhältnis zum Kaufpreis.*"

V.: „*Wie hoch der sich stellt, können Sie selbst mit Hilfe dieser Untersuchung ausrechnen, nicht wahr?*"

K.: *„Das könnten wir ja mal machen."*

V.: *„Also, zu welchem Ergebnis kommen Sie?"*

Der Kunde rechnet und bespricht die Zahlen mit dem Verkäufer, der ganz darauf verzichtet, Einwänden zu begegnen, es sei denn mit der Fragemethode. Das Ende der Unterhaltung ist:

K.: *„Welche Folgerungen können Sie aus dieser Berechnung ziehen?"* –

V.: *„Dass ich für einen Mehraufwand von 4.400 Euro eine erhöhte Lebensdauer von 2 Jahren bekommen würde."*

Der Verkäufer hat durchweg den **Kunden selbst** seine eigenen Einwände beantworten lassen (siehe auch Kapitel 18).

Zeugenaussagen

15. **Zeugenaussagen.** Der Kunde vertraut am meisten seinem eigenen Urteil. Nach sich selbst traut er am meisten einem ihm bekannten, urteilsfähigen Dritten. Derjenige, dem er aus subjektiven Gründen am wenigsten glaubt, ist der Verkäufer! Sie haben gesehen, wie der Verkäufer den Kunden selbst auf seine eigenen Einwände antworten lassen kann. Die nächstbeste Methode ist oft, das Zeugnis anderer anzuführen. Wenn vom Kunden ein Einwand kommt, kann der Verkäufer antworten: *„Ist Ihnen die Firma X bekannt? Kennen Sie Herrn Direktor Müller oder den leitenden Ingenieur der Fabrik? Würde Sie deren Urteil interessieren?* (Nach Erhalt einer bestätigenden Antwort:) *Herr Pilz! Im vorigen Jahr war die Firma X in einer gleichartigen Situation. Herr Müller erklärte damals ... Vielleicht ziehen Sie es vor, mit ihm selbst zu sprechen?"*

Bei einer solchen Darstellung kann es zu keiner Auseinandersetzung zwischen dem Verkäufer und dem Kunden kommen. Der Verkäufer berichtet nur, was andere sagen. **Das A und O dieser Methode ist die Auswahl der Zeugen.** Bevor also der Verkäufer schildert, was ein anderes Unternehmen gesagt oder getan hat, sollte er sich zweckmäßigerweise durch ein paar Fragen darüber unterrichten, wen der Kunde als Zeugen anerkennt. Eine andere Bedingung ist unbedingte Ehrlichkeit. Eine dritte, die Wahrung von Geschäftsgeheimnissen und allgemeiner Verschwiegenheit. **Der Verkäufer soll den Kunden zur Kontrolle seiner Angaben auffordern** und möglichst auch den Kontakt mit der Referenz vermitteln. Hierdurch bekommt der Kunde den Eindruck unbedingter Zuverlässigkeit, und dem Verkäufer ist es möglich, die Initiative im Verkaufsgespräch zu behalten und weiter zu verhandeln.

Jede weitsichtige Verkaufsorganisation wird ihren Verkäufern wertvolle Kundenäußerungen zukommen lassen bzw. sie anfordern. Jeder weitsichtige Verkäufer wird seinerseits Kundenaussagen sammeln und zu einer Referenzliste zusammenstellen. Weshalb sollte er auf eine Erleichterung seiner Arbeit verzichten?

Die qualifizierte Gegenfrage: „Was würden Sie … „

16. **Die qualifizierte Gegenfrage.** Manchmal nutzen keine, auch noch so gute, Entgegnungen. Der Kunde will nicht überzeugt werden. Oder man redet aneinander vorbei. Das Gesprächsklima kann ungünstig (geworden) sein. Da hilft häufig die qualifizierte Gegenfrage: *„Was würde Sie denn überzeugen?“* Oder auch: *„Was würden Sie selbst darauf antworten?“* Hierdurch wird der Verkäufer auch von der dauernden Last der Verteidigung befreit.

Wenn Sie einen Einwand erledigt haben, verweilen Sie nicht dabei. Das kann zu weiteren Gegenäußerungen reizen. Und außerdem wollen Sie ja nach dem Hindernis so schnell wie möglich Ihr Verkaufsziel verfolgen.

!

Jetzt können Sie wohl die vier einleitenden Fragen beantworten und die fünf Verkaufsprobleme lösen?

VERKAUF OHNE EINWÄNDE GIBT ES NICHT. WIEGEN SIE SICH NICHT IN FALSCHER SICHERHEIT, WENN DER KUNDE KEINE EINWÄNDE MACHT! WENN SIE WISSEN, WANN, WAS UND WIE SIE AM BESTEN ANTWORTEN, KÖNNEN SIE DIE HINDERNISSE AUF DEM WEG ZUM VERKAUF NEHMEN. ABER NUR, WENN SIE SIE „IM SCHLAF“ BEHERRSCHEN. DAS ERFORDERT WISSEN UND TRAINING.

Kapitel 11

Aller Anfang ist schwer – Wie man sich Zutritt verschafft

Können Sie diese vier Fragen beantworten?

1. In welchen Fällen sollten Sie Ihren Besuch vorher anmelden, und wann können Sie Kunden unangemeldet besuchen?
2. Was bedeutet die Alternativtechnik bei der Verabredung einer geeigneten Besuchszeit?
3. Wie können Sie vermeiden, im Korridor empfangen zu werden?
4. Wen sollte der Verkäufer bei einem Erstbesuch aufsuchen, den namentlichen oder den wirklichen Einkäufer?

Können Sie diese fünf Probleme lösen?

? 1

Hans Linke, ehemaliger Angestellter im Hauptbüro einer Chemikalienfabrik, ist Verkäufer geworden und besucht nun den Großhandel. Linke hat früher viel Verständnis für den Verkauf gezeigt, er besitzt ausgezeichnete Warenkenntnisse, und jedes Mal, wenn ihn der Chef zu Kundenbesuchen mitgenommen hat, hat er ein wendiges Auftreten an den Tag gelegt. Immer mehr ist es Linke gelungen, Verkaufsaufgaben bei diesen Besuchen zu lösen, sodass man ihn schließlich auch allein reisen lässt. Um so größer ist die Verwunderung, als Linke nach einigen Wochen selbstständiger Verkaufstätigkeit noch keinerlei Ergebnisse erzielt hat. Daraufhin entschließt sich der Chef, Linke bei einigen Besuchen zu begleiten, um die Gründe für das Versagen zu erfahren. Sofort aber werden wieder gute Abschlüsse gemacht. Doch danach beginnt die Strähne der Misserfolge von neuem ...

Was kann hier vorliegen? Weshalb dieser Unterschied in den Ergebnissen?

? 2

Als Verkaufsingenieur bemüht sich Köhler um den Absatz von Dieselmotoren. In einer Provinzstadt besucht er sechs Industriefirmen, von denen vier klar heraus sagen, dass sie nicht interessiert sind, bevor Köhler überhaupt Gelegenheit hatte, sein eigentliches Verkaufsgespräch zu beginnen. Er schreibt sie als mögliche Kunden ab und konzentriert seine Tätigkeit auf die beiden anderen Personen, die ihm Gelegenheit geben, sein Angebot anzubringen und zu erläutern. In der Verkäuferbesprechung behandelt der Verkaufsdirektor diese beiden Fälle und bemängelt, dass Köhler die vier anderen Möglichkeiten allzu leichtfertig aufgegeben hat.

Mit Recht? Hätten Sie auch so gehandelt?

? 3

Versicherungsinspektor Klein hat mit seinen Besuchen bei der Aktiengesellschaft X großes Pech. Stets ist der Verwaltungsdirektor entweder außer Haus oder in einer Konferenz. Sechs Besuche hat er deshalb schon vergeblich gemacht. Klein aber ist hartnäckig entschlossen, seine Besuche so lange zu wiederholen, bis er Erfolg hat. Seinen Besuch schriftlich oder telefonisch anzumelden, hält Klein nicht für richtig, da er Absagen befürchtet.

Sie auch? Welche Lösung hätten Sie Klein sonst vorzuschlagen?

? 4

In der Verkäuferbesprechung berichtet einer der Vertreter der Lebensmittelfabrik Y, dass er dann und wann auf Kunden stößt, die ihn im Korridor empfangen, ihn fragen, worum es sich handle und ihm nicht die Möglichkeit geben, die Unterhaltung im Büro fortzusetzen. Natürlich möchte er gern dort eintreten, doch der Kunde sagt dann häufig, er habe keine Zeit, und bittet, den nächsten Besuch vorher telefonisch zu vereinbaren. Deshalb fragt sich der Vertreter, ob er darauf bestehen sollte, sein Anliegen im Büro vorzubringen, ob er im Korridor, sozusagen zwischen Tür und Angel, sein Angebot unterbreiten oder ob er wiederkommen soll.

Haben Sie irgendeine Methode, um nicht zwischen Tür und Angel empfangen zu werden?

? 5

„Ich weiß nicht recht, was ich machen soll", erklärt Vertreter Baumgarten, „denn gelegentlich passiert es mir, dass ich, bevor ich richtig begonnen habe, vom Kunden zu hören bekomme: ‚Machen Sie mir ein schriftliches Angebot, ich werde es mir ansehen.'" Baumgarten verkauft Baumaterial an große Bauunternehmer.

Schaltet die Antwort des Kunden nicht eine Verkäufertätigkeit weitgehend aus? Würden Sie ihr zuvorkommen, oder wissen Sie eine andere Lösung?

Wenn der Verkäufer bei seinen Besuchen nur geöffneten Türen, einem einladenden Empfang und bereitgehaltenen Kugelschreibern zum Unterschreiben des Auftrages begegnen würde, wäre der Beruf wirklich so leicht und lohnend, wie sich das Außenstehende gelegentlich vorstellen. Normalerweise beginnt das Verkaufsgespräch aber erst, wenn der Kunde schon einmal „Nein“ gesagt hat. Und manchmal geschieht dies schon an der Tür oder am Telefon. Viele Kunden sind bei der ersten Fühlungnahme an Ihrem Angebot gar nicht interessiert, müssen also erst interessiert werden (vergl. Kap. 8).

Wenn der Kunde nicht interessiert ist

Der Verkaufsingenieur Köhler in Problem 2 kann nicht mit Erfolgen rechnen, wenn er alle Kunden abschreibt, die sagen, sie seien uninteressiert. In manchen Branchen wird der Verkäufer in beinahe jedem Falle mit einem solchen Bescheid empfangen (ebenso wie es in manchen anderen Wirtschaftszweigen keine Schwierigkeiten für den Verkäufer gibt, sein Anliegen wenigstens vorzubringen). Wenn der Kunde sich als desinteressiert erklärt oder der Verkäufer nicht vorgelassen wird, beginnt erst seine eigentliche Arbeit. Der Kunde wäre ja sonst von selbst an den Verkäufer herangetreten oder hätte aus eigenem Antrieb eine Bestellung aufgegeben. Mangelndes Interesse zu Beginn eines Verkaufsgespräches darf den Verkäufer nicht veranlassen aufzugeben.

Ein Kollege wies daher auch darauf hin, dass Köhler entweder diesen Einwand des Kunden überhören oder einfach antworten könne: *„Das habe ich auch nicht erwartet. Weshalb sollten Sie auch? Ich habe hier aber einige Aufzeichnungen, die Ihnen in wenigen Minuten Gelegenheit geben, festzustellen, was Ihnen der Einbau dieser Motoren einbringen wird.“* Mit diesen Worten wird ein ernster, unausgesprochener Einwand dem Kunden vorweggenommen: Zeitmangel! Kunden sind oft gehetzte Menschen, und es wird ihnen von redseligen Verkäufern viel Zeit gestohlen. Deshalb ist es vielfach schwierig, vorgelassen und angehört zu werden. Wenn es gelingt, den Kunden zu überzeugen, dass das Anliegen wenig Zeit beansprucht oder zumindest, dass der Kunde in wenigen Minuten feststellen kann, ob das Angebot ihn interessiert, kommt man einen großen Schritt vorwärts.

Wie man die Verkaufsleistung steigert

Die Fähigkeit, sich Zutritt zu verschaffen, ist eine Voraussetzung für erfolgreiche Verkäufertätigkeit. Streng genommen gibt es für einen geschickten Verkäufer mit einer verkäuflichen Ware nur zwei Möglichkeiten, den Umsatz zu erhöhen:

MEHR NEUE KUNDEN BEARBEITEN ODER VORHANDENE KUNDEN HÄUFIGER BESUCHEN UND ZUM KAUF BEWEGEN!

Um das zu ermöglichen, muss die Verkaufsorganisation den Verkäufer weitgehend von auszufüllenden Formularen, Berichten und ähnlichem

„Papierkrieg", aber auch Laptop-Auszügen während der Kundenbesuchszeit zu befreien, damit er die Arbeitszeit wirklich ausnutzen kann. Der Verkäufer selbst sollte unbedingt darauf achten, jede „unproduktive" Tätigkeit nur außerhalb der Kundenbesuchszeit durchzuführen. Der erste Schritt für eine erfolgreiche Verkaufstätigkeit ist, die Verkaufszeit maximal auszunützen. Sie beträgt selten mehr als ein Zehntel der etwa 200 Tage oder 1.600 Arbeitsstunden, die pro Jahr zur Verfügung stehen. Diese aktive Zeit zu erweitern (mehr **aktive Verkaufszeit**) und sie wirkungsvoller für eigentliche Verhandlungen auszunützen (**produktive Verkaufszeit**), ist eine vorrangige Planungsaufgabe für Mehrverkauf

Der zweite Schritt ist, eine geeignete Technik zu entwickeln, um bei mehr Kunden vorgelassen zu werden.

Aktive Verkaufszeit

Ein Ziel des Verkäufers sollte sein, die Zeit für den einzelnen Kundenbesuch zu verkürzen. Verkäufer der verschiedensten Branchen haben bestätigt, dass es durchaus möglich ist, die Besuchszeit pro Kunde zu verkürzen, ohne dass die Ergebnisse schlechter werden; im Gegenteil, durch die stärkere Konzentration werden sie besser. Die Zeit ist vorbei, in der Hin- und Hergerede, Schönwettergespräche oder zweitrangige Themen ein „Hilfsmittel" des Verkäufers waren. Beschäftigte Kunden - und wer gehört nicht dazu? - sind dankbar, Verkäufern zu begegnen, die sich kurz fassen. Alles in allem: Mehr Zeit für wirkliche Besuchsarbeit, weniger unproduktive Arbeit und Verkürzung der Besuchszeit pro Kunde ermöglichen mehr Kundenkontakte und damit in der Regel bessere Geschäfte - **oft ohne Erhöhung des Arbeitseinsatzes.**

Fünf Gebote

Bei einem Kundenbesuch ist Ihr wichtigstes Problem, wie Sie dem Kunden schnellstens zu verstehen geben können:

1. dass Sie ein wichtiges Anliegen haben,
2. dass Sie sich zum richtigen Zeitpunkt an die richtige Person wenden,
3. dass Ihr Besuch kurz sein wird und,
4. dass er keinerlei Verpflichtungen oder Hochdruckbeeinflussung für den Kunden bedeutet.

Linke in Problem 1 gelang es bei Alleinbesuchen nicht, vorgelassen zu werden, daher konnte er nur verkaufen, wenn sein Chef ihm Zutritt beim Kunden verschaffte.

Die eigene Überzeugung

Erste Voraussetzung ist: Wenn Sie den Kunden von der Wichtigkeit Ihres Anliegens überzeugen wollen, müssen Sie selbst vom Wert Ihres Angebotes überzeugt sein! Sie selbst müssen fühlen und wissen, dass Sie dem Kunden durch Ihren Besuch einen Dienst erweisen, und nicht erwarten, dass er Sie irgendwie begünstigen oder bevorzugen soll. Können Sie das nicht, so stimmt etwas nicht: entweder das Angebot, die Wahl des Kunden oder Ihre Verkaufsmethode. Und weiter: Gewöhnen Sie sich daran, die Dinge immer mit den Augen des Kunden zu sehen. Fragen Sie sich: *„Wie muss das Angebot sein und wie muss es vorgetragen werden, damit es mich als Kunden interessieren könnte?“* Die Antwort auf diese Frage gibt Ihnen den Lösungshinweis.

Es ist kein „Hochdruckverkauf“, wenn Sie mit Nachdruck bei einem uninteressierten Kunden versuchen, vorgelassen zu werden - solange Sie davon überzeugt sind, dass Ihr Besuch wirklich den Interessen des Kunden förderlich ist. Lassen Sie sich nicht durch einen unfreundlichen Empfang verstimmen, und denken Sie daran, dass viele Ihrer Kunden überhaupt nicht mehr zur eigentlichen Arbeit kämen, würden sie alle Verkäufer empfangen und anhören. Es gibt zahllose Beispiele lohnender Geschäftsverbindungen, die erst zustande kamen, nachdem der Verkäufer sich längere Zeit anstrengen musste, auch nur zu einem Gespräch mit dem Kunden zu kommen.

Soll ich unangemeldet kommen?

Die Frage vor einem Kundenbesuch ist oft: Soll ich meinen Besuch vorher ankündigen oder unangemeldet kommen? Allgemeine Regeln sind schwer aufzustellen. Falls Sie Ihren Besuch anmelden können, ohne das Risiko zu erhöhen, nicht empfangen zu werden, oder einem massiven Kaufwiderstand zu begegnen, so tun Sie es! Am einfachsten beantworten Sie sich selbst folgende Fragestellung: **Muss ich meinen Kunden überraschen, um zu einem günstigen Gespräch zu kommen?**

Allzu viel Zeit wird in Wartezimmern, Korridoren und unterwegs vergeudet. Wenn Sie Zeit und Energie durch die vorherige Anmeldung sparen, haben Sie gleichzeitig den Vorteil, den Kunden zu einem ihm passenden Zeitpunkt anzutreffen, was natürlich eine günstige Ausgangsstellung für den persönlichen Kontakt bedeutet und Ihrem Anliegen ein ganz anderes Gewicht auch in den Augen des Kunden gibt, als wenn Sie „nur vorbeikommen“. Leider gibt es keine allgemein gültige Statistik über die Anzahl von Kundenbesuchen, die hauptsächlich deshalb missglückten, weil sie zu einem für den Kunden ungeeigneten Zeitpunkt erfolgten - die Zahl würde wahrscheinlich außerordentlich hoch sein.

Auf einem gewissen Niveau ist vorherige Anmeldung die Regel.

Wissen Sie schon vorher, dass ein Kunde keine unangemeldeten Besuche empfängt, werden Sie nicht unangemeldet kommen (es sei denn, Sie wollen alles auf eine Karte setzen). Vor Täuschungsmanövern sei ausdrücklich gewarnt! Durch Bluff, zu deutsch also Täuschung, zu einem Gespräch zu kommen (*„Ich habe eine wichtige private Mitteilung“* oder *„Ich bin ein persönlicher Bekannter Ihres Chefs“* oder *„Wir haben da vereinbart“* usw.), ist nicht seriös und zudem unklug, denn das Manöver wird meistens erkannt und führt nicht nur zu einer entsprechenden Bewertung des Bluffers, sondern auch seines Angebots. Ein zweites Mal „glückt" dann kein solcher Versuch mehr, denn längst hat das Vorzimmer Anweisung, den Besucher abzuweisen.

Schriftliche oder telefonische Anmeldung?

Soll der Besuch schriftlich oder telefonisch angemeldet werden? Wenn Sie, Ihr Unternehmen oder Ihre Ware dem Kunden nicht bekannt sind, kann eine briefliche Einführung (der ein telefonischer Anruf folgen sollte) angebracht sein. Ein Brief, Fax, E-Mail ist vorzuziehen, wenn Sie nicht damit rechnen können, dass Ihr Anruf die Möglichkeit gibt, Ihr Anliegen so erklären zu können, dass der Kunde Sie sprechen will. Natürlich darf man nicht damit enden: *„Es würde mich freuen zu erfahren, wann mein Besuch Ihnen passen würde."* Ein geeigneter Abschluss ist dagegen: *„Ich werde mich telefonisch bei Ihnen erkundigen, wann Ihnen mein Besuch genehm ist"* (oder *„ ... ob Ihnen mein Besuch am Mittwochvormittag passt"*, oder *„ ... mit Ihrem Sekretariat abstimmen ..."*).

Rechnet man bei einem Anruf mit der Möglichkeit einer Absage, so kann der Briefschluss auch so formuliert werden: *„Ich werde mir erlauben, Ihnen am Freitagnachmittag gegen 15.30 Uhr einen kurzen Besuch abzustatten. Sollte Ihnen der Zeitpunkt nicht genehm sein, so bitte ich Sie um die Freundlichkeit, mir durch Ihre Sekretärin einen geeigneten Zeitpunkt mitteilen zu lassen."* Zwar können Sie nicht sicher damit rechnen, empfangen zu werden, wenn der Kunde nicht antwortet, aber die Aussichten sind günstig, vorausgesetzt, dass Ihr Anliegen dem Kunden interessant genug erscheint, um es nicht völlig unbeachtet zu lassen. Gedruckte oder auf andere Weise vervielfältigte unpersönliche Einführungsschreiben dürften im Allgemeinen heutzutage ihren Zweck verfehlen.

Soll man sich einführen lassen?

Einführungen vom Chef oder Verkaufsleiter Ihres Hauses sollten, falls der Betreffende beim Kunden Ansehen genießt oder mit ihm bekannt ist, häufiger angewendet werden. Hierzu ein einfaches Beispiel:
„Lieber Herr Kehl! Es ist möglich, dass wir Ihnen behilflich sein können, ein Organisationsproblem zu lösen, das für alle Großunternehmen gleich schwierig ist. Würden Sie in der nächsten Woche Herrn Schulze für einen Zehn-Minuten-Besuch empfangen? Länger dauert es nicht, und Sie können sich selbst ein Bild von dem Nutzen machen, den Sie aus unseren Erfahrungen ziehen können. Ich würde mich sehr freuen, wenn wir Ihnen dienlich sein können."

Es lohnt sich, viel Sorgfalt auf Formulierungen und Aussehen schriftlicher Anmeldungen oder Einführungen zu legen.

Am Telefon

Bei telefonischer Anmeldung ist es in der Regel am besten, sich kurz und sachlich auszudrücken, wie z. B.: *„Hier spricht Ingenieur Scharf. Ich möchte Ihnen gern einen Besuch von höchstens acht Minuten machen. Passt es Ihnen morgen um viertel vor elf? Oder ist Ihnen übermorgen Nachmittag lieber?"*

Fragt der Kunde, welche Firma man vertritt oder worum es sich handelt, muss der Verkäufer darauf natürlich eingehen. Wenn der Firmenname Ihres Unternehmens die Aussichten auf eine Besuchsvereinbarung erhöht, sollten Sie ihn unaufgefordert nennen. Die Frage des Anliegens kann jedoch auch ein schwieriges Problem darstellen, weil ein Telefongespräch keine ausführliche Schilderung des Anliegens zulässt und der Verkäufer ist meist froh, wenn er nicht direkt zu antworten braucht. **Er muss jedoch auch auf diese Frage nach Einzelheiten vorbereitet sein** und mit einer Andeutung über die Idee des Angebots antworten, oder ihr zuvorkommen können, sodass der Kunde neugierig wird, mehr darüber zu erfahren. Ein typischer Anfängerfehler ist es zu antworten: *„Ich möchte Sie gerne für unsere Schreibcomputer interessieren"* oder *„Ich möchte hören, ob Sie eine Lautsprecheranlage in Ihrer Fabrik brauchen."* Das ist eine egozentrische anstatt einer kundenorientierten Formulierung. Ein anderer Fehler ist es, dem Kunden so viel am Telefon zu sagen, dass sich der Besuch erübrigt.

Ein italienischer Büromaschinenverkäufer sagt einem Kunden, der die Angelegenheit telefonisch erledigen möchte: *„Das würde ich gern tun, aber ich muss Ihnen etwas zeigen!"* Genial und einfach, nicht wahr? Man muss eben nur drauf kommen.

Wie beginnt man am besten das Gespräch?

Vermeiden Sie es, beim Kunden den Eindruck zu erwecken, dass Sie nur darauf aus sind, ihm etwas zu verkaufen. Sie verbinden damit für ihn ein Risiko, Sie zu empfangen. Es ist besser, dem Kunden vorzuschlagen, eines seiner beruflichen oder betrieblichen Anliegen zu besprechen oder zu untersuchen. Deuten Sie dem Kunden an, dass Sie **vielleicht** eine Lösung haben, dass Sie ihm **vielleicht** – lassen Sie dieses Wort nicht aus – helfen können, Geld zu verdienen oder zu sparen (ohne ihm den Eindruck zu geben, dass Sie sein Unternehmen, seine Lebensführung oder Weltanschauung auf den Kopf stellen wollen). Beginnen Sie damit, über das zu sprechen, was ER (der Kunde) will – nicht was Sie, der Verkäufer, wollen. Also nicht: *„**Ich** möchte gern hören …"*, sondern: *„**Sie**, Herr Direktor, sind doch an allen rationellen Maßnahmen interessiert, die Ihre Produktion erhöhen können? – Ja, natürlich. – Wenn Sie mir höchstens 15 Minuten geben wollen, können Sie sich eine Meinung darüber bilden, inwieweit mein Vorschlag Ihrer Produktion nützlich sein kann. Passt es Ihnen, wenn ich am … um … zu Ihnen komme?"* oder: *„Gratuliere zum Einzug in die neuen Räume. Es muss schön sein, so viel Platz zu haben. – Ja schon. – Darf ich einmal vorbeikommen um zu sehen, wie es jetzt bei Ihnen aussieht? Gleichzeitig können Sie dann einige Ergebnisse einer englischen Untersuchung über Kostenersparnisse für Versandunternehmen Ihrer Art einsehen. Sind Sie morgen Nachmittag im Büro?"*

In gewissen Fällen kann sich der Verkäufer natürlich weigern, irgendetwas über sein Anliegen zu äußern und sich auf das schon Angedeutete beschränken: *„Mein Anliegen nimmt höchstens x Minuten Ihrer Zeit in An-*

spruch. Schon nach drei Minuten (dies beruhigt den Kunden) *können Sie entscheiden, ob es Sie interessiert oder nicht. Ist Ihnen dann und dann recht, oder passt es Ihnen besser ... ?"*

Wenn der Kunde Aufschub verlangt

Es kommt häufig vor, dass der Kunde um Aufschub des Besuches bittet. *„Ich kann in dieser Woche nicht, läuten Sie bitte später einmal an."* Versuchen Sie trotzdem, einen Termin zu erhalten.

„Kann ich Freitag noch einmal nachhören, ob es Ihnen möglich ist, mich am Montagnachmittag zu empfangen?" Oder, falls der Kunde den Verkäufer bittet, am Freitag anzurufen, um zu hören, ob er dann Zeit habe: *„Können wir nicht vorerst Freitag, z. B. um viertel vor zwölf festhalten? Falls Ihnen etwas dazwischen kommt, lassen Sie es mich wissen. So brauche ich Sie nicht noch einmal telefonisch zu bemühen."*

Eine goldene Regel beim Verkauf

Eine goldene Regel des Verkaufs: Immer soll der Verkäufer die Initiative behalten! Er soll diesbezüglich nichts vom Kunden erwarten. Wenn der Kunde erklärt, anläuten zu wollen, muss der Verkäufer versuchen, dem Kunden diese Mühe abzunehmen. Wenn der Kunde sagt, er wolle auf die Angelegenheit zurückkommen, sollte der Verkäufer es tun.

Soll der Verkäufer eine Besuchszeit vorschlagen oder soll er es dem Kunden überlassen? Meistens ist es eine unnötige Höflichkeit, den Kunden frei wählen zu lassen, denn für den Kunden ist es leichter, zu konkreten Vorschlägen Stellung zu nehmen. Die Erfahrung lehrt, dass sich der Kunde noch besetzter fühlt, falls der Verkäufer ganz allgemein fragt, „wann er Zeit habe".

Die Alternativwahl

Der Vorschlag des Verkäufers sollte auf eine **Alternativwahl** ausgehen – man sollte den Kunden nicht fragen, ob er am Freitag um 10 Uhr Zeit hat, sondern inwieweit ihm der Besuch besser am Freitag um 10:30 Uhr **oder** am Montagnachmittag passt. Bei Alternativvorschlägen ist es zweckmäßig, teils einen bestimmten Zeitpunkt vorzuschlagen und teils eine Zeitspanne, z. B. einen Nachmittag, sodass dem Kunden ein gewisser Spielraum zur Verfügung steht. Durch den Vorschlag von Zeitspannen und „ungeraden" Zeitpunkten (9:45, 10:50 usw.) erhöhen sich die Möglichkeiten, einen unbesetzten Zeitpunkt zu finden, und der Kunde bekommt das Gefühl, dass die Aussprache kurz sein wird. Jemand, dessen Besuchszeit genau eingeteilt ist und der um 9, 10, 11 und 12 Uhr Besprechungen hat, ist oft zwischen 9:45 und 10 Uhr bzw. 10:50 und 11 Uhr usw. zu sprechen.

Wenn Sie damit rechnen, dass Ihr Besuch mehr als eine Viertelstunde in Anspruch nimmt – was beim ersten Besuch natürlich ein Nachteil ist –, tun Sie klug daran, sich beim ersten Mal trotzdem mit einem kürzeren Gespräch zu begnügen. Falls Sie den Kunden interessieren, können Sie entweder die Besuchszeit verlängern oder eine neue Zusammenkunft vereinbaren (die Sie **unmittelbar** absprechen sollten).

Wenn Sie unangemeldet kommen, verändert sich die Lage völlig. Gelingt es Ihnen, vorgelassen zu werden, so haben Sie in der Neugier des Kunden einen ausgezeichneten Bundesgenossen. Aber zuerst gilt es ja, bis zum Kunden vorzudringen, vorbei an der wachhabenden Dreieinigkeit: der Telefonzentrale, dem Portier und der Sekretärin des Kunden, deren Aufgabe es zwar ist, ihren überlasteten Chef vor Störungen zu schützen, nicht aber, Besuche ohne weiteres abzuweisen, die für ihn wertvoll sein können. Besuchsanmeldungen, die schon in einer zweifelnden Form vorgebracht werden, sind meist aussichtslos, etwa: *„Empfängt der Chef heute Besuch?“* oder *„Darf ich Ihren Einkäufer einen Augenblick stören* (gibt es ein ungeeigneteres Wort als „stören“)?“ oder *„Ich möchte gern wissen, ob der Herr Oberingenieur einverstanden ist, mich einen Augenblick anzuhören“* oder *„Ihr Chef ist wohl jetzt nicht gerade frei?“* usw.

Die richtige Art sich anzumelden

Eine Grundvoraussetzung zum Einlass ist im Allgemeinen, dass man **weiß oder feststellt, wen** man sprechen möchte. Es ist ein Unterschied, ob Sie den Besuch ankündigen mit: *„Würden Sie mich bitte bei Herrn Dr. Meier melden“* anstatt: *„Könnte ich mit dem Einkäufer der Fabrik sprechen?“* Auch das Gespräch selbst bekommt eine andere Note, wenn man den Namen des Gesprächspartners bzw. seine Stellung in der Firma kennt und ihn entsprechend anreden kann.

Der „Wache“ gegenüber treten Sie freundlich, aber bestimmt auf – so bestimmt, dass man Sie nicht ohne weiteres abweisen kann, und so freundlich, dass man Sie nicht abweisen möchte. Ihre Freundlichkeit verschafft Ihnen wertvolle Verbündete im Lager des Kunden. Bei richtiger Behandlung kann Ihnen die Sekretärin oder der Pförtner wertvolle Dienste leisten. Eine Sekretärin, die sich von einem Besucher „auf die Füße getreten“ fühlt, kann dagegen ihre negative Einstellung mit Genugtuung auf ihren Chef übertragen. Hüten Sie sich vor der Antwort *„Das möchte ich ihm selbst erzählen“* auf die Frage *„Worum handelt es sich denn?“*

Soll man Visitenkarten verwenden? Warum nicht?! Allerdings muss man dafür sorgen, dass sie Ihrem „Gastgeber“ in die Hände kommen. Wie sieht Ihre Visitenkarte aus? Unterscheidet sie sich von anderen? Warum nicht? Sie wollen doch schon im ersten Augenblick Aufmerksamkeit erwecken. Ist freier Raum zum Schreiben da? Dann kann die Karte zu einer kurzen Mitteilung verwendet werden, sozusagen als „Aufhänger“ des Verkaufsgesprächs – eine ausgezeichnete, zu selten benutzte Möglichkeit, das Interesse des Kunden zu wecken.

Wenn der Kunde nicht da ist

Wenn der Kunde nicht anzutreffen ist, sollten Sie vermeiden zu sagen, dass Sie ein andermal wiederkommen. Mit jedem erneuten ergebnislosen Besuch verliert der Verkäufer an Ansehen und Selbstvertrauen. Wenn Sie wollen, dass andere verstehen, dass auch Ihre Zeit kostbar ist, müssen Sie es durch Ihr eigenes Auftreten beweisen. Der Versicherungsinspektor Klein in Beispiel 3 hat das nicht getan. Bei jedem neuen Besuch wurde es für ihn schwerer, sich zur Geltung zu bringen. Erkundigen Sie sich genau, wann der Kunde anzutreffen ist oder zurückerwartet wird. Machen Sie die Sekretärin zu Ihrem Bundesgenossen und versuchen Sie, eine Zeit zu vereinbaren, zu der Sie ihren Chef antreffen können. Bitten Sie die Sekretärin, **Sie** anzuläuten, falls etwas dazwischenkommen sollte.

Wenn der Kunde im Büro ist, aber Sie mit dem Bescheid abspeisen lässt, er habe keine Zeit und Sie möchten wiederkommen, sollten Sie versuchen, ihn wenigstens telefonisch zu sprechen, um eine Zeit zu vereinbaren, oder die Sekretärin bitten, einen entsprechenden Bescheid zu erwirken.

Bittet man Sie zu warten, so stimmen Sie zu. Wenn Sie aber innerhalb angemessener Frist (selten mehr als 20 Minuten!) noch nicht empfangen werden, bringen Sie sich in Erinnerung. Verkäufer sind auch schon ganz vergessen worden. Bekommen Sie Bescheid, noch etwas zu warten, so geben Sie dem Kunden etwas Zeit; aber zeigen Sie keine übertriebene Geduld. Falls Sie einen anderen, sich mit der Wartezeit überschneidenden Besuch vorhaben, ist es besser wiederzukommen. Sonst laufen Sie Gefahr, bei beiden Besuchen nicht zum Ziel zu gelangen.

Wenn der Kunde Sie „draußen" empfangen will

Wenn der Kunde herauskommt und Anstalten macht, Sie im Korridor zu empfangen, sollten Sie sich nicht ohne weiteres damit abfinden. Ein Gespräch im Stehen auf einem belebten Gang bietet keine geeignete Verkaufsatmosphäre. Auch wenn der Kunde darauf wartet, dass Sie ihm Ihr Anliegen stehenden Fußes andeuten, so tun Sie das nicht! Warten Sie ruhig ab – in der Regel genügt das – und der Kunde erinnert sich seiner guten Erziehung und bittet Sie zu sich ins Büro. Hilft das nicht, so sehen Sie sich um und fragen ihn, wo man sich ein paar Minuten hinsetzen könne, damit Sie ihm gewisse Unterlagen zeigen können.

Verzichten Sie lieber auf eine ungeeignete Verkaufsgelegenheit, als einen schlechten Ausgangspunkt für Ihr Gespräch anzunehmen. Wenn der Kunde wirklich sehr beschäftigt ist, weisen Sie darauf hin, dass Ihr Anliegen zu wichtig sei, um zwischen Tür und Angel besprochen zu werden, und schlagen Sie vor, wiederkommen zu dürfen. Wenn Sie merken, dass Sie wirklich stören – und der Gesprächspartner aus falsch angebrachter Höflichkeit es nicht direkt sagt – bestehen Sie nicht darauf, das Gespräch fortzusetzen. Fragen Sie stattdessen, ob es nicht besser sei, zu einem anderen Zeitpunkt wiederzukommen.

Falls ein Verkäufer es besonders schwer hat, vorgelassen zu werden, obwohl er sicher ist, das richtige Angebot für den richtigen Kunden zu haben und die Besuchstechnik zu beherrschen, dann sollte er die Art seines Auftretens, seine Haltung sowie sein Äußeres (Kleidung, Sauberkeit usw.) prüfen. Am Atemgeruch, Fingernägeln, Haarschnitt, Art und Güte der Kleidung und ähnlichen „Selbstverständlichkeiten" können auch geschickte Verkäufer scheitern. Abgesehen von Ausnahmefällen (z. B. gewisse Besuche bei Handwerkern, Arbeitern, Landwirten) können Sie als Verkäufer gar nicht gepflegt genug aussehen.

Wer soll anfangen?

Wenn Sie vorgelassen werden, beginnen Sie Ihr Gespräch ohne Zögern! Nützen Sie die Zeit aus. Lassen Sie nicht den Kunden anfangen. Das ganze Gespräch kommt in eine schiefe Lage, wenn der Kunde beginnt: *„Womit kann ich Ihnen dienen?“* Lassen Sie sich die Initiative nicht aus der Hand nehmen. Es gibt jedoch eine Ausnahme. Sollte der Kunde Ihren Besuch angefordert haben, verändert das die Lage. Er wünscht vielleicht ein Angebot und erwartet jetzt, dass Sie mit Ihrer Stellungnahme beginnen. Mitunter empfängt er alle konkurrierenden Verkäufer nacheinander. Schaffen Sie sich dadurch eine kleine Sonderstellung, dass Sie zu Anfang auf jede Argumentation verzichten und ihn anfangen lassen. Oder Sie bitten ihm einige Fragen stellen zu dürfen, um seine Probleme besser beurteilen zu können. Hierdurch kommen Sie in jeder Beziehung in eine bessere Ausgangsstellung für Ihre Argumente; z. B.: *„Es wäre nicht richtig von mir, Ihnen ohne Kenntnisse über Ihre Bedürfnisse eine bestimmte Lösung in einer so wichtigen Sache zu empfehlen, ohne Ihre Anforderungen genauer zu kennen.“* Und dann fragen Sie.

Dadurch werden Sie den Kunden oft so stark fesseln, dass Sie ein wirkliches Verkaufsgespräch in Gang halten können. Nur mit dieser Methode lässt sich das Problem 5 lösen.

Womit anfangen?

Viele Verkäufer sind der Ansicht, dass ein Gespräch nicht mit dem Zweck des Besuches selbst, dem Verkaufsangebot, beginnen darf. Erst müsse durch ein allgemeines Gespräch eine gute Atmosphäre hergestellt werden.

Das ist sowohl falsch als auch richtig. Richtig, weil ein „Kontaktklima“ wesentlich zum Verkaufserfolg beiträgt, und falsch, weil diese Atmosphäre nicht unbedingt durch ein allgemeines Gespräch hervorgerufen wird. Und Sie verlieren Zeit.

Das beste Gesprächsthema, um dieses Kontaktklima herzustellen, sind im Allgemeinen **Probleme, Wünsche und Bedürfnisse des Kunden.** Da diese Themen gleichzeitig Zweck des Besuches und Kern und Idee des Verkaufsangebots ausmachen, werden hiermit drei Fliegen mit einer Klappe geschlagen: Ohne Zeitverlust wird ein Kontaktklima geschaffen, und Sie leiten gleichzeitig das eigentliche Verkaufsgespräch ein.

Es gibt natürlich Ausnahmen: z. B. persönliche Bekannte, Kunden, die sich gern unterhalten, ländliche Interessenten, bei denen man nicht mit der Tür ins Haus fallen kann – aber es sind Ausnahmen.

Verhandlungen mit dem falschen Mann

Sie können Pech haben! Sie können an jemanden verwiesen werden, der nicht über die Angelegenheiten entscheiden kann, und Sie verlieren viel

Zeit. Vielleicht aber will der, der sie empfängt, aus Prestigegründen nicht zugeben, dass er nicht zu entscheiden hat. Er zeigt sich Ihren Ausführungen gegenüber vielleicht sehr positiv; aber Ihre Bemühungen führen zu keinem Ergebnis. Wenn eine längere Zeit oder eine Mehrzahl von Besuchen verstrichen ist, ohne dass Sie Erfolg haben, ist anzunehmen, dass Sie an die falsche Stelle geraten sind oder dass Sie zumindest auch noch mit anderen Personen der Firma Verbindung aufnehmen müssen, um weiterzukommen. Durch einige Fragen können Sie das oft schnell feststellen. In einem Fall kam der Verkäufer schließlich auf den einfachen Gedanken, anonym bei der Telefonzentrale des Werkes anzufragen, wer über technische Einkäufe entscheidet. Man sagte ihm, dass sei „letzten Endes der Oberingenieur". Und der Verkäufer hatte ein halbes Jahr lang ausschließlich mit dem Einkäufer verhandelt! Denken Sie auch daran, dass vielleicht mehrere Personen durch gemeinsamen Beschluss kaufen. Nur einen zu bearbeiten, reicht dann nicht aus.

Häufig ist es leichter, mit leitenden Persönlichkeiten zu verhandeln. Diese haben es nicht nötig, sich aus Geltungsbedürfnis aufzuspielen, sie können leichter eine Lage aus einer höheren Warte überblicken und vor allem: Sie sind befugt, eine Entscheidung zu fällen. Also, wo es geht, „oben anfangen!" Wenn Sie von einem leitenden Herrn an eine untergeordnete Instanz verwiesen werden, seien Sie nicht enttäuscht, denn oft löst dies eine positive Einstellung bei dem entsprechenden Mitarbeiter aus.

Der formelle und der wirkliche Käufer

Selbstverständlich ist es gefährlich, jemanden zu übergehen – etwa einen Einkäufer, auch wenn dieser keine Befugnisse hat, Entscheidungen zu treffen – und z. B. direkt mit der Fabrikleitung zu verhandeln. Viele Verkäufer haben jahrelang unter dem stillen Boykott von Übergangenen leiden müssen. Aber nichts hindert Sie daran, zusammen mit dem namentlichen Einkäufer oder mit dessen Einverständnis Verbindung mit dem wirklichen Käufer aufzunehmen. Dies ist zunehmend der Controller – und letzten Endes derjenige, der über die Finanzen zu bestimmen hat.

Wenn ein Verkäufer während mehrerer Monate oder gar Jahre bei seinem Verbindungsmann zu keinem Erfolg kommt, wird er oft zu seiner Verwunderung entdecken, dass der organisatorische Aufbau eines Unternehmens in der Regel nicht undurchdringbar ist und dass eine andere Instanz Interesse zeigen und ihren Einfluss für einen positiven Kaufentschluss geltend machen kann. Außerdem ändern sich Befugnisse unter Umständen recht schnell, und Umbesetzungen können eine Lage von Grund auf verändern. Das Einschalten von technischen Beratern, die Verkäufern für ihre Kundenkontakte zur Verfügung stehen, gestattet auch eine solche Verbreiterung der Kontaktbasis auf andere Instanzen. Wie schon angedeutet, ist dies sehr vorteilhaft, wenn die beiden als echtes Tandem richtig zusammenarbeiten. Der Fachmann wird häufig leichter vorgelassen, bekommt eher Kontakt mit dem wirklichen Käufer (oder Verbraucher), und es wird ihm mehr geglaubt.

Besuch bei früheren Neinsagern

Viele Verkäufer suchen nicht gern einen Kunden auf, der einmal ein Angebot abgelehnt hat. Warum eigentlich? Wenn man sein Angebot ohne Hochdruckmethoden vorgetragen hat, der Kunde es ablehnte und man sich mit einem gegenseitigen Gefühl von Sympathie trennte, ist es doch ganz natürlich, dass man nach einer gewissen Zeit, während der sich die Voraussetzungen geändert haben können, den Kunden wieder aufsucht. Man kann diesmal sein Angebot wahrscheinlich besser darstellen (zumindest sollte man dies können), denn man hat inzwischen ja viel dazugelernt. Es ist natürlich schwer, einen Kunden gerade, wenn er einen negativen Entschluss gefasst hat, in entgegengesetzter Richtung zu beeinflussen, andererseits ist aber sein „Nein“ auch nicht unwiderruflich.

Einem Kofferverkäufer glückte in anderthalb Jahren bei 20 Besuchen des führenden Koffergeschäftes am Platze kein Verkauf. Der 21. Besuch führte hingegen zu einem bedeutenden Auftrag. Der Inhaber des Geschäftes hatte festgestellt, dass der Verkäufer immer mit demselben Reisekoffer kam; es war der eigene Musterkoffer des Verkäufers. Und das Aussehen des Koffers nach anderthalbjähriger Benutzung hatte den Kunden so beeindruckt, dass er sich zum Auftrag entschloss.

Ein anderer Verkäufer schenkte dem Kunden, der noch nie von ihm gekauft hatte, eine Kleinigkeit. Auf die erstaunte Frage des Kunden *„Warum?“* antwortete er lächelnd: *„Als Erinnerung an meinen 25. Besuch bei Ihnen.“* Und damit begann eine gute Geschäftsverbindung. Warum sollte man nicht einen erfolgreichen Verkaufstag damit krönen, bei einem früheren Nein-Kunden oder bei einem Kunden, den man verloren hat, einen Besuch zu machen? Gerade an einem erfolgreichen Tage haben Sie eine echte Chance!

Fragen Sie nur bitte **nie** einen Kunden, ob er seine Meinung geändert habe. Das ist das Letzte, was er zugeben würde. Fangen Sie am besten an einem ganz anderen Ende an.

In *gewissen* Fällen, bei denen der **Kunde** den früheren (missglückten) Besuch erwähnt (der Verkäufer sollte das natürlich nicht tun), kann es geratsam sein, dem Kunden zu erklären, dass ein früher ausgebliebenes Geschäft wohl auf eigene – des Verkäufers – Fehler zurückzuführen sei. *„Ich muss die Sache wohl ziemlich ungeschickt dargestellt haben, wenn Sie nicht überzeugt wurden, obwohl so wichtige Gründe für einen Kauf sprechen, wie z. B. ... “*

Besuchsplanung

Zur richtigen Vorbereitung gehört natürlich auch eine genaue Planung des Besuches, mit einer Analyse des Kunden und Ihres Angebots. Diese Besuchsplanung sollte 5 Hauptpunkte vor und 2 Punkte nach dem Besuch umfassen.

Vor dem Besuch: Besuchsplanung

1. Wer ist er?
- Name des Kunden, Stellung
- Eigenheiten, Vorurteile, Freizeitbeschäftigung
- Probleme, Wünsche, Bedürfnisse (personen-, abteilungs- und firmenbezogene)
- andere wichtige Gesprächspartner (wer entscheidet?)

2. Was will er/sie?
- Einstellung
- Widerstände
- Einwände
- primäre Kaufmotive
- sekundäre Verkaufsmotive
- Einkaufspolitik

3. Was kann ich anbieten?
- Verhandlungslage
- Produkte
- übrige Leistungen
- Angebotsfolge
- Verkaufsargumente (was)

4. Wie soll ich es anbieten?
- Verkaufsargumente (wie)
- AIDA
- DIBABA
- Besondere Hinweise

5. Was will ich erreichen?
- Ziele meines Besuches (abschließen, Entscheidungen erzielen, beeinflussen, informieren)
- Koordinierung mit früheren oder späteren Besuchen
- besonders zu beachten

Bei den Angaben fügen Sie unter Punkt 1 **Zusatzbesuche** bei Instanzen beim Kunden hinzu, die Sie sonst nicht besuchen, die aber Ihr Verkaufsergebnis beeinflussen können, und unter 3 **Zusatzprodukte**. Wenn ein Verkäufer mehrere Waren oder gar eine Kollektion verkauft, wird es immer „Schmerzenskinder" geben, die zu kurz kommen. Nehmen Sie sich vor, bei jedem Besuch einen ernsthaften Versuch zu machen, diese Waren vorrangig oder zusätzlich zu verkaufen – gerade wenn sie Ihnen oder dem Kunden „nicht liegen".

Die Punkte 3 und 4 erstellen Sie mit Hilfe des Argumentplanes in Kapitel 18. Kapitel 14 vervollständigt Ihr Wissen bezüglich der Punkte 1 und 2, während Ihnen die Kapitel 13 und 16 den Punkt 4 beantworten.

Der erste Punkt unter 5 ist besonders wichtig – Dreh- und Angelpunkt Ihrer Vorbereitung. Ohne Festsetzung des Zieles ist auch jede Ergebnisbewertung witzlos. Ihr „schwächstes" Ziel ist Information – Ihre eigene oder die des Kunden. Beeinflussen ist schon höher gesteckt. Entscheidungen erzielen stellt eine zentrale Aufgabe dar und ist die Vorstufe zum Abschließen. Weiter notieren Sie Ihre eigenen Unzulänglichkeiten, Fehler, die Sie vermeiden wollen, und positive Hinweise für Ihre Darstellung, sprachliche und inhaltsmäßige Hinweise sowie Tipps für Ihr Auftreten.

Nach dem Besuch: Besuchswertung

1. Was habe ich erreicht?	**2. Was muss ich weiter tun?**
• Ergebnisse	• nachfassen, wann, wie, wer
• bedeutsame Reaktionen	• nächster Besuch, wann und wie

Nach dem Besuch interessiert Sie das genaue Ergebnis (im positiven Fall mit Sonderwünschen des Kunden oder eigenen Zugeständnissen). Die Reaktionen des Kunden sind wichtig für den nächsten Kontakt, um an der richtigen Stelle anzuknüpfen. Punkt 2 schließlich soll Ihnen als Gedächtnisstütze die Maßnahmen in Erinnerung rufen, mit denen Sie dem Besuch „nachhelfen“ können (Bestätigungsbrief, weitere telefonische Aufschlüsse, Wiederbesuche usw.).

Diese Planung ermöglicht oder erleichtert Ihnen eine systematische Verkaufsarbeit.

Die richtige Vorbereitung

Und nun, lieber Kollege – bevor Sie zu Ihrem nächsten Kunden gehen, konzentrieren Sie sich einen Augenblick auf Ihre Aufgabe! Durchdenken Sie alle Ihre Argumente. Sie wissen, dass Sie ein vorteilhaftes Angebot haben, Sie wissen, dass es für den Kunden wichtig ist. Sie wissen, dass Sie mit Ihrem Besuch dem Kunden einen Dienst erweisen. Sie wissen, dass es Ihnen schon geglückt ist, an viel schwierigere Kunden zu verkaufen. Sammeln Sie all Ihre Kräfte, wie ein Sportler kurz vor dem Start! Nehmen Sie sich genügend Zeit zur Vorbereitung! Ein kurzer Spaziergang verjagt die Müdigkeit; die Konzentration der Gedanken auf früher gelöste Aufgaben etwaige Hemmungen.

Mobilisieren Sie Ihre Begeisterungsfähigkeit! Begeisterung steckt an. Niemand kauft von einem mutlosen Verkäufer, dessen Gesichtsausdruck Pessimismus, Resignation, Gleichgültigkeit oder Erfolgsangst widerspiegelt. Sehen Sie zu, dass Sie beim Kundenbesuch in Form sind! Ein müder oder verängstigter Verkäufer muss Misserfolge haben.

5 Schnellkontrollen

Vor dem Eintreten oder im Wartezimmer veranstalten Sie schnell noch eine Generalprobe (ohne Reihenfolge).

1. Rufen Sie sich ganz schnell noch einmal Ihre Argumente in Erinnerung (Sie werden sie ja wohl in Ihrer Kundenkartei oder in Ihrem Auftragsbuch notiert haben und können sie herausnehmen).

2. Verschaffen Sie sich einen Schnellüberblick über die Verkaufssituation (Kunde allein, oder mit Kollegen? Gehetzt oder ruhig? Aufmerksam oder abgelenkt?).
3. Vergegenwärtigen Sie sich die etwaigen Kaufwiderstände des Kunden, und überschlagen Sie noch einmal Ihre Gegenargumente.
4. Welche Probleme wollen Sie dem Kunden lösen, welche Wünsche befriedigen, welche Bedürfnisse erfüllen helfen?
5. Und schließlich, wie wollen Sie Ihre Argumentation anfangen und wie wollen Sie aufhören?

Diese Schnellkontrolle in 5 Punkten stärkt Ihre Überzeugung, bei diesem Besuch erfolgreich zu sein.

Immer „da" sein

Ein besonders erfolgreicher Verkäufer sollte einmal die Ursache seiner Erfolge erklären. Er konnte es nicht, und das ist nicht so ungewöhnlich, wie es klingt. Seine von ihm geschilderte Verkaufstechnik war mit einer Ausnahme (siehe nächsten Absatz) die gleiche wie die vieler anderer, und mancher Kollege hatte ein weit „vorteilhafteres Aussehen" und z. T. auch größere geistige Beweglichkeit. Er war auch keineswegs ein Genie. Erst als man seine Tätigkeit im einzelnen studierte, kam man dem Geheimnis seiner Erfolge auf die Spur. Wo andere Briefe und Fernsprecher benutzten, machte er einen persönlichen Besuch. Sobald er die geringste Chance für ein Geschäft witterte, setzte er sich in den Zug oder in den Wagen und besuchte den Kunden. Wenn ein Angebot nach einer gewissen Zeit zu keinem Ergebnis führte, machte er erneute Besuche. Er vermied Korrespondenz und Telefon. Oft merkte er, dass er im Gegensatz zu allen Konkurrenten nicht nur der erste auf dem Schauplatz war, sondern häufig auch der einzige. Er war immer „da", und er ließ nicht locker. Die anderen versuchten, ihre Verkäufe auf bequemere Weise zu tätigen. Aber Verkaufen ist nun einmal alles andere als eine bequeme Tätigkeit.

Noch in einer anderen Beziehung unterschied sich dieser Verkäufer von Kollegen und Konkurrenten. Er begnügte sich niemals damit, nur ein gewünschtes Angebot abzugeben. Dies konnten ja auch andere tun. Er suchte immer nach einer Möglichkeit, eine kleine Änderung oder Abweichung gegenüber dem ursprünglichen Wunsch des Kunden vorzuschlagen und zu begründen. Dies geschah natürlich nur nach entsprechender Rücksprache. Gerade damit bewies er sein besonderes Interesse für seine Kunden und ihre Sorgen. So erhielt er auch einen bedeutend tieferen Einblick in die Probleme seiner Kunden und konnte den Kunden beraten. Auf diese Weise erzielte der Vertreter einen außergewöhnlichen persönlichen Kontakt zu seinen Kunden. Und vor allem hierdurch konnte er sein Angebot „maßschneidern". Sein Angebot sah ganz anders aus als das seiner Mitbewerber und war nicht mehr direkt vergleichbar. Es ist ganz natürlich, dass seine Verkaufsergebnisse dementsprechend ausfielen.

Warten Sie nicht darauf, dass Kunden zu Ihnen kommen! Wenn Sie mehr Aufträge bekommen wollen, müssen Sie mehr Kundenbesuche machen.

Viele meinen, es lohne sich nicht, besonders nicht gegenüber Internetauftritten. Andere sehen die Notwendigkeit ein, bringen aber nicht genügend Tatkraft und Beharrlichkeit auf.

Sogar Medienvertreter, Reiseveranstalter, Reedereien, Eisenbahn- und Fluggesellschaften, Hotels sowie andere Touristikunternehmen begeben sich hinaus, um Kunden zu gewinnen. Banken und Anlageberater folgen. Selbst der Einzelhandel beginnt zu akquirieren, Kunden aufzusuchen, Geschäfte beim Kunden abzuwickeln. Fortschrittliche Händler warten nicht mehr, bis Kunden zu ihnen kommen.

Brief, Fax, E-Mail und Telefon in allen Ehren, aber nichts kann die persönliche Tuchfühlung ersetzen. Dauernde Verkaufserfolge beruhen in der Regel auf der unermüdlichen persönlichen Kontaktarbeit des Verkäufers.

Schlüsselfaktoren Ihres Verkaufs

Aber – Sie können nicht alles machen. Eine sinnvolle Einteilung Ihrer Arbeit fängt an bei der Untersuchung der Umstände, die für Ihren Verkaufserfolg erfahrungsgemäß entscheidend sind. Als Ergebnis sollen Sie nicht mehr, sondern sinnvoller arbeiten. Die Kontrollliste 6 im Anhang wird Ihnen dabei helfen.

!

Jetzt können Sie sicher die vier einleitenden Fragen beantworten und die fünf Verkaufsprobleme des Kapitelanfangs lösen?!

VIELE VERKAUFSBESUCHE SCHEITERN SCHON, BEVOR SIE EIGENTLICH BEGONNEN HABEN. RICHTIGE VORBEREITUNG, DAS RICHTIGE ANGEBOT FÜR DIE RICHTIGE PERSON ZUM RICHTIGEN ZEITPUNKT, DIE RICHTIGE BESUCHSTECHNIK – DAMIT SICHERN SIE SICH EINE ERFOLGREICHE AUSGANGSLAGE FÜR EINEN VERKAUFSERFOLG.

Kapitel 12
So bereiten wir unsere nächste Verhandlung vor

Können Sie diese vier Fragen beantworten?

1. Wissen Sie, was „Empathie“ ist?
2. Weshalb erweisen sich errungene Teilziele einer Verhandlung später häufig als „nicht mehr vorhanden“?
3. Kennen Sie den „Ja-Ja“-Aufbau und das Schneeballprinzip als Verhandlungsmittel?
4. Wie neutralisiert man ein festgefahrenes Gespräch?

Können Sie diese fünf Probleme lösen?

? 1

Heinrich Ott verkauft Druckmaschinen im Wert von über 50.000 Euro und Laptopgeräte für 1.000 bis 1.500 Euro. Er gilt als ausgezeichneter Verkäufer, temperamentvoll und ehrgeizig. Seine Verhandlung über den Kauf einer Druckmaschine mit dem Inhaber einer mittleren Druckerei steht günstig. Bei einem Gespräch äußert sich der Kunde, vom Verkäufer daraufhin angesprochen, sehr negativ über das probeweise überlassene Laptopgerät. Herr Ott greift diesen Punkt intensiv auf, und das ganze Gespräch dreht sich nur noch um Wert oder Unwert dieses Gerätes. Das Gesprächsklima bleibt bis zur Vertagung ziemlich schlecht.

Welche Fehler von Herrn Ott hätten Sie vermieden?

? 2

Günther Pohl verkauft Lebensmittel für einen führenden Grossisten an den Einzelhandel. Er ist ein „netter Kerl", ausgezeichneter Gesellschafter, Vorsitzender einer Karnevalsgesellschaft, dabei durchaus seriös. Sein besonders gutes Verhältnis zu seinen Kunden drückt sich u. a. darin aus, dass er viele von ihnen duzt. Es ärgert ihn daher verständlicherweise maßlos, wenn er merkt, dass andere Verkäufer, die mit ihm konkurrieren und bei weitem kein so gutes Verhältnis zu den Kunden haben, zunehmend Erfolge erzielen. Er ist zu ehrlich sich selbst gegenüber, diese Tatsache sachlichen Angebotsvorteilen zuzuschreiben.

Was meinen Sie dazu?

? 3

„Wenn ein Kunde auf Fragen des Verkäufers dreimal hintereinander ‚nein' geantwortet hat, kann man damit rechnen, dass sich seine ‚Nein-Einstellung' auch im Verlauf des späteren Gespräches nicht ändert", meint Eberhart Rabes, ein erfahrener Verkaufsleiter einer Fluggesellschaft, der eine lange Praxis mit guten Kenntnissen über Verkaufsmethodik verbindet. Einer seiner Verkäufer widerspricht: „Jede Verhandlung fängt doch mit einem ‚nein' des Kunden an. Ziel unserer Arbeit ist doch gerade, diese Einstellung zu ändern."

Wer hat Recht? Herr Rabes? Der Verkäufer? Oder beide?

? 4

Die Verhandlung hatte sich festgefahren. Vier Vertreter der Niederer Farbwerke (zwei Kaufleute und zwei Techniker) tagen seit morgens acht Uhr im Konferenzsaal der Kunststoff GmbH mit drei, zeitweilig fünf Gesprächspartnern. Eine Reihe von Einzelbesprechungen im Betrieb, bei denen weitgehende Übereinstimmung herrschte, waren vorausgegangen. Der Fertigungsleiter hatte auch den Meister überzeugt, dass das angebotene Verfahren akzeptiert werden sollte. Bei der gemeinsamen Verhandlung „fallen beide um", und zwar in dem Augenblick, wo Firmenchef und Prokurist erhebliche finanzielle Einwände machen. Da dieser Punkt bisher kaum zur Sprache gekommen war, hatte die Lieferfirma ihn als nicht besonders wichtig angesehen. Man einigt sich auf eine weitere Besprechung in zehn Tagen. Die beiden Kaufleute sind für gemeinsame Gespräche. Die Techniker empfehlen Einzelgespräche, da sich die Konferenz als ziemlich erfolglos, ja sogar gefährlich erwiesen habe.

Was meinen Sie?

? 5

„Die Hauptsache beim Verkauf ist, flexibel zu sein", meint ein Verkäufer im Kollegenkreis. „Eine genaue Vorbereitung nimmt einem diese Flexibilität, und außerdem kommt doch alles anders, als man denkt. Und jede Verhandlung ist anders. Aber schnell schalten und improvisieren muss man können." Diese Aussage wird nicht widerspruchslos angenommen.

Gibt es eine Gesetzmäßigkeit? Reagieren Kunden so verschieden? Sind Flexibilität und planmäßiges Vorgehen miteinander vereinbar?

Sind unsere verschiedenen Kunden wirklich so verschieden?

Um es gleich vorwegzunehmen: Übereinstimmend sagen aktuelle Untersuchungen aus, dass Kundenreaktionen viel gesetzmäßiger und berechenbarer verlaufen, als wir gemeinhin annehmen. Die Widerstände, Einwände, Ansichten, Zweifel, Einstellungen, Motive sind immer wieder die gleichen: *„Zu teuer – Konkurrenz ist billiger; vielleicht später; im Prinzip gut, aber für uns nicht; das kann ich nicht entscheiden; wir sind bei unserem Lieferanten gut aufgehoben; das würde im Augenblick nur Unruhe bringen; wir kommen wieder auf Sie zurück."*

Kennen Sie diese Aussagen? Fragen Sie mal Kollegen, ob deren Kunden dasselbe sagen. Fragen Sie auch mal Verkäufer aus ganz anderen Branchen. Sie werden überrascht feststellen, dass es so anders anderswo nicht ist, auch wenn man noch so gern glaubt, dass *„gerade bei uns ..."*

Also kann man sich vorbereiten, und man sollte sich vorbereiten. Hierauf fußt die ganze Verkaufsmethodik. Und je besser Sie vorbereitet sind, desto flexibler können Sie sein. Denn keine Situation ist für Sie dann völlig neu oder unerwartet.

Wie macht man das nun im Einzelnen? Die folgenden Vorschläge werden Ihnen ein Gerüst geben, mit dessen Hilfe Sie Ihren Plan aufbauen können. Bauen müssen Sie selbst, denn nur Sie haben die richtigen Baukenntnisse.

Zehn Vorschläge für Ihre Verhandlungsstrategie

1. Gesprächspartner bildlich vorstellen. Seine Motive und Zielsetzungen ergründen. Seine Grundeinstellung erfassen.
2. Konsequent SIE-Standpunkt einnehmen (Empathieeinsatz).
3. Gemeinsamen Nenner finden für
   - Verhandlungsplan
   - Verhandlungsfolge
   - Vorschläge (Argumente)
   - Gesprächseröffnung
   - Gesprächssteuerung
4. Richtige Atmosphäre schaffen. Entspannung, Sympathie, Vertrauen, Kontakt.
5. Ausstrahlung (Beeinflussung, Willensübertragung) vorsichtig einsetzen.
6. Beobachten und dosieren (Reaktionen erkennen). Kontaktklima beachten. Stufenaufbau benutzen.
7. Positive Ausdrucksweise (Ja-Ja-Aufbau), Schneeballprinzip und Fragemethodik verwenden.

8. Geplante Rückzugsziele, Alternativen und Kompromisslösungen planmäßig verwenden. Wenigstens Teilziel erreichen.
9. Wenn nötig, Gespräch neutralisieren.
10. Bestätigung erwirken oder selbst tätigen. Sofort nächsten Schritt einleiten.

In den folgenden Kapiteln werden Sie noch viele weitere Tipps für Ihre Verkaufsgespräche bekommen. Diese zehn reichen fürs erste. Sie haben es außerdem „in sich".

Zu den einzelnen Punkten folgende konkrete Hinweise:

Ihren Partner fotografieren können

1. Wer ist (sind) Ihr(e) Gesprächspartner? Schließen Sie einen Augenblick Ihre Augen, „fotografieren" Sie jeden Ihrer Partner. Konzentrieren Sie sich mehrere Minuten auf ihn (sie). Was will er? Welche persönlichen Ziele hat er? Karriere? Privatleben? Welche Aktionen oder Reaktionen fördern beziehungsweise hindern seine beruflichen und persönlichen Erfolge? Welche Rolle spielt er im Unternehmen? Wie steht er zu Ihnen? Welche Grundeinstellung hat er? Aufgeschlossen? Vorsichtig? Großzügig? Genau? Misstrauisch? Wagemutig? Diese Grundeinstellungen sind von außen gar nicht oder kaum beeinflussbar.
   Überlegungen wie diese hätten den Herren der Niederer Farbwerke beim Problem 4) geholfen, die Lage realistischer zu sehen.

„Empathie"

2. Um den Vorschlag 1) mit Erfolg durchführen zu können, bedarf es eines guten Einfühlungsvermögens, von Psychologen mit dem Begriff „Empathie" („fühlen **wie** der andere") bezeichnet. Das bedeutet z. B.: *„Wenn ich der Fertigungsleiter, der Meister, der Firmenchef oder der Prokurist der Kunststoff GmbH wäre, wie würde ich normalerweise reagieren?"* Sind Sie in der Lage, andere Menschen wirklich zu verstehen, und zwar gerade dann, wenn sie „komisch", „seltsam", „abwegig" handeln oder reagieren? Können Sie sich vorstellen, was in ihnen vorgeht? Genau das bedeutet, den „Sie-Standpunkt" einzunehmen. Ein kleines Hilfsmittel: Versuchen Sie mal bei Ihren nächsten Verhandlungen das Wort „ich" konsequent durch „Sie" zu ersetzen. Das führt zum „Sie-Standpunkt".

Der gemeinsame Nenner

3. Vom „Sie-Standpunkt" führt dann ein Weg zurück zu Ihrem Angebot oder Vorschlag, über den „gemeinsamen Nenner". Was will er? Was will ich? Wie sind diese Einstellungen zu vereinbaren? Das ergibt Ihren Verhandlungsplan. Wie Sie Schritt für Schritt vorgehen, ergibt die Verhandlungsfolge. Der Inhalt sind Ihre Vorschläge und Argu-

mente. Die Gesprächseröffnung bedarf eines geschickten „Aufhängers“ (vgl. Kapitel 13). Das Gespräch vorbereitet und überlegt zu führen, ermöglicht Ihnen eine aktive Gesprächssteuerung (anstatt möglicherweise vom Kunden ausgefragt und gesteuert zu werden).

Die Atmosphäre

4. Sicher haben Sie ein Gefühl dafür, wenn Ihre Verhandlung in einer „guten Atmosphäre“ stattfindet. Man spricht offen, entspannt, informell miteinander, empfindet gegenseitige Sympathie und Vertrauen, Worte werden nicht auf die Goldwaage gelegt, der andere wird nicht als Gegner empfunden, es liegt keine Spannung in der Luft. Wenn die Atmosphäre sich verschlechtert, denken Sie an die Vorschläge 6, 7, 8 und 9.

   Und noch etwas: Um Fremde zu beeinflussen, muss man den Abstand vermindern (als sei man befreundet). Bei Freunden gilt eher das Gegenteil. Sie wissen, wie schwierig es sein kann, eigene Familienmitglieder zu beeinflussen. Und plötzlich schlägt ein Außenstehender etwas vor, was sofort akzeptiert wird. Und Sie sind einigermaßen pikiert: *„Das habe ich doch schon dauernd gesagt. Aber mir hast du es ja nicht abgenommen.“* Hier muss man also Abstand schaffen, als sei man ein Außenstehender.

   Vielleicht verstehen Sie Günther Pohls Lage in Problem 2) jetzt besser. Und auch Heinrich Otts Fehler? Und übrigens, beim Verkauf ist Kontakt kein Ziel, sondern ein Mittel.

Ausstrahlung

5. Mit Ausstrahlung ist die aktive Beeinflussung gemeint. Ihren Kunden zu verstehen, bedeutet noch keinesfalls ihn zu beeinflussen. Ihre Eigenüberzeugung, Ihr Beeinflussungswille, Ihr Ausdruck, Ihre Intensität, Ihr Erfolgswille, Ihre ganze Person, Ihr starkes Gefühl, dem anderen mit Ihrem Vorschlag zu dienen – all das spielt eine Rolle, um eine positive Beeinflussung durch Ihre Ausstrahlung auszuüben.

6. Stur einen vorgefassten Plan zu verfolgen, ohne Ihren Gesprächspartner und seine Reaktionen genau zu beobachten, würde aus der Vorbereitung ein zweischneidiges Schwert machen (vgl. Problem 5). Also: Ihre Argumente den Reaktionen Ihres (Ihrer) Gegenüber anpassen und vorsichtig Schritt für Schritt vorgehen. Bei Störung des guten Klimas werden Sie auf Vorschlag 8 und 9 zurückgreifen.

Positiv Ja-Ja-Folge und Schneeball-Prinzip

7. Die Sätze „Das Glas ist noch halb voll“ und „Das Glas ist schon halb leer“ sagen logisch beide dasselbe aus, aber psychologisch (siehe auch Empathie) besteht ein erheblicher Unterschied. Negative Argumente ziehen nicht so wie positive. Bei Wünschen Ihres Gesprächspartners, die Sie nicht „wunschgemäß“ erfüllen können, ist es vorteilhafter zu sagen, **was** Sie tun können, als **was** Sie **nicht** tun können (*„sofort morgen früh“* anstatt *„heute nicht mehr“*).

Der Ja-Ja-Aufbau setzt voraus, 1. anstatt zu behaupten zu fragen, und 2. die Fragen so zu formulieren, dass der Gesprächspartner automatisch mit „Ja" antwortet. Dies sollten Sie mehrfach wiederholen. Auf drei „Nein" folgt fast automatisch ein viertes „Nein" - auf drei „Ja" ein weiteres „Ja". Das Schneeballprinzip folgt demselben Gedanken. Hierbei helfen Ihnen Fragen, besonders rhetorische. *„Sie wollen doch auch Ihre geschäftliche Zukunft absichern? Sie wollen doch vermeiden, dass Ihnen der Wettbewerb plötzlich um Längen voraus ist? Sie wollen doch alles tun, Ihre bewährten Produkte auch weiterhin in verkäuflicher Hinsicht zu entwickeln? Sie haben sicher auch schon über Verwendung von billigerem Material nachgedacht?"*

Das sind Formulierungen, die dem Vorschlag 7) entsprechen. Übrigens, welches der fünf Probleme wäre durch dieses Vorgehen leichter zu lösen?

Rückzugsziele vorbereiten

8. Dieser Vorschlag ist eine Vorsichtsmaßnahme, die bei der Vorbereitung von Verhandlungen fast immer zu kurz kommt. Als Endziel legt man sich auf eine einzige Lösung fest, die häufig nicht annehmbar ist, hat keine Rückzugsziele, lässt sich auf unbefriedigende Kompromisse ein oder erreicht gar nichts.

   Überlegen Sie folgende Fragen: *Wenn mein gestecktes Ziel nicht erreichbar ist, welche weiteren Lösungen sind möglich? Welche Alternativlösungen kann ich vorsehen und vorschlagen? Welches (bescheidene) Teilziel kann ich erreichen, damit das Gespräch nicht wie das berühmte Hornberger Schießen endet? Ein mögliches Teilziel ist z. B. ein neuer Gesprächstermin, eine Untersuchung, ein schriftlicher Vorschlag.*

Neutralisieren

9. Heinrich Ott (Problem 1) hätte gut daran getan, diesen Vorschlag zu befolgen, nicht wahr? Auch einer der vorangegangenen Ratschläge hätte Heinrich Ott genützt. Sie wissen sicher, welcher. Oder?

Auf jeden Fall Bestätigung

10. Auch im Fall eines durchschlagenden Erfolges begnügen Sie sich bitte nicht mit einer Feststellung Ihrerseits, die der Kunde ohne Widerspruch hinnimmt oder die er sogar mit Bestätigung quittiert. Allzu häufig stellt sich nachher heraus, dass beide die Vereinbarung anders deuten, dass neue Überlegungen sie wieder in Frage stellen, dass man sich nicht richtig verstanden hat. Eine schriftliche, beiderseits bindende Abmachung oder eine sofortige Einleitung der praktischen Verwirklichung erspart Ihnen Enttäuschungen.

Diese zehn Vorschläge sollten Ihnen Ihre kommenden Verhandlungen erleichtern.

Noch etwas: Um ein Verhandlungsziel zu erreichen, brauchen Sie **Kontakt** und **Sympathie.** Also: ein offenes Gespräch, d.h. Kommunikation, die „gleiche Wellenlänge", Glaubwürdigkeit. Sonst sind Ihre noch so guten Argumente „für die Katz". Und der Kunde muss Sie „mögen". Also eine positive Einstellung Ihnen gegenüber haben. *„Mit dem möchte ich/möchte ich nicht Geschäfte machen."* Das ist bei gleichwertigen Angeboten häufig entscheidend. Aber: Kontakt und Sympathie sind Mittel, kein Ziel. Mittel, um Kunden zu gewinnen und Aufträge zu erzielen.

!

Jetzt können Sie wohl die vier einleitenden Fragen beantworten und die fünf Verkaufsprobleme lösen?

BEREITEN SIE SICH GRÜNDLICH AUF VERHANDLUNGEN VOR – VIEL GRÜNDLICHER ALS BISHER. FÜR ALLE FÄLLE GERÜSTET ZU SEIN, GIBT IHNEN SICHERHEIT, UND SICHERHEIT BRAUCHEN SIE, UM ÜBERZEUGEN ZU KÖNNEN.

Kapitel 13

AIDA und der Verkauf – Wie man Aufmerksamkeit erweckt

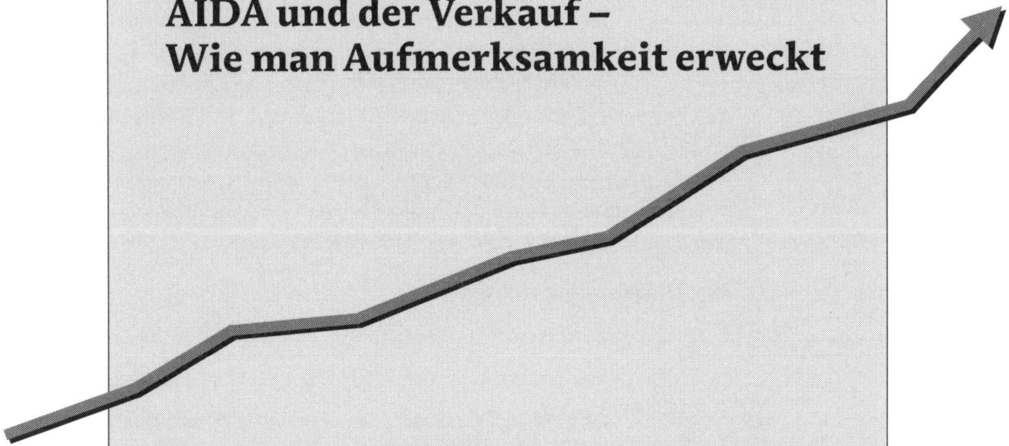

Können Sie diese vier Fragen beantworten?

1. Durch welche Taktik fesseln Sie am leichtesten die Aufmerksamkeit des Kunden?
2. Gehört die Erwähnung Ihres Angebots ins Eröffnungsstadium der Verhandlung?
3. Wie gewinnen Sie die Aufmerksamkeit eines abgelenkten Kunden am schnellsten zurück?
4. Wann im Verkaufsgespräch entscheidet der Kunde sich innerlich, ob er Ihnen zuhören will?

Können Sie diese fünf Probleme lösen?

1

„Ich möchte Sie gern für unser neues, vollkommen knitterfreies Material interessieren", beginnt Vertreter Hausmann sein Verkaufsgespräch und bereitet sich darauf vor, zu zeigen, wie gut seine Stoffe sind. Aber meistens hat der Kunde dann schon gesagt, dass er kein Interesse hat oder hört, offensichtlich zerstreut, nur der Höflichkeit halber noch einige Minuten zu. Nach einigen Monaten angestrengter, aber im wesentlichen ergebnisloser Bemühungen gibt Hausmann seine Tätigkeit auf. Er bekommt eine Anstellung in einem Geschäft für Unterhaltungselektronik, wo er einer der besten Verkäufer wird ...

Wie erklären Sie sich dies?

2

Verkäuferbesprechung: Verkäufer A. behauptet, er überlege sich vorher genau, mit welchem Satz beziehungsweise erstem Gedanken er sein Verkaufsgespräch jeweils anfangen will. Verkäufer B. meint, das sei unmöglich. Das müsse sich aus der jeweiligen Situation ergeben. Es würde sonst auch der Eindruck entstehen, das Gespräch sei „eingepaukt". Die Meinungen der Übrigen sind geteilt ...

Und was meinen Sie?

3

Der Verkäufer Hofmann hat das Gefühl, schnell einen guten Kontakt mit dem Kunden durch einige unverbindliche Redensarten zu bekommen. Damit würde dem Kunden das Gefühl einer Geschäftsverhandlung genommen, was ihn sonst vielleicht zu vorsichtig machen könnte. Meistens fängt er mit den Worten an: „Ich war sowieso gerade in der Gegend, und da wollte ich die gute Gelegenheit nutzen."

Sind Sie einverstanden? Was gehört nach Ihrer Meinung zu einem guten Gesprächsanfang?

? 4

Beginn eines Gespräches bei einem Wiederbesuch, nachdem der Kunde das vorige Mal abgelehnt hatte: „Herr Kundmann, ich wollte die Sache von neulich wieder aufgreifen. Vielleicht haben Sie in der Zwischenzeit im Zuge der Entwicklung Ihre Meinung noch mal überprüft?"

Gut oder schlecht? Wie würden Sie es machen?

? 5

„Herr Kleeberg, Sie werfen jeden Tag 100 Euro zum Fenster raus", fängt Verkäufer Lässig sein Verkaufsgespräch zur Einführung eines neuen Schmieröls an. Einige Kunden hören belustigt zu, andere werden böse. In ein paar Fällen hat Lässig Erfolg. „Na, wenn ich damit keine Aufmerksamkeit erwecke, womit sollte es mir dann gelingen!" kommentiert er.

Und wie ist Ihr Kommentar?

Analyse des Verkaufsvorgangs

Es erweist sich laufend, dass jeder Verkaufsvorgang gewisse erkennbare Entwicklungsstufen durchläuft, auch wenn die Grenzen ineinander fließen. Die alte AIDA-Regel: **A**ttention - **i**nterest - **d**esire - **a**ction (eingedeutscht: **A**ufmerksamkeit, **I**nteresse, **D**rang zum Kauf, **A**bschluss), amerikanischen Ursprungs, oft verworfen und ebenso oft wieder herangezogen, hat sich als erstaunlich beständig und hilfreich erwiesen, auch wenn sie sich manchmal in leicht abgeänderter Form darstellt.

Die Regel bedeutet einfach ausgedrückt: Der erfolgreiche Verkäufer muss

1. die **Aufmerksamkeit** des Kunden wecken,
2. ihn persönlich am Angebot **interessieren** und
3. das **Verlangen**, den Drang zum Kauf, steigern, um
4. die **Kaufhandlung**, den Abschluss, auszulösen.

So verläuft nämlich der Kaufprozess beim Kunden.

Selbstverständlich kommt dieser vierstufige Verkaufsvorgang **kaum** zur Anwendung, wenn die Initiative zum Verkaufsgespräch **vom Kunden** ausgeht. Dem Kunden braucht dann nicht erst das Kaufverlangen bewusst gemacht zu werden, und auch das Aufmerksamkeitsmoment ist meistens schon gegeben. Das ist die übliche Situation beim Ladenverkauf (obwohl auch dabei manchmal die AIDA-Regel anzuwenden ist, z. B. bei jedem Mehrverkauf und bei der Beratung von Kunden, die ohne bestimmte Kaufabsichten kommen).

Bedienungs- und Verkaufsvorgang

Es handelt sich also um zwei verschiedene Vorgänge:

1. Der Bedienungsvorgang: Dabei entwickelt sich das Verkaufsgespräch aus der Initiative des Kunden und hat den Zweck, die aufgezeigten Wünsche des Kunden zu befriedigen (erfassen, bewusst machen und erfüllen).

2. Der Verkaufsvorgang: Hier geht die Initiative vom Verkäufer aus, wobei dem Kunden meistens ein Bedürfnis erst bewusst gemacht werden muss. Dieser vom psychologischen Gesichtspunkt aus entscheidende Unterschied wird beim Verkauf (wie im Beispiel 1) im Allgemeinen zu wenig oder gar nicht beobachtet. Hausmann in Problem 1 hat in der Praxis viele Doppelgänger: Menschen, denen es nicht gelingt, im Außendienst Umsätze zu erzielen, können sich beim Verkauf über den Ladentisch als durchaus erfolgreich erweisen.

Der vierstufige Verkaufsvorgang ist nicht an einen bestimmten Zeitraum oder irgendeine genaue Zeitfolge gebunden. Er kann ebenso gut drei Minuten wie drei Monate in Anspruch nehmen. Bei längeren Verhandlungen tritt er bei jedem Verkaufsgespräch auf. Genau genommen beginnt der Abschluss als Zielvorstellung schon mit der Gesprächsplanung und den ersten Worten. Die Aufmerksamkeitsstufe geht vielleicht nach 30 Sekunden in die Interessenstufe über, während die Überzeugungsstufe womöglich viele Stunden braucht. Das Abschlussmoment steht sowieso als Ziel dauernd im Raum. Manchmal verschiebt sich die Reihenfolge, und eine oder ein paar Stufen können übersprungen werden.

Vier Kernfragen für Ihre Darstellung

Jeder Verkäufer sollte den Aufbau eines Verkaufsgespräches unter Berücksichtigung dieser vierstufigen Taktik im Verkaufsvorgang überprüfen:

1. Erzielt Ihre Argumentation sofort die **Aufmerksamkeit** des Kunden?
2. Weckt sie das persönliche **Interesse** des Kunden?
3. Schafft sie **Drang zum Kauf** durch Überzeugung, dass Ihr Kunde das Angebot sowohl **wünscht** als auch **braucht?**
4. Führt sie konsequent zum **Abschluss** und zur **Kaufhandlung?**

Wie man unmittelbar die Aufmerksamkeit des Kunden erregt:

18 Beispiele

Einige praktische Beispiele aus den verschiedensten Branchen zeigen, worauf es ankommt. Überlegen Sie – mit Papier und Bleistift zum Notieren –, wie Sie sie in Ihrer Praxis verwenden können.

1. Es klingelt an der Tür. Zweimal. Draußen steht ein gut gekleideter Herr und fragt: *„Haben Sie einen guten Mixer im Hause?"* Der Herr des Hauses kann diese Frage nicht beantworten und ruft seine Frau. *„Ja, wir haben schon einen, aber er ist nicht mehr besonders gut"*, antwortet diese etwas verlegen und neugierig. *„Aber **ich** habe hier einen guten Mixer für Sie"*, antwortet der Besucher und holt einen aus seiner Aktentasche hervor. Wenn der Kunde selbst einen Mangel zugibt, ist es für den Verkäufer nicht schwer darauf einzuhaken. Beurteilen Sie die Verkaufsaussichten, wenn der Verkäufer begonnen hätte: *„Ich möchte nur hören, ob Sie einen neuen Mixer brauchen?"* oder auch: *„Brauchen Sie einen guten Mixer?"* **Ein** Wort macht die Frage gut bzw. schlecht.

2. Einem Verkäufer, der jetzt vollautomatische Staubsauger verkauft, nachdem er früher mit verschiedenen Arten von Haushaltsartikeln handelte, ist es sowohl jetzt wie auch früher mit folgender Einleitung gelungen, Aufmerksamkeit zu erregen: *„Darf ich Ihnen zeigen, wie Sie Ihre Haushaltsarbeit wesentlich vereinfachen können?"*

3. Ein Kollege fängt so an: *„Kennen Sie diese Herrschaften?"* Dann zieht er eine Liste mit Namen von Leuten im Hause oder den umliegenden Häusern hervor, die sein Gerät gekauft haben.

4. Herr G.mann fährt sein Auto in die Garage. Draußen ist es bitterkalt, und die vereiste, abschüssige Einfahrt erschwert das Steuern. Ein freundlicher Zuschauer hilft dem Fahrer mit einigen Handzeichen, den Wagen an den Hauspfeilern vorbeizulotsen. *„Haben Sie möglicherweise ein Abschleppseil?“* fragt er höflich. *„Nein, leider nicht. Ich habe schon lange daran gedacht, mir eines anzuschaffen, aber es ist nie etwas daraus geworden. Wieso, sitzen Sie fest?“ „Nein, das gerade nicht. Aber Sie könnten eines von mir bekommen, ein absolut reißfestes, mit doppeltem Karabinerhaken.“* Und dann zieht er ein Seil aus der Aktentasche. Diese Frage, die einen Auf merksamkeitsappell enthält **und** auch eine Mangellage auf deckt, hat ihm geholfen viele Seile zu verkaufen.

5. Ein Verkäufer für Diktiergeräte kommt zu einem kaufkräftigen Kunden. Dieser telefoniert gerade und bittet ihn Platz zu nehmen und zu warten. Der Verkäufer stellt in der Wartezeit sein Gerät auf. Als der Kunde fertig ist, hört er, wie das Gerät sein Telefongespräch mit ungewöhnlicher Lautstärke wiedergibt. Natürlich schafft das Aufmerksamkeit und meistens sogar schon Interesse.

6. Ein Händler hört aufmerksam zu, wie der Vertreter einer Küchengerätefabrik folgendermaßen beginnt: *„Wie wäre es, 1.000 thermogesteuerte Wasserkocher zu verkaufen?“* (Nicht „zu kaufen“, sondern „zu verkaufen“!) Und dann erklärt der Verkäufer die Pläne des Unternehmens für einen großen Werbefeldzug mit Anzeigen, Plakaten und Vorführungen, die dem Händler beim Verkauf helfen werden.

7. *„Haben Sie daran gedacht, dass Sie Ihr Haus jährlich schon für nur 140 Euro gegen Feuer und Diebstahl versichern können?“* wird ein Villenbesitzer von einem Versicherungsvertreter gefragt, anstatt des üblichen Einleitungsklischees: *„Wollen Sie sich nicht eine Heimversicherung zulegen?“*

8. *„Wollen Sie die langen Transportzeiten in Ihrer Fabrik um 30 % kürzen?“* fragt ein Verkäufer für Hubstapler. Darauf ist der verantwortliche Fertigungsleiter natürlich ansprechbar und hört sich deshalb die Vorschläge des Verkäufers aufmerksam an. Hätte der Verkäufer mit der Frage begonnen, ob der Kunde an Hubstaplern interessiert wäre, so wäre dem Gespräch kaum so viel Aufmerksamkeit gewidmet worden.

9. *„Guten Tag, Herr Doktor“*, sagt der Bergbauingenieur Gärtner, technischer und kaufmännischer Leiter einer süddeutschen Fabrik der mechanischen Industrie. *„Während meiner Amerikareise hörte ich auf einem Fachkongress für Ingenieure einen Vortrag über die Verwendung einer Leichtmetalllegierung, die gerade für die Art Ihrer Fabrikation passt, und dachte dabei an Sie. Erfreulicherweise konnte ich den Kollegen, der*

den Vortrag hielt, dazu bewegen, mir eine Kassette seines Referates zu überlassen. Hier ist sie ...“

10. „*Es gibt vielleicht eine neue Möglichkeit, Ihre Fertigungskosten zu vermindern*“, beginnt ein Stahlverkäufer. „*Darf ich ein paar Fragen stellen?*“ Der Kunde hat nichts dagegen, nicht zuletzt deshalb, weil er neugierig ist, was der Verkäufer ihm anzubieten gedenkt.

11. „*Ich habe Ihre Schaufenster bewundert, Herr Roland. Sie scheinen sehr hochwertige Qualität zu führen. Ihr Geschäft ist wohl das anspruchsvollste in der Stadt?*“ fragt der Verkäufer exotischer Konserven den Inhaber, der sich natürlich aufgrund dieser Beurteilung geschmeichelt fühlt und gerne die Beobachtungen des Verkäufers bestätigt. Sicher hat der Verkäufer dadurch größere Möglichkeiten, die Aufmerksamkeit des Inhabers zu wecken, als durch eine Frage, ob der Kunde nicht auch seine Fruchtkonserven führen wolle.

12. „*Sie hatten einen sehr schönen Stand auf der Frankfurter Messe, Herr Steiner. Ließen Sie ihn in Ihrem eigenen Unternehmen anfertigen?*“ Direktor Steiner nickt zufrieden. „*Übrigens haben Sie letzthin anscheinend auch Ihre Verkaufsorganisation ausgebaut. Sollen Ihre Verkäufer in Zukunft auch Autoreparaturwerkstätten besuchen?*“ Jawohl, so hatte Steiner sich das gedacht. „*Wie wäre es, wenn Ihre Leute eine Chance bekämen, bei jedem Besuch für 420 Euro mehr zu verkaufen?*“ Das könnte man überlegen, meint der Kunde und fragt, wie das zu machen sei. Dadurch kann der Verkäufer der Werkzeugimportfirma seinen Vorschlag über die Mitnahme einer Werkzeugmustersammlung für die Reisenden des Kunden entwickeln.

13. „*Wollen Sie mal versuchen, diesen Stoff zu zerreißen?*“ fordert ein Verkäufer den Inhaber einer Kofferfirma an der Nordseeküste auf. Das war die Einleitung dazu, dass die fünfzehn Lieferwagen der Firma, für die es an den Wochenenden keine Garagen gab, einen Schutzüberzug bekamen.

14. „*Darf ich einen Augenblick Ihr Faxgerät benutzen?*“ bittet ein Vertreter seinen Kunden beim Eintritt. Er setzt sich, legt ein Blatt Papier ein und schreibt: „*Können Sie zehn einwandfreie Mitteilungen an Ihre Außenstellen in einem Durchgang mit Ihrem Gerät machen?*“ und reicht dem Kunden das beschriebene Blatt hin, während er gleichzeitig die Frage mündlich wiederholt.

15. Ein Textilverkäufer hält einen Seidenstoff gegen die Sonne und den Wandspiegel. „*Haben Sie schon einmal Seide mit einem solchen Glanz und einer so klaren Textur gesehen?*“ fragt er einen Kunden, den er

schon früher häufig besucht hatte. Bei häufigen Wiederbesuchen ist das Risiko einer langweiligen Eröffnung des Verkaufsgespräches besonders groß.

16. Der Vertreter Markwart beißt sich auf die Zunge. Er war nahe daran, mit der üblichen alten Leier *„Wir haben etwas Neues für Sie"* das Gespräch einzuleiten. *„Herr Schildmann, sind Sie daran interessiert, auf einen Schlag mindestens 750 Euro zu sparen?" – „Ja, wieso?" – „Das sind 50 % Ihrer Telefonkosten. Die können Sie halbieren"*, so der Verkäufer der Telekom, *„durch ein entsprechendes Abonnement vermeiden Sie die unnötige Ausgabe."* Das Vorgehen führt zu vielen Aufträgen – und dankbaren Kunden.

17. *„Wann haben Sie zuletzt einen Zuckerhut gesehen?"* leiten Verkäufer einer Rumfirma eine Verkaufsaktion für eine Feuerzangenbowle bei Händlern ein.

18. *„Sagen Sie bitte Ihrem Chef, dass ich eine wichtige steuertechnische Mitteilung für ihn habe, wodurch er vielleicht viel Geld sparen kann"*, beginnt Schuhverkäufer K. (einen Zeitungsbericht mit einer gerichtlichen Steuerentscheidung in der Tasche) ein Gespräch mit einem Angestellten eines Schuhfilialunternehmens, dessen Chef sich mehrere Male nicht sprechen lassen wollte.

Womit können **Sie** die Aufmerksamkeit **Ihrer** Kunden gleich für sich gewinnen?

Hoffentlich helfen Ihnen diese Beispiele. Sie sind zum Kapieren, weniger zum Kopieren da. Jedes Beispiel zeigt **eine** Methode, Aufmerksamkeit zu erringen. Denken Sie sie auf Ihre Belange um! Unter uns gesagt: **Es geht auch bei Ihnen!**

6 Fragen

Überlegen Sie sich folgende Fragen, und Sie werden eine bessere Einleitung Ihres Verkaufsgespräches finden:

1. Mit welchem (einzigen) Satz kann ich den Kundennutzen meines Angebotes eindrucksvoll darstellen?
2. Welche kundenorientierte Frage kann ich zu Anfang stellen, um den Kunden über seine angebotsbezogenen Wünsche sprechen zu lassen?
3. Welches einleuchtende Praxisbeispiel über erzielte Kundenvorteile muss den Kunden interessieren?

4. Wie kann ich dem Kunden helfen, seine Probleme zu lösen – und wie kann ich dies mit einem Satz ausdrücken?
5. Welche wertvolle Sonderinformation kann ich dem Kunden zukommen lassen, die mir hilft, seine Sympathie zu gewinnen?
6. Welche Aussage kann ich zu Anfang des Gesprächs machen, die den Kunden veranlasst, mehr von mir hören zu wollen?

Die Bedeutung des ersten Satzes

Unmittelbar Aufmerksamkeit zu erwecken, ist beinahe ebenso wichtig für den Verkauf wie eine gute Schlagzeile für eine Anzeige.

Erstens: Den ersten Satz hört sich der Kunde genauer an als die folgenden. Zweitens: Er bestimmt oft die ganze Einstellung zum Verkäufer und vielleicht auch zum Angebot.

Viele Kunden entscheiden sich (bewusst oder unbewusst) schon beim ersten Satz, ob sie den Verkäufer so schnell wie möglich loswerden oder seinen Vorschlägen zuhören wollen. Wird die Aufmerksamkeit des Kunden nicht sofort geweckt, so verliert der Rest der Verkaufsargumentation oft (und vielleicht unverdient) seine ganze Wirkung. In einigen Branchen, z. B. bei vielen Versicherungsgeschäften, beim Direktverkauf, beim Abonnementsgeschäft, beim Verkauf per Telefon, entscheiden oft die ersten beiden Sätze, ob der Verkäufer überhaupt eine Chance bekommt, zu verkaufen.

Was und wie Sie auch verkaufen mögen, prüfen Sie Ihre einleitenden Sätze. Oft gewinnt die Darstellung durch eine so einfache Art wie das Auslassen des ersten Satzes. Vermeiden Sie „alte Hüte" oder reine Harakiri-Ausdrücke wie z. B. *„Ich bin hergekommen, um zu ...“*, oder *„Ich habe nur einmal hören wollen, ob ...“*, *„Ich wollte Ihnen nur sagen, Herr Doktor, dass ...“*, *„Der Anlass meines Kommens, Herr Meier, ist ...“* *„Ich bitte um Entschuldigung, wenn ich ...“*, *„Ich war sowieso in der Gegend ...“* Denken Sie daran, dass der erste Satz darauf abzielen soll, sowohl die früheren Gedanken des Kunden zu neutralisieren wie auch sein Interesse für Ihre Ideen zu wecken.

Der Verkäufer als Problemlöser

Versetzen Sie sich in seine Lage und fragen Sie sich: *„Was könnte mich bewegen, einem Vertreter, der mit meinem Angebot kommt, zuzuhören?“* Die auf den Vorseiten genannten Beispiele zielen alle darauf, das Verkaufsgespräch mit irgendeiner Mitteilung, die den **Kunden** interessiert, einzuleiten. Selten berührt diese Mitteilung Ihre Ware. Sie ist ja nur Mittel zum Zweck (vergleichen Sie 2, Abschnitt über Ideenverkauf). Ihr Angebot selbst im ersten Satz zu erwähnen, dürfte deshalb psychologisch fast immer unklug sein. Dagegen ist der Kunde direkt und unmittelbar an seinen eigenen **Problemen** interessiert. Als Verkäufer gehen Sie zum Kunden, um Probleme zu lösen. Sie sollten also versuchen, in dieser Richtung eine gute Einleitung für das Gespräch zu finden.

Dies ist einer der Kernpunkte moderner Verkaufstechnik. Unaufgeforderte Besuche von Verkäufern interessieren immer weniger, besonders wenn sie für den Kunden keinen erkennbaren Nutzen versprechen. **Problemlösungen** interessieren immer. Der Verkäufer von heute ist deshalb (gezwungenermaßen) zum Problemlöser geworden.

Anders sein!

Ihre Methode und Ihr Ziel sei: **anders zu sein.** Damit erweckt man Aufmerksamkeit. Ahmen Sie niemanden nach - besonders nicht Ihren Mitbewerber. Im Gegenteil, versuchen Sie sich so weit wie möglich von ihnen zu unterscheiden. Wenn alle nach und nach dieselbe Sondertour reiten, auch wenn sie an und für sich gut war, dann ist sie durch aller Nachahmung schlecht geworden. Ihr Ziel muss dann sein, einen ganz neuen Weg zu gehen - oder den alten, den niemand mehr geht.

In drei Richtungen können Sie anders sein:

1. anders als andere,
2. anders, als Sie bisher waren,
3. anders, als der Kunde es erwartet.

Das ist der Weg zur sinnvollen, Aufmerksamkeit weckenden Originalität.

Bei der Formulierung sollten Sie an die Vorteile der Frageform denken. Eine gute Frage überrascht - und fesselt! Sie erfordert eine Antwort. Sie leitet ein Gespräch ein. Sie ist Start zu einem Gedankenaustausch.

Positiv fragen!

Aber die Frage soll **positiv** sein - nicht dieser Art: *„Wollen Sie nicht mit mir einmal die Möglichkeit Ihre Buchführung zu vereinfachen besprechen?“* oder *„Sie sind möglicherweise noch mit englischen Kammgarnstoffen eingedeckt?“* Die nicht seltene Frage *„Kann ich Sie für z. B. verbesserte Beleuchtung Ihres Büros interessieren?“* enthält das, was der Verkäufer sich selbst und nicht den Kunden fragen sollte. Die sicherste, wenn auch nicht immer taktvollste Art, Aufmerksamkeit zu erregen, ist, mit einer verblüffenden Frage zu beginnen, die den Kunden zum Nachdenken zwingt. Besonders bei Wiederbesuchen, wenn der Kunde denkt: *„Aha, jetzt ist der wieder hier, jetzt geht dieselbe Leier wieder los“,* hat der Verkäufer allen Anlass, seine Findigkeit zu Rate zu ziehen, sodass der Kunde statt dessen aufhorcht und denkt: *„Aha, daran habe ich überhaupt noch nicht gedacht, das ist etwas Neues.“*

Gute Anfänge sind: *„Haben Sie ... ? Sind Sie ... ? Können Sie ... ? Würden Sie ... ? Wollen Sie ... ?“*

Der Verkäufer ist oft eine ausgezeichnete Auskunftsquelle für den Kunden. Wertvolle Aufschlüsse sollte er deshalb planmäßig sammeln, ordnen und für Kundengespräche zusammenstellen. Nachrichten und Neuigkeiten sind sichere Aufmerksamkeitsappelle.

Der Anfang des Gesprächs sollte für den Kunden **lustbetont** sein. Schreckmethoden sind gefährlich (können nur in Ausnahmefällen als letzter Versuch schon mal erfolgreich sein).

Falls Sie fühlen, dass der Kunde gleich einwenden wird, er benötige Ihr Anerbieten **gerade jetzt** nicht, und deshalb geneigt ist, das Gespräch aufzuschieben oder abzubrechen, könnten Sie beispielsweise folgendermaßen anfangen: *„Hier nur einige Angaben, damit Sie sich eine Meinung darüber bilden können, was Ihnen eine solche Maschine an Kostenersparnis einbringt, wenn Ihr Bedarf aktuell wird.“* Oder *„Nur zu Ihrer Information für spätere Verwendung“*. Am Anfang des Gesprächs gilt es, möglichst keine Gegensätze aufkommen zu lassen.

Abgelenkte Aufmerksamkeit

Äußere Umstände können manchmal Ihren Gesprächspartner daran hindern, Ihnen seine ungeteilte Aufmerksamkeit widmen - Telefongespräche, Nachrichten, Boten, Sekretärinnen oder andere im Zimmer anwesende Personen. Eine vorsichtige Bemerkung: *„Ich wusste nicht, dass Sie besetzt sind, Herr Wichtig“*, kann unbefugte Personen veranlassen, sich zu entfernen. Sind dagegen andere Personen vom Kunden hereingerufen worden, um an der Verhandlung teilzunehmen, sollte der Verkäufer diese sogleich in das Gespräch einbeziehen und damit zeigen, dass er ihre Aufgabe respektiert (wie oft ist nicht der Verkäufer vom „dritten Mann“ zu Fall gebracht worden). In zweifelhaften Fällen kann der Verkäufer sich gleich dadurch über die Rolle, die der Betreffende spielt, unterrichten, indem er sich diesem vorstellt. Die Antwort bekommt er dann entweder von ihm selbst oder vom Kunden. Es kann auch passieren, dass der Kunde eine oder mehrere Personen hereinruft, um Zeugen zu haben für das, was abgesprochen wird, oder einfach auch, um sich stärker zu fühlen.

Was tut man bei Unterbrechungen?

Nach einer Unterbrechung sollte man besser zunächst erst durch Kontrollfragen feststellen, ob der Kunde nicht „den Faden verloren“ hat. Ein Maschinenverkäufer fragt unbeirrt nach einer Unterbrechung *„Wo waren wir gerade?“*, um den Kunden zur Reaktion und zum Nachdenken zu zwingen. Merkt man, dass die Aufmerksamkeit des Kunden schwindet, kann man bewusst die Stimme heben. Aber eine kurze Pause, am besten völlig unmotiviert mitten im Satz, ist häufig viel wirkungsvoller, um die Aufmerksamkeit des Kunden wieder zurückzugewinnen. Je plötzlicher die Pause, desto größer ihre Kontrastwirkung.

Augenkontakt

Ein wichtiges Hilfsmittel ist der Blick. Sehen Sie dem Kunden klar in die Augen und „zwingen“ Sie ihn, Sie anzusehen. Ohne „Augenkontakt“ können Sie keine Aufmerksamkeit erzielen, wie gut Sie auch immer argumentieren. Und, nicht vergessen, intensive Ausdrucksweise, kräftige Stimme, langsames Sprechen, echte Pausen - für entsprechenden „Hörkontakt“. Besonders am Anfang des Gespräches ist dies wichtig. Zu leises

Sprechen ist meistens ein Zeichen von Hemmungen. Überwinden Sie sie durch bewusst laute Stimme.

Jetzt können Sie wohl die vier einleitenden Fragen beantworten und die fünf Verkaufsprobleme lösen?

Sie müssen von Beginn an Aufmerksamkeit hervorrufen. Schon Ihr erster Satz soll den Kunden fesseln. Verkaufen Sie Ihrem Kunden den Wunsch, mehr von Ihnen zu hören. 99 von 100 Verkäufern können ihre Gesprächseinleitung verbessern.

Kapitel 14

AIDA und der Verkauf – Wie erzeugen Sie Interesse?

Können Sie diese vier Fragen beantworten?

1. Wann ist der geeignete Vorführungszeitpunkt?
2. Was wissen Sie über die verschiedenen Arten der Vorführungstechnik?
3. Mit welchen Hilfsmitteln kann und muss der Verkäufer auch dann eine Vorführung durchführen, wenn er die Ware selbst nicht mitnehmen kann?
4. Was genau wollen Sie durch Ihre Vorführung beweisen?

Können Sie diese fünf Probleme lösen?

? 1

Verkäufer Selbig verfügt über ein ausgezeichnetes Verkaufsmaterial. Sein Werk hat ihm alles sehr schön geordnet zur Verfügung gestellt: Proben, statistische Unterlagen, Referenzschreiben, Abbildungen, Warenliste. Seine Verkaufstechnik besteht u. a. darin, dass er bei den Erstbesuchen die etwas dicke Mappe im Wagen lässt, um nicht bei der Anmeldung einen negativen Eindruck zu machen. Später kann er nach seiner Meinung immer noch das Arbeitsmaterial holen, wenn er es braucht.

Ist das der richtige Weg?

? 2

Herr Maler verkauft EDV-Software und besucht verschiedene Unternehmer. Er überlegt immer genau, wie er das Verkaufsgespräch beginnen soll. Es glückt ihm, die Aufmerksamkeit seiner Hörer zu wecken und die Vorzüge seiner Lösungen darzustellen. Die Gespräche pflegen etwa eine halbe Stunde zu dauern. Maler stellt nämlich nach einer Viertelstunde fest, dass das Interesse zurückgeht. Deshalb nimmt er sich vor, ein neues, zweites Gespräch vorzubereiten, da er nicht glaubt, den Kunden auf einmal durch die verschiedenen Entwicklungsstufen des Verkaufsvorgangs bis zum Kaufentschluss führen zu können. Auch diese Methode schlägt nicht richtig ein, und er ist mit sich selbst unzufrieden. Schließlich aber kommt er auf eine an sich einfache und naheliegende Idee, die sich sehr schnell in besseren Verkaufsergebnissen widerspiegelt.

? 3

Verkäufer Ramm ist keine direkte „Leuchte". In seinem Auftreten etwas kantig, mit schroffer Sprache und etwas viel Gebärden. Verkäufer Lamm dagegen ist elegant, mit gebildeter Ausdrucksweise und vornehmem Auftreten. Ramm nimmt immer schon zu Beginn des Verkaufsgesprächs seine Verkaufsunterlagen heraus und zeigt die Bilder seiner Präparate, das eine nach dem anderen. Auch wenn der Kunde sagt, er kenne ja alles schon (und das geschieht bei fast jedem Besuch), lässt er sich nicht beirren, sondern zeigt weiter. Darauf führt er eine ganze Reihe Aufträge zurück. Lamm dagegen meint, das sei eine zu aufdringliche Methode.

? 4

„Sie sagen, man solle den Kunden an der Vorführung beteiligen", wirft Gerhard Kaufmann in die Verkäuferbesprechung ein. „Bei unserer komplizierten Maschine riskiert man dann aber, dass der Kunde etwas falsch macht und dadurch einen falschen Eindruck bekommt. Ich riskiere lieber nichts und lasse ihn erst mal zusehen." Einige seiner Kollegen teilen seine Auffassung.

Sie auch?

? 5

"Viele dieser Vorführungsmethoden, wie sie Verkäufer in anderen Branchen verwenden, erscheinen mir wie Mätzchen", meint ein solider, älterer Kunststoffverkäufer eines Chemieunternehmens. „Das würde bei unseren Kunden nicht ankommen, und ein Unternehmen wie das unsere kann sich so etwas nicht leisten."

Jüngere Kollegen widersprechen ihm, einige ältere pflichten ihm bei.

Wiederholung ist kein Beweis

Einen Kunden für ein Angebot zu interessieren bedeutet, ihm **deutlich klarzumachen,** was er gewinnt, wenn er es annimmt – eine allgemein anerkannte Weisheit beinahe ebenso allgemein in der Praxis vernachlässigt. Die konkreten Vorteile, die man vorher (oft als Aufmerksamkeitsappell in der Einleitung des Gesprächs) dem Kunden vorgehalten hat, müssen bewiesen werden.

Behauptungen sind keine Beweise! Auch Wiederholungen Ihrer Behauptungen sind keine! Die beste Art, Vorteile zu beweisen, ist, sie vorzuführen. Eine geschickte Vorführung verwandelt die Aufmerksamkeit des Kunden in ein direktes Interesse für das Angebot. Die Interessensstufe ist die Vorführ- oder Präsentationsstufe. Vorführen muss man immer, ob man nun seine Ware bei sich hat oder nicht. Im letzteren Falle benutzt man Hilfsmittel. Je weniger man über die Ware **spricht,** desto besser! Lassen Sie den Kunden deren Eigenschaften selbst prüfen, und zwar sobald wie möglich! Nichts überzeugt so stark wie das, was man mit eigenen Augen gesehen hat.

Vorführen!

Vermeiden Sie, die Stärke und Haltbarkeit einer Armatur zu beteuern – lassen Sie sie stattdessen vom Kunden selbst auf den Boden werfen und misshandeln. Ist eine Zusatzessenz geruchfrei, so bestätigen Sie dies nicht mit Worten, sondern lassen Sie den Kunden selbst daran riechen, am besten im Vergleich zu einem anderen, stark riechenden Produkt. Wollen Sie zeigen, dass Ihr Apparat „narrensicher" ist, so lassen Sie den Kunden alle erdenklichen Fehlgriffe ausführen, damit er sich selbst davon überzeugt, dass er keinen Schaden anrichten kann. Wollen Sie dem Kunden die Beschleunigungseigenschaften eines Autos beibringen, so zeigen Sie ihm keine Tabellen, sondern drücken Sie ihm eine Stoppuhr in die Hand und machen Sie eine Beschleunigungsprobe. Wollen Sie den Kunden von der Notwendigkeit einer Lüftungsanlage überzeugen, so lassen Sie ihn durch zwei Arbeitsräume gehen – den einen mit ventilierter und den anderen mit „normaler", verbrauchter Luft.

Ihre Vorführung soll also beweisen. Fragen Sie sich bei Ihrer Planung immer genau: **was?** Erst die Antwort erlaubt Ihnen ein wirkungsvolles und zielorientiertes Vorgehen.

Informationsbeschaffung

Eine wichtige Voraussetzung hierfür ist Ihre **Informationsbeschaffung.** Das Interessestadium ist in seiner Anfangsphase ein Informationsstadium. **Der Kunde informiert Sie – nicht umgekehrt.**

Stellen Sie sich selbst folgende 2 Fragen:

1) Welche Information benötige ich, um mein Angebot den Wünschen, Bedürfnissen und Problemen des Kunden anzupassen?
2) Welche Fragen meinerseits ermitteln diese Information?

Fragetechnik und Informationsverwertung spielen hierbei eine große Rolle. Je geschickter Sie hierbei vorgehen, desto besser wird Ihre Verständigung (Kommunikation) mit dem Kunden und desto zielgerechter die Folge der Verhandlung (in erster Linie Ihre Vorführung).

Einige Vorführungsratschläge:

Zehn Vorführungsmethoden

1. **Führen Sie immer vor,** was Sie auch verkaufen mögen. Je eher, desto besser (nach Ermittlung seiner Bedürfnisse), auch wenn der Kunde Ihre Produkte schon kennt oder die Vorführung nicht begrüßt. Nur so können Sie den Weg zum Verkauf finden. Das gilt für alle Branchen. Je abstrakter die Ware, um so wichtiger die Konkretisierung durch Vorführung! Auf Ihr Verkaufsmaterial zu verzichten oder es nicht zielbewusst zu verwenden heißt, mindestens die halbe Wirkung Ihrer Verhandlung einzubüßen.

   Papier und Bleistift benutzen!

   Überspringen Sie das Vorführungsmoment nicht. Wenn Sie die Ware nicht bei sich führen können, verwenden Sie Modelle, Proben, Bilder und Zeichnungen. Papier und farbige Filzstifte gehören zur unerlässlichen Ausrüstung des Verkäufers. Mit ihrer Hilfe lässt sich ein Angebot immer verdeutlichen. Zahlen sind schwer zu behalten. Schreiben Sie sie auf oder lassen Sie den Kunden schreiben. Veranschaulichen Sie Zahlenvergleiche durch einfache Bilder (Stapel, Kreise usw.). Das Gedächtnisbild wird durch schnell skizzierte Zeichnungen unterstützt. Inhalts- und Haltbarkeitsvergleiche können durch einfache geometrische Wiedergaben verdeutlicht werden. Das Argument über doppelte Lebensdauer wird z. B. auf einfache Weise mit zwei Quadraten dargestellt, von denen das eine doppelt so groß ist wie das andere; die Hälfte der Kosten durch einen Strich mitten durch.

   Mangelnde Zeichenbegabung braucht nicht unbedingt ein Nachteil zu sein. Der beherzte Versuch des Verkäufers, einen wirklich runden Kreis zu zeichnen, kann mehr fesseln als formvollendete Figuren eines guten Zeichners. Mit etwas Phantasie können Sie beinahe jedes Verkaufsargument zeichnerisch auf einem Blatt Papier festhalten und dadurch das Auge fesseln.

   Zeigen Sie die Verwendung der Ware!

2. **Die Vorführung darf sich nicht damit begnügen, zu zeigen, wie eine Ware aussieht. Sie soll auch zeigen, wie sie verwendet wird oder welche Wirkung sie in der Praxis hat.** Es ist oft reine Bequemlichkeit des Verkäufers, wenn er nur die Ware vorlegt, anstatt ihre Verwendung vorzuführen.

   Seien Sie drastisch!

3. **Gestalten Sie die Vorführung dramatisch!** Manchmal ist etwas Dramatik erforderlich, um Ihr Angebot interessant zu machen. Ein Verkäufer für Entfleckungsmittel führt die wirksamen Eigenschaften seiner Ware mit einem beschmutzten Lappen vor, den er vollkommen entfleckt. Die Wirkung wurde jedoch vervielfacht, als er dazu

überging, den Ärmel seines blütenweißen Hemdes zu beflecken und dann mit der Flüssigkeit zu säubern.

Ein Verkäufer für Feuerlöschgeräte macht die Erfahrung, dass keine Art der Vorführung mit der schlagartigen Wirkung zu vergleichen ist, die er auslöst, wenn er eine Hand voll Spezialschaum auf die Hand streicht und danach eine Lötlampe mit einer Stichflamme von 800 °C auf die offene Hand richtet.

Der Vertreter einer Spielzeugfabrik, ein Riese von über 100 kg Gewicht, kommt auf einem Schaukelpferd „reitend" zu seinen Kunden herein, wodurch sich alle Diskussionen über die Haltbarkeit erübrigen.

Ein Leimfabrikant bittet seine Kunden, ein zwei Kilo schweres Telefonbuch an den geleimten Ecken hochzuheben und zu zerreißen, um die Haltbarkeit zu prüfen.

Bei der Einführung einer neuen, schnell trocknenden Flüssigkeit werden die Kunden aufgefordert, mit der Hand unmittelbar nach dem Auftragen über das Papier zu wischen.

Ein Verkäufer von Traktoren kommt nicht über den großen Anfahrtsweg, sondern über die wuchernde Heide in den Gutshof gefahren.

Eine Uhrenfabrik stellt eine Armbanduhr aus, die an einem der Räder einer Expresszuglokomotive befestigt wurde und nach 6.000 km Fahrt noch intakt ist.

Ein Verkäufer von unzerbrechlichem Glas führt immer einen kräftigen Hammer bei sich, um auf seine Glasscheiben schlagen zu können.

Ein Verkäufer von Segeltuchüberzügen reicht dem Kunden eine Schere und bittet ihn, zu versuchen, die Stoffprobe durchzuschneiden.

Ein Baukranhersteller lässt einen seiner Krane durch einen Schuljungen bedienen und beweist damit die Einfachheit der Handhabung.

Verkäufer schlauchloser Hochdruckreifen lassen Kunden Nägel mit einem Hammer in die Reifen schlagen.

Die Leichtigkeit des Anschlages eines Buchungsautomaten wird von den Verkäufern einer Weltfirma durch Antippen mit einer Zigarette bewiesen.

Die Flamme eines Feuerzeuges dient zum Beweis der Güte von Eau de Cologne durch plötzliches Anzünden der zerstäubten Flüssigkeit.

Sie sehen an diesen vielfältigen Beispielen, wie eine unerwartete und auf Wirkung durchdachte Vorführung das Interesse des Kunden fesselt und auf ihn überzeugender wirkt als alle Beredtheit. Versuchen Sie eine noch bessere Lösung für Ihre Demonstration zu finden!

Einbeziehung des Kunden

4. **Beziehen Sie den Kunden in die Vorführung ein!** Lassen Sie ihn den Gegenstand möglichst selbst vorführen.

   Es gibt viele Gelegenheiten, bei denen der Kunde an einer Vorführung aktiv teilnehmen kann – nicht zuletzt bei mechanischen oder elektronischen Geräten, die den Spiel- und Basteldrang erwecken. Keine Vorführung, die vom Verkäufer ausgeführt wird, fesselt den Kunden annähernd so wie die, an der er selbst teilnimmt.

   Manchmal kann die Vorführung auch der Unterweisung dienen, wobei der Verkäufer die Vorführung erst selbst ausübt und gleichzeitig den Kunden in der Handhabung unterrichtet. Danach kann der Kunde das Gerät selbst bedienen. Hier ergibt sich Gelegenheit, schon bei der Vorführung den Verkauf abzuschließen. Je mehr man den Kunden interessieren kann, die Handhabung einer Maschine oder eines Gerätes zu erlernen, desto mehr fühlt er sich schon als Besitzer. Viele Cheftelefone, Computer, Autos, Haushaltsgeräte usw. sind auf diese Weise verkauft worden. Für viele Verkäufer wäre es nützlich, an Lehrgängen in Instruktionstechnik teilzunehmen. Einen Arbeitsvorgang jemandem beizubringen, ist etwas ganz anderes, als etwas selbst zu können oder seine eigene Fertigkeit zu zeigen.

   Jegliches Zahlenmaterial und Berechnungen, die Sie während der Vorführung benutzen, können Sie, wie schon erwähnt, den Kunden aufschreiben und ausrechnen lassen.

Wie man Prospekte überreicht

5. **Vorsicht mit Prospekten!** Allzu leicht kann ein Kunde einen Prospekt als Vorwand für den Gesprächsabbruch nehmen („*Ach so, ausgezeichnet, da haben wir ja einen Prospekt; den werde ich mir in aller Ruhe durchlesen und Sie dann später anläuten.*“) Der Prospekt sollte nur dann benutzt werden, werden, wenn er die mündliche Darstellung verstärkt, z. B. wenn gewisse Auskünfte, die der Verkäufer gegeben hat, auf klarere Weise aus dem Prospekt hervorgehen. Sie sollten ihn möglichst nicht übergeben, sondern erklären und den Kunden auf die konkreten Aufschlüsse aufmerksam machen, die er beachten sollte. **Auch eine Broschüre muss „vorgeführt“ werden.**

Die Vorführung konzentrieren!

6. **Konzentrieren Sie Ihre Vorführung!** Sie darf nicht zu lang werden oder zuviel umfassen. Zeigen Sie nicht alles. Eine allzu eingehende und ausgedehnte Vorführung ermüdet, besonders wenn es sich um komplizierte und dem Kunden zuvor unbekannte Waren oder Arbeitsvorgänge handelt. Richten Sie es so ein, dass der Kunde der Vorführung leicht folgen kann. Wenn Kunden z. B. Fertigungsbetriebe besuchen, lässt man sie oft erst eine Rundwanderung durch große Teile des Werkes machen, wobei das ursprüngliche Interesse durch körperliche Müdigkeit und die Menge der neuen Eindrücke nach und nach abstumpft. Danach ist es ziemlich hoffnungslos, den Kunden für besondere Einzelheiten im Zusammenhang mit dem Verkauf zu

interessieren. Der Fabrikbesuch als Vorführungs- und besonders als Beeinflussungsmittel an sich ist dagegen eine ausgezeichnete Methode.

Indirekte Beeinflussung

7. **Denken Sie an die Bedeutung der Suggestion!** Ihre Art, Ihre Stimme und Ihre Haltung können positive suggestive Eindrücke vermitteln. Seidenstrümpfe wie Ziegelsteine herumzuwerfen offenbart ebenso wenig das richtige Gefühl für die Eigenschaften einer Ware wie das behutsame Schließen einer Kabinentür. Ein Auto elegant und mühelos vorzuführen, suggeriert Vertrauen in seine leichte Handhabung. Da Hausfrauen meist das Gefühl haben, Haushaltsmaschinen seien schwierig zu bedienen, missglückt der Verkauf leicht, wenn der Verkäufer bei der Vorführung unsicher und angestrengt wirkt. Er muss durch seine Stimme, seine Art, seine Haltung und die ganze Handhabung dem Kunden Sicherheit einflößen und damit auch weitgehend den Charakter seiner Ware widerspiegeln.

Konsequenzen ziehen!

8. **Seien Sie immer darauf bedacht, für den Kunden die Schlussfolgerung aus der Vorführung zu ziehen!** Eine Vorführung ist in der Regel eine praktische Beweisführung. Beantworten Sie sich selbst die Frage. *„Was will ich durch die Vorführung beweisen?“*, bevor Sie anfangen. Logischer weise kann man nur dann eine Vorführung als geglückt bezeichnen, wenn der Kunde bestätigt, dass sie ihn wirklich überzeugt hat. Diese Kontrolle überspringen viele Verkäufer, wodurch die Vorführung ihren Zweck verfehlt – mag sie auch sonst noch so gut durchgeführt sein.

   Wenn Sie den Kunden mit der Vorführung z. B. von der Dehnbarkeit, Haltbarkeit, dem Leistungsvermögen oder der leichten Handhabung Ihrer Ware überzeugen wollen, so fragen Sie ihn danach rundheraus: *„Haben Sie sich davon überzeugt, dass dieses Material wirklich elastisch (haltbar, leicht zu bedienen, zweckmäßig) ist?“*

   Der Kunde kann dann nur mit einer der drei Alternativen antworten:

   a) *„Nein, diese Probe beweist mir gar nichts“*, so ist das ein klares Zeichen für den Verkäufer, dass die Vorführung als Beweis missglückt ist. Ohne diese Kontrollfrage würde der Verkäufer sich selbst über den Erfolg seiner Vorführung täuschen.
   b) *„Ja, ich weiß nicht recht, was ich sagen soll. Natürlich scheint es gut zu sein, aber ...“* Diese Reaktion zeigt dem Verkäufer, dass seine Vorführung, ohne direkt missglückt zu sein, doch nicht ausreicht, um den Kunden zu überzeugen. Die etwaigen Bedenken des Kunden können manchmal darauf beruhen, dass der Verkäufer die Erwartungen zu hoch geschraubt oder das Ergebnis „frisiert“ hat. Hätte der Kunde die Vorführung selbst durchgeführt und sich nicht nur auf den Verkäufer verlassen müssen, so wäre er vielleicht über-

zeugt worden. Manchmal glaubt der Kunde auch, das Vorführungsobjekt sei besser als die Ware, die später geliefert wird. Eine Automobilfirma zog aus diesen Bedenken der Kunden die Schlussfolgerung, zukünftig nur solche Autos als Vorführungswagen zu verwenden, die mindestens 20.000 km gelaufen hatten.

c) *„Doch, das scheint wirklich zu stimmen. Das war aufschlussreich."* Dann – **aber auch nur dann** – ist die Vorführung als geglückt zu bezeichnen. Die Bestätigung des Kunden gibt eine ausgezeichnete Gelegenheit, unmittelbar an den Kaufwunsch zu appellieren und einen Kauf vorzuschlagen. Diese Gelegenheit sollte man wahrnehmen.

9. **Versuchen Sie nicht, den Kunden gleich zu Anfang festlegen zu wollen,** besonders wenn Sie ihm eine Auswahl vorführen. Der Kunde darf nicht das Gefühl haben, in seinem Urteil bedrängt zu werden oder leichtfertige Empfehlungen zu bekommen, bevor also eine eingehende Prüfung und Unterrichtung vorausgegangen sind.

10. **Muten Sie dem Kunden nicht zuviel zu!** Führen Sie nur das vor, was Sie beweisen wollen. Der Kunde darf sich nicht schon in der zweiten Phase des Verkaufsprozesses übersättigt fühlen.

Eine Vorführungspräsentation oder Demonstration muss in Anlage und Durchführung genau durchdacht und gekonnt sein. Sie darf nicht der Eingebung oder dem Zufall überlassen bleiben. Ihre Verkaufstechnik insgesamt kann nicht besser sein als Ihre Vorführungstechnik. Überlegen Sie sich, wie Sie sie verbessern können! Und trainieren Sie den Vorgang regelmäßig!

!

Jetzt können Sie sicher die vier einleitenden Fragen beantworten und die fünf Verkaufsprobleme lösen?!

DAS BESTE VERKAUFSMITTEL IST DIE VORFÜHRUNG. NÜTZEN SIE ES ZIELBEWUSST AUS! SPRECHEN SIE DAS AUGE DES KUNDEN DAUERND AN. DIE BESTE GESPROCHENE VERKAUFSDARSTELLUNG ÜBERZEUGT NICHT HALB SO STARK WIE EINE GUTE VORFÜHRUNG!

Kapitel 15

AIDA und der Verkauf – Wie Drang zum Kauf schaffen?

Können Sie diese vier Fragen beantworten?

1. Was bedeutet, das Gespräch „in Zukunftsbegriffen“ zu führen?
2. Wie erkennt man entstehende Kaufbereitschaft?
3. Wo liegt der Unterschied zwischen der Erweckung eines Wunsches und der Erweckung einer Überzeugung beim Kunden?
4. Was ist außer Nachweis eines Bedürfnisses und der Möglichkeit einer günstigen Lösung notwendig, um eine Kaufbereitschaft zu schaffen?

Können Sie diese fünf Probleme lösen?

? 1

„Ich hatte dem Kunden alle Vorteile eines Kaufes nachgewiesen", erzählt Verkäufer Wachs. „Er erkannte sie alle an. Auch dass unser Angebot besonders günstig war, bestätigte er ohne weiteres. Geld hatte er auch, und die Ausgabe hätte ihm nicht weh getan, und trotzdem zeigte er keinerlei Kaufbereitschaft. Ich verstehe das nicht."

Verstehen Sie es?

? 2

„Sie sprechen immer davon, dass man bei einem Kunden lustbetonte Gefühle wecken muss, um ihn für den Kauf zu interessieren", meint Versicherungsverkäufer B. zu einem befreundeten Verkaufssachverständigen. „Dann verraten Sie mir doch mal, wie man lustbetonte Gefühle im Zusammenhang mit Lebensversicherungen bei einem Kunden erwecken kann!"

Nicht ganz einfach, nicht wahr? Undurchführbar? Oder doch möglich?

? 3

„Sehr interessant", murmelt der Einkäufer des Werkes X und nimmt die Dural-Aluminiumstange in seine Hand. „Es ist mir klar, dass Sie große Erfolge mit Ihrer Leichtmetalllegierung haben. Mit der Firma Y hier am Orte haben Sie wohl schon gesprochen? Für die Leute wäre Ihr Material geeignet." Der verkaufende Ingenieur, Herr Bauer, wird nervös. Seine Firma hatte ihn als Spezialisten gerade zu diesem Werk geschickt, und während beinahe anderthalb Stunden hatte er dem Kunden die außerordentlichen Verwendungsmöglichkeiten des Dural-Aluminiums auseinander gesetzt. Der Gesprächspartner hört die ganze Zeit über interessiert zu. Aber jetzt, wo der Augenblick des Kaufabschlusses bevorsteht, schlägt der Einkäufer seltsamerweise vor, er solle doch lieber zur Firma Y gehen!

Bauer erkennt den Fehler, der ihm jetzt und bei anderen Gelegenheiten unterlaufen war. Aber es ist zu spät, an der Einstellung des Einkäufers etwas zu ändern. Er fragt deshalb, ob er den technischen Leiter des Werkes einige Minuten sprechen dürfe. Dagegen hat der Einkäufer nichts einzuwenden, und diesmal begeht Bauer nicht wieder den gleichen Fehler, und schließlich ist es der technische Leiter selbst, der für Bauer beim Einkäufer „den Verkauf macht"!

Welche Klippen waren hier zu umschiffen? Haben Sie ähnliche Situationen erlebt?

? 4

„Schön wäre es schon, einen vollautomatischen Staubsauger mit Parkettpolierer zu haben", seufzt Frau Ritter und schielt zu ihrem Mann hinüber, während der Verkäufer nach der Vorführung durch Fernsteuerung das Mundstück des Staubsaugers wechselt. „Denk mal, wie viel einfacher die Arbeit wäre, und die Hände würden auch geschützt. Ach ja, wenn man alles hätte, was man sich wünscht..." Herr Ritter, der kurz vorher aus seinem Geschäft heraufkam, nickt; ein solches Zukunftsgerät wäre schon nützlich. Aber, wie gesagt, es gibt so vieles, was man sich für den neuen Haushalt wünscht. Es herrscht kein Zweifel darüber, dass Herr und Frau Ritter sich wirklich den neuen Staubsauger wünschen.

Trotzdem scheint aber das Geschäft nicht zustande zu kommen. Der Verkäufer fährt fort, die Leistungen seines Gerätes praktisch vorzuführen, und steigert die Kauflust der Ritters noch mehr. Als dem Verkäufer endlich „ein Licht aufgeht", ist es Zeit für Ritters, ins Kino zu gehen, und es wird dieses Mal nichts aus dem Geschäft. Unterdessen glaubt er, die Ursache erkannt zu haben, weshalb das Geschäft trotz starken Verlangens nicht zustande kam.

Wo scheint Ihnen der Kern des Problems zu liegen? Was ist zu tun?

? 5

„Sie können doch nicht als einziger in Ihrer Branche noch mit den alten Farbenkombinationen arbeiten", sagt Vertreter Bald dem Färbereichef in einer Textilfabrik, nachdem er den Einkaufsleiter schon lange von der Notwendigkeit einer Veränderung überzeugt hatte. Auch der Fertigungsleiter teilt seine Meinung. „Ich will Ihnen jetzt noch einmal die Vorzüge der neuen Kombinationen nachweisen." Auch nach erfolgtem Nachweis bleibt der Färbermeister abweisend.

Was hätten Sie gemacht? War die angewandte Technik klug?

Wünsche erwecken!

Ein Kunde, der kein Verlangen nach Ihrem Angebot hat oder nur ein bedingtes Interesse erkennen lässt, wird im Regelfall nicht dadurch zu gewinnen sein, dass Sie auf die Güte Ihrer Waren hinweisen. Der vornehmlichste Grund, warum eine Ware gekauft wird, ist, dass sie ein **Bedürfnis** befriedigt, dass sie **Kauflust** erweckt. Auch eine Vorführung, die dem Kunden noch so klar beweist, dass Ihre Buchungsmaschine die beste auf dem Markt ist, verkauft die Maschine nicht, wenn es Ihnen nicht gelingt, das Verlangen des Kunden nach einem besseren und zweckmäßigeren Nachweis seines Arbeitsertrages anzuregen oder ihn davon zu überzeugen, dass nach einer Verringerung der Buchführungsarbeit erhebliche Leistungssteigerungen durch automatische Arbeitskontrollen zu erwarten sind.

Nach diesen Gesichtspunkten entdeckt und beseitigt Ingenieur Bauer Fehler, die ihm unterlaufen sind (3. Problem). Und wie ist es mit den anderen Problemen?

Wenn sich ein Kunde trotz einer überzeugenden Vorführung und trotz ausdrücklicher Bestätigung des Vorführergebnisses nicht zum Kaufen entschließt, ist bei ihm das Verlangen nach dem Angebotenen nicht stark genug geweckt worden. Bei einer Untersuchung Ihrer Misserfolge in der Verkaufstätigkeit werden Sie dies bestätigt finden. Interesse und Kauflust sind nicht dasselbe.

Wenn Sie Kauflust erwecken wollen, ist Kenntnis der vorherrschenden Interessen des Kunden, seiner Wünsche und Bedürfnisse entscheidende Voraussetzung. Erst dann kann der Verkäufer beim Kunden Verlangen und Drang nach einer angebotenen Ware wecken und an seine Kauflust appellieren.

Kann man die Argumentation schematisieren?

Gerade im Zusammenhang mit der Notwendigkeit, die persönliche Kauflust nach dem Angebot zu erwecken, wird die Versuchung, nach einem für alle Kunden „gültigen" Schema zu argumentieren, besonders gefährlich. Lassen Sie sich also nicht dazu verleiten, ein in **einem** Falle noch so brauchbares Argument bei **allen** Kunden anzuwenden.

Zum Beispiel kann es ein gutes Argument sein, dass der Kunde mit Ihrem Auto besonders beschleunigen kann, dass der von Ihnen angebotene Kleiderstoff ungewöhnlich haltbar ist, dass Ihr Sonderlack eine Hochglanzpolitur ermöglicht oder dass Ihre Versicherung eine gute Geldanlage ist usw., **aber** – es ist nicht sicher, dass gerade dieses Argument die Kauflust **des** Kunden weckt, den Sie gerade vor sich haben.

Einigen Kunden bedeutet die Beschleunigung eines Wagens vielleicht recht wenig. Andere legen auf die Haltbarkeit eines Kleiderstoffes für festliche Gelegenheiten keinen Wert oder lehnen Lack ab, der ihren antiken Möbeln ein allzu modernes Aussehen gibt, oder scheuen die Geldanlage, weil sie ihren Bargeldvorrat mindert. Also müssen Sie nach anderen Argumenten suchen.

Kauflust durch Ideenverkauf anregen

Wenn Sie die Kauflust des Kunden anregen wollen, müssen Sie dem Kunden in geschickter Form ausmalen, welche zukünftige Befriedigung, welchen Genuss oder welche Vorteile ihm Ihr Angebot gibt: *„Stellen Sie sich bitte vor, wie viel Zeit Sie gewinnen, um mit Ihren Kindern spazieren zu gehen oder in der Stadt einkaufen zu können, wenn sich die Hausarbeit fast von selbst erledigt“*, sagt der Staubsaugerverkäufer zu Frau Ritter.

„Ist es nicht ein schönes und beruhigendes Gefühl, zu wissen, dass Sie sich um Ihre eigene Zukunft und die Ihrer Familie keine wirtschaftlichen Sorgen zu machen brauchen, auch wenn Sie nicht mehr arbeiten wollen?“ argumentiert der Versicherungsvertreter.

„Nach den Konferenzen können Sie, wo Sie auch sind, unmittelbar und jederzeit und unabhängig von Ort und Raum Ihre Berichte diktieren und weiterleiten.“ Auch das ist ein Argument, das die Kauflust des Kunden nach einem kombinierten Reisefax- und Diktiergerät anregen kann.

„Ist es nicht eine große Erleichterung, wenn Sie sich von jetzt an nicht mehr für Vervielfältigungsarbeiten an Schreibbüros wenden müssen?“ fragt der Verkäufer den Inhaber einer Lebensmittelfirma. *„Sie stellen Ihre Rundschreiben selbst her, Ihre Preislisten können am gleichen Tag herausgehen. Sie können den Kontakt mit Ihrem Kundenkreis durch Werbemitteilungen vertiefen, die Sie nur ein paar Mark kosten. Auch Ihre Kontoristinnen werden entlastet, weil sie die Hausmitteilungen und andere oft vorkommende schematische Schreiben nicht mehrmals zu tippen brauchen. Weshalb nicht gleich mit dem kommenden Weihnachtskatalog anfangen?“*

„Wenn Ihre beiden Kinder jetzt Klavierunterricht nehmen und sich ihr musikalisches Empfinden allmählich entfaltet, muss der Flügel immer gut gestimmt sein. Ihre Gäste und Sie mit Ihren Angehörigen wollen doch sicher gern bei Ihren Musikabenden jetzt und in der Weihnachtszeit dem Spiel Ihrer Kinder auf einem wertvollen Instrument zuhören, nicht wahr?“ sagt der Vertreter einer Klavierfirma bei der Empfehlung eines Stimmabonnements.

„Mit der neuen Beleuchtung werden alle Passanten Ihre Schaufenster auch von der anderen Seite des Platzes sehen. Stellen Sie sich vor, welche Verkaufsmöglichkeiten das in sich birgt, wenn so viel mehr Menschen künftig auf Ihr Geschäft aufmerksam gemacht werden. Außerdem wird die Fassade Ihres Hauses in der Abendbeleuchtung moderner wirken als die Ihrer Nachbarn dort drüben. Ihre Weihnachtsdekoration mit der vierfachen Stärke und den Farbeffekten wird ganz anders zur Geltung kommen, nicht wahr?“

„In ein paar Monaten wird es Winter, und man öffnet nicht mehr gern die Fenster. Wenn man dann Arbeitsräume mit reiner, erwärmter Luft hat, ohne Staub, Körpergeruch und verbrauchte, ausgetrocknete Luft – dann arbeitet es sich auch leichter, und Ihre Mitarbeiter verspüren weniger Kopfschmerzen und Müdigkeit. Und Sie sparen Heizungskosten.“

Lustbetonte Vorschläge

Der Verkäufer kann durch Diskussion und Argumentation keine kauffreudige Stimmung beim Kunden hervorrufen. Der Kunde muss durch Ihren Vorschlag Anregung und Lust bekommen, Ihre Ware zu besitzen.

Malen Sie ihm den zukünftigen Genuss an (oder durch) eine Ware aus. Er muss den vorgeschlagenen Schritt tun **wollen** und **wünschen.** Kaufwünsche werden im Gefühl, nicht im Gehirn geboren. Die Kauflust Ihres Kunden anregen, ist nicht dasselbe wie auf einen Bedarf hinweisen. Alle berufstätigen Menschen benötigen eine angemessene Lebens- und Unfallversicherung, kaufen aber vielleicht lieber ein Wochenendhäuschen auf Raten. Viele Führungskräfte brauchen wirklich Personalcomputer, ziehen es aber vielleicht vor, eine neue Einrichtung zu kaufen. Manche Büros brauchen bessere Fotokopiergeräte, aber der Chef will das Geld lieber für Schreibautomaten verwenden. Die meisten Haushalte brauchen leistungsfähigere Haushaltsgeräte, für einige scheint es aber auch ohne zu gehen. Manche Geschäfte brauchen eine bessere Innenbeleuchtung, aber der Inhaber verwendet das Geld lieber für Urlaubsreisen.

Wünsche wecken ist also wichtig. Es gilt aber auch, den Kunden zusätzlich überzeugen zu können.

Auch an die Vernunft appellieren

In Problem 4 entsteht eine Situation, die viele Verkäufer wiedererkennen. Die Kauflust des Kunden ist angeregt worden, und er wünscht den Verkauf. Aber er zögert, beginnt zu überlegen, und schließlich kommen ihm Bedenken – eine sorgenvolle Lage für den Verkäufer, der glaubte, er habe den Auftrag schon bekommen. Bei Waren, die auf Anhieb gekauft werden, also Impulskäufe, oder bei Käufen, die kein größeres finanzielles Opfer erfordern, mag es genügen, Kauflust anzuregen. Dann mag der Kaufentschluss der Aufforderung des Verkäufers direkt folgen. Aber bei allen für den Kunden bedeutungsvolleren Käufen, auch jenen, die Gewohnheiten des Kunden verändern, reicht das nicht. Vielmehr gilt es, den Wunschappell weiterzuführen. Der Kunde muss auch davon überzeugt werden, dass der Kauf sachlich berechtigt ist und in seinem Interesse liegt.

Besonders wichtig ist eine sachliche Begründung, wenn der Käufer nicht in eigenem Auftrag, sondern als Beauftragter handelt und seine Beschlüsse verantworten muss. Aber auch hier bitte berücksichtigen, dass Ihr Gesprächspartner wünscht, eine gute Figur abzugeben, Ihnen, aber besonders seinen Auftraggebern gegenüber! Wenn er dies durch einen Kauf bei Ihnen tun würde, wächst sein Kaufwunsch. *„Wie werde ich beurteilt, wenn ich diesen Vorschlag annehme oder ablehne?“* ist eine fast automatische Überlegung eines Einkäufers, der Sie Rechnung tragen sollten.

Ihr Angebot enthält sicher genug sachliche Gründe, die geeignet sind, die Kauflustappelle zu ergänzen und dem Kunden so die notwendige Sicherheit zu geben, dass seine Wünsche auch aus Vernunftgründen gerechtfertigt sind.

Herr und Frau Ritter (Problem 4), die vor ihrem Kaufentschluss zurückschreckten, obwohl sie den vollautomatischen Staubsauger gern erworben hätten, wollten sich bei der Ausgabe von über fünfhundert Euro nicht übereilen. Einige sachliche Argumente über den wirtschaftlichen

Wert richtiger Teppich- , Gardinen- und Möbelpflege, über die Möglichkeiten für Frau Ritter, die gewonnene Freizeit im Geschäft ihres Mannes nutzbringend auszuwerten, über die möglichen Anwendungen auch im Geschäft, über die geringen Anschaffungskosten, auf eine Mindestlebensdauer von 10 Jahren verteilt, hätten vielleicht den Kauf gesichert.

Einige praktische Beispiele

Noch ein paar praktische Beispiele, die den Unterschied zwischen Wunsch und Überzeugung verdeutlichen:

„Es ist nicht nur bequem und praktisch, über ein solches kombiniertes Diktiergerät zu verfügen“, erklärt der Vertreter, nachdem er die Kauflust des Kunden geweckt hat, *„sondern es macht sich auch für Sie bezahlt! Wie wertvoll ist Ihre eigene Arbeitskraft? 180 Euro pro Tag? Das ist wohl das mindeste? Und für Ihre Kollegen? Wenn das Diktiergerät Ihnen täglich auch nur zehn Minuten Ihrer Arbeitszeit einsparen hilft, so ergibt das allein für Sie selbst über 100 Euro im Monat oder rundgerechnet über 1.200 Euro im Jahr. Dabei kann das Gerät aber auch von Ihren drei Mitarbeitern benutzt werden. Nehmen Sie bei diesen nur die halbe Ersparnis an – das macht schon weitere 1.800 Euro aus. Außerdem können Sie Ihre Schreibkräfte besser beschäftigen, die Stenotypistinnen verlieren keine Zeit durch unterbrochene Diktate und Pausen in der Arbeit. In etwas mehr als einem Jahr haben Sie schon die Anschaffungskosten durch eingesparte Ausgaben herausgeholt, und das schon bei nur zehn Minuten Zeitersparnis je Tag!“* Diese und ähnliche Berechnungen sollten Sie natürlich schriftlich, gemeinsam mit dem Kunden, machen.

„Wenn Sie noch zusätzlich Wander- und Skiausrüstungen führen, wird Ihr Geschäft zum einzigen dieser Stadt, das wirklich alle Reiseartikel hat“, sagt der Vertreter einer Fabrik für Sportausrüstungen, *„und Ihre Verkaufssaison verlängert sich. Der Winter ist doch mit Ausnahme der Weihnachtszeit ziemlich ruhig für Reiseartikel, nicht wahr? Wenn Sie nun auch Wintersportartikel führen, kommen auch die Kunden zu Ihnen, die in die Berge fahren wollen, und wenn Sie die einmal im Geschäft haben, ergeben sich auch weitere Möglichkeiten zum Verkauf von Reiseartikeln. Denken Sie auch an die heranwachsende Jugend! Es müsste sich doch lohnen, diese neuen Kundengruppen zu gewinnen.“*

„Es ist selbstverständlich, dass Sie sich kein größeres Gerät anschaffen sollen, nur weil es nach etwas aussieht und den modernsten Motor hat. Ausschlaggebend ist doch die Möglichkeit, größere Transporte durchführen zu können. Lassen Sie uns einmal eine Berechnung für die Mehrkosten der Anschaffung einerseits und für die Verdienstmöglichkeiten andererseits aufstellen? Wenn wir berechnen ...“

Kunde: *„Es ist selbstverständlich besser, in allen Büros Leuchtröhren zu haben. Sie sind zwar nicht hübscher, aber das ganze Haus wirkt sauberer und* *moderner. Wenn sich nun Schulze & Co. eine solche Anlage zugelegt haben, so ist es klar, dass wir nicht ohne weiteres Nein sagen. Aber Sie kostet doch eine Menge Geld?"* Verkäufer: *„Das kommt darauf an, wie man rechnet, Herr Sonderhausen. Neonlicht verbraucht weniger Strom, und die Röhren haben eine längere Lebensdauer, deshalb betragen die Kosten auch nur ..."* Diese Antwort des Verkäufers überzeugt den Kunden, der trotz seiner wirklichen Kauflust unentschlossen war und erst jetzt vernunftmäßig die Anschaffung einsieht.

„Wenn wir ein neues Fließband anschaffen, müssen wir nahezu den ganzen Fabrikationsgang ändern. Gewiss, wir wollen modernisieren. Ich wäre bestimmt froh, wenn wir von Anfang an auf die schnelle Entwicklung des Unternehmens eingestellt gewesen wären, aber jetzt wird alles so außerordentlich schwierig, weil uns Aufträge und Zeitmangel einengen. Ich weiß wirklich nicht, was man machen soll, denn mir gefällt Ihr Vorschlag."

Die Kauflust ist geweckt worden; trotzdem ist der Kunde noch nicht überzeugt genug, um so einen weitgehenden Entschluss zu fassen. *„Das ist wirklich eine Frage, die genau erwogen sein will"*, pflichtet der Verkäufer ruhig bei. *„Es handelt sich für Sie darum, zu entscheiden, wieweit Sie es sich leisten können, mit einer schnelleren Fertigung zu warten. Wir können vielleicht eine kleine Untersuchung darüber vornehmen, was es Sie an Zeitverlust kosten würde, ohne das vollautomatische Fließband auszukommen. Bei den gegenwärtigen Löhnen ergibt das ..."*, und beide erarbeiten konkrete Beweise dafür, dass der Kunde es sich nicht leisten kann, auf das Fließband zu verzichten – dass er es nicht nur wünscht, sondern dass er es auch notwendig braucht.

Wunsch und Überzeugung

Es ist manchmal gut, das Gespräch in „Zukunftsbegriffen" zu führen – d. h. den Kunden zu veranlassen, sich vorzustellen, schon Besitzer oder Nutznießer des Angebotes zu sein.

Bei diesem kombinierten Vorgang haben Sie es leichter, erst zu versuchen, Kauflust zu wecken und dann die Überzeugung zu festigen, d. h. zuerst auf den Kunden so einzuwirken, dass er zu kaufen wünscht und ihn danach – falls notwendig – auf die Kaufnotwendigkeit anzusprechen. Dadurch vermindern Sie das Risiko einer Diskussion und Meinungsverschiedenheit. Wenn der Kunde Kauflust empfindet, wünscht er sich oft selbst, dass der Verkäufer ihn überzeugen kann, dass er die Ware wirklich nötig habe. In solchen Fällen ergeben die sachlichen Ausführungen des Verkäufers die Rechtfertigung für den Kunden, ohne Gewissensbisse zusagen und kaufen zu können.

!

Jetzt können Sie sicher die vier einleitenden Fragen beantworten und die fünf Verkaufsprobleme lösen, nicht wahr?!

Es gilt, den Kunden zu überzeugen, dass er braucht, was er wünscht, und auch wünscht, was er braucht. Kauflust erwecken reicht allein nicht aus. Ein Kaufdrang, die Überzeugung von der Notwendigkeit des Kaufes, muss ebenfalls erzeugt werden!

Kapitel 16

AIDA und der Verkauf – Wie man den Abschluss erzielt

Können Sie diese vier Fragen beantworten?

1. Gibt es einen entscheidenden Punkt im Abschlussstadium des Verkaufsgespräches?
2. Wann beginnt das Abschlussstadium?
3. Was tun Sie, wenn der Kunde eine fällige Entscheidung ohne Grund aufschieben will?
4. Was wissen Sie über Teilentscheidungen, Alternativangebote, 4-Schritt-Vorgehen, Entschlussaufteilung und andere Methoden, die zur Abschlusstechnik im Verkaufsvorgang gehören?

Können Sie diese fünf Probleme lösen?

1

Ein Kunde kommt in den Ausstellungsraum eines Autogeschäftes und erkundigt sich eingehend nach einem Modell. Der Verkäufer gibt ausführlich Auskunft. Nach einiger Zeit mischt sich der Chef in das Gespräch ein, besorgt, der Verkäufer könne etwas versäumen. Das Gespräch zu dritt dauert über eine halbe Stunde. Dann geht der Kunde, um die Sache nochmals genau durchzudenken. Am nächsten Tag sucht ihn der Verkäufer auf: „Sie konnten sich gestern noch nicht entscheiden." Kunde: „Oh doch, aber Sie haben mich ja nicht dazu kommen lassen."

Was ist hier passiert?

2

„Wenn ich mein Auftragsbuch hervorziehe, merke ich immer, wie der Kunde erschrickt oder nervös wird. Aber das lässt sich doch nicht vermeiden", meint ein Verkäufer im Kreise seiner Kollegen, die ihm etwas zerstreut zustimmen.

Ist das richtig?

3

„Wenn Sie den Auftrag haben, halten Sie sich nicht mehr länger beim Kunden auf. Sie verlieren Zeit und riskieren, dass Sie noch einmal von vorn anfangen müssen", rät der Bezirksleiter Schön einem noch jungen, aber tüchtigen Verkäufer, den er bei einigen Kundenbesuchen begleitet. „Ich kann doch nicht einfach verschwinden. Das sieht ja aus, als hätte ich ein schlechtes Gewissen", antwortet der Verkäufer. Schließlich geben sie sich gegenseitig Recht und einigen sich.

In welchem Punkt wohl?

? 4

„Manchem Apotheker muss man den Federhalter zum Unterschreiben des Auftrages förmlich in die Hand drücken", meint Kiefer, ein routinierter Vertreter in der pharmazeutischen Branche. „Ja, ja, bei einigen Kunden ist das schon so, aber schön ist das nicht", stimmen einige Kollegen ihm zu.

Was meinen Sie?

? 5

Einige Verkäufer in der Lebensmittelbranche sprechen ihre Verkaufserfahrungen durch. „Am schlimmsten ist", erklärt der eine von ihnen, „wenn ich fühle, dass der Augenblick gekommen ist, wo ich den Kunden fragen muss, ob er kaufen will. Ich zögere dann immer. Wenn er Nein sagt, ist ja alles für die Katz. Deshalb warte ich stattdessen lieber, bis der Kunde selbst einen Entschluss fasst."

„Diese Methode kann nicht richtig sein", erwidert ein Kollege, „eine Entscheidung gibt es auf alle Fälle, und da ist es besser, wenn du den Zeitpunkt bestimmst. Aber ich gebe gern zu, dass es schwer ist, zu wissen, wann der Kunde für einen Kaufabschluss reif ist."

„Hinzu kommt noch", fällt ein dritter ein, „dass der ganze Verkauf viel zu viel Zeit in Anspruch nimmt, wenn man wartet, bis der Kunde von sich aus einen Entschluss gefasst hat. Außerdem passiert es leicht, dass der Kunde die Entscheidung aufschieben will."

Allmählich einigen sie sich, wie man das Verkaufsgespräch am besten abschließt.

Wie verhalten Sie sich in der Abschlussphase?

Muss Kaufentschluss hervorgerufen werden?

Den Kunden kauffreudig zu stimmen und so zu argumentieren, dass der Bedarf an dem Angebot er- und anerkannt wird, sind vorbereitende Schritte zum Erfolg. Die letzte Schwierigkeit muss aber noch überwunden werden: Es gilt, den eigentlichen Kaufentschluss hervorzurufen! Dazu ist eine regelrechte Abschlusstechnik des Verkäufers erforderlich.

„Man muss so lange argumentieren und dem Kunden immer wieder alle Kaufargumente vorhalten, bis er ja sagt.“ Wie schön wäre es, wenn der Abschluss so einfach wäre. Außerdem kann man dem Kunden einen Kaufentschluss nicht aufreden. Im Regelfalle kauft ein Kunde nicht, weil ihn ein Verkäufer „matt“ geredet hat. Das Gegenteil ist der Fall; ein ermüdender Wortschwall lässt einen keimenden Kaufentschluss häufig sogar ersticken.

Manchmal kommt der Kunde zwar ganz von selbst zum Kaufentschluss, und die direkte Aufforderung erübrigt sich. Wenn der Verkäufer wirklich die Aufmerksamkeit, das Interesse, das Verlangen und die Überzeugung des Kunden durch ein ideales Einleben in die Probleme des Kunden und eine ebenso ideale Argumentation geweckt hat, sollte der Entschluss des Kunden ja eigentlich von selbst kommen; aber in der Praxis ist dies ein ganz seltener Idealfall. Eine Abschlusstechnik ist schon deshalb notwendig, weil der Kaufentschluss auch für einen kauflustigen Kunden ein so bedeutungsvoller und schwieriger Schritt ist, dass er sich nicht zur Entscheidung durchringen kann. Viele Käufe bedeuten für den Käufer z. T. sehr große finanzielle Opfer, die ihn oft genug dazu zwingen, von anderen Käufen abzusehen oder anderen Dingen zu entsagen.

Also, fast jeder Kaufentschluss ist auch mit negativen Begleiterscheinungen für den Kunden verbunden, die durch entsprechende Entscheidungshilfen überwunden werden müssen.

Gerade an dieser Stelle sei darauf hingewiesen, dass keine noch so geschickte Abschlusstechnik zum Erfolg führt, wenn der Verkäufer den Kaufdrang des Kunden nicht vorher wecken konnte. Tricks sind also ausgeschlossen. Die Abschlusstechnik kann nur einen Kaufentschluss verwirklichen, mit dem der Kunde sich in Gedanken bereits beschäftigt.

Das Geheimnis der richtigen Abschlusstechnik

Die große Kunst bei der Abschlusstechnik ist, die Aufforderung zum Kauf so vorzubringen, dass selbst im Falle einer negativen Reaktion des Kunden das Verkaufsgespräch gleichwohl fortgesetzt werden kann.

Bereiten Sie den Abschluss von Anfang an vor! Durchdenken Sie Ihre Abschlusstaktik! Seien Sie auf alle Einwände Ihrer Kunden vorbereitet – **auch auf den schlimmsten, auf ein klares Nein.** Streng genommen fängt der Abschluss ja schon mit den ersten Worten der Verhandlung an.

Steigert ein Aufschub die Chancen?

Ein Verkäufer für computergestützte Lager- und Verkaufskontrolle hatte die Gabe, für sein Angebot besonders geeignete Kunden ausfindig zu machen: Einzelhändler, deren Geschäfte gerade groß genug waren, um eine schnelle Kontrolle ihrer Einnahmen zu rechtfertigen, aber die bisher noch mit älteren Systemen arbeiteten. Es gelang ihm, viele Kunden wirklich kauflustig zu machen. Dann aber kamen die üblichen Einwände, dass sie sich diese Anschaffung nicht leisten könnten oder dass sie sich vielleicht mit einem einfacheren Modell begnügen müssten – kurzum, sie wollten abwarten und fürs Erste nicht kaufen. Um seine Chance nicht zu verlieren, glaubte der Verkäufer, einen Aufschub der Entscheidung vorschlagen zu müssen: *„Überlegen Sie sich das Ganze, ich komme morgen wieder.“* Bis „morgen“ aber hatte sich die Kauflust des Kunden im Allgemeinen abgekühlt, so dass er fast nie ein Geschäft zustande brachte.

Der Wunsch des Verkäufers, im Augenblick einer Entscheidung auszuweichen, verringert seine Chancen. Wenn er wiederkommt, klingt seine Frage gewöhnlich wie eine Art unbeholfenes Ultimatum: *„Nun, Herr Müller, haben Sie sich die Sache überlegt?“* Ihm fallen oft keine neuen Argumente ein. Er wiederholt daher die Argumente früherer Besuche. Eine verlorene Sache. Eine alte Verkaufsregel sagt: *„Der Auftrag, der heute noch greifbar ist, ist morgen über alle Berge.“*

Kaufsignale erkennen können!

Es ist nicht sehr schwer, die Kaufbereitschaft des Kunden Kaufsignale herauszuspüren – wenn sie wirklich vorhanden ist. Redeweise, Auftreten und Gesichtsausdruck verraten es. Ein Kunde, der nach der Lieferzeit fragt oder sich danach erkundigt, ob der Verkäufer die alte Maschine oder den gebrauchten Wagen in Zahlung nehmen kann, der über die Beschaffenheit und Ausführung der Ware konkrete Wünsche äußert (auch wenn dies in Form von Einwänden gegen das Angebot geschieht), der den Preis zu drücken versucht, der Garantien fordert für das, was der Verkäufer verspricht, der eine genaue Instruktion über die Pflege der Ware wünscht, der wissen will, ob das angebotene Produkt für ihn zwei Tage zurückgelegt werden kann, damit er sich endgültig entscheiden könne, oder der fragt, ob er die Ware einige Tage zur Probe bekommen könne – ein solcher Kunde zeigt eine klare Kaufbereitschaft. Diese Kaufbereitschaft kann auch vom Verkäufer durch eine geschickte Frageargumentation ausgelöst werden.

Ebenso verhält es sich mit den „letzten Torschlusseinwänden“. Auch sie sind Kaufsignale. *„Wird dieses Modell oft verkauft?“ „Muss ich mich sofort entscheiden?“ „Hält der Stoff auch wirklich?“ „Wenn Sie an meiner Stelle wären ...“ „Können Sie mir das garantieren?“* usw.

Das Studium psychologischer Fachliteratur über Körpersprache und Verhaltensmuster sowie systematische Beobachtungen aller Äußerungen und Gesten, die der Kunde in den letzten Phasen der Verhandlung zeigt, schärfen den Blick und das Gefühl für die tatsächliche innere Einstellung des Kunden.

Kaufsignale erkennen ist Voraussetzung einer erfolgreichen Abschlusstechnik.

Wenn der Verkäufer die Aufforderung zum Kauf in einer geschickten Art formuliert, besteht für ihn kein Anlass, vor einem eventuellen „Nein“ ängstlich zu sein, denn dieses „Nein“ gilt oft nur der Ablehnung eines bestimmten Argumentes für das Angebot, nicht aber einer pauschalen Ablehnung des Angebotes. Wie man den Kaufentschluss herbeiführt, erklären die folgenden Ratschläge.

Sechs Voraussetzungen

Vorher aber noch kurz zusammengefasst die sechs Voraussetzungen, die gegeben sein müssen, bevor der Verkäufer einen Abschluss machen kann:

1. Der Kunde muss das Angebot in seiner ganzen Reichweite und in seinem vollen Wert für ihn verstanden haben. Kontrollierende Fragen werden Ihnen helfen, dies festzustellen. Wie häufig merkt man nicht **nach** einem missglückten Verkauf, dass dem Kunden die Vorteile in ihrer vollen Bedeutung für ihn gar nicht bewusst gemacht worden sind.
2. Der Kunde muss Vertrauen für Verkäufer und Unternehmen empfinden. Ohne Vertrauen zögert der Kunde, auch ein noch so verlockendes Angebot anzunehmen. An diesem Punkt, wenn nicht schon früher, scheitern Hochdruckverkäufer und nicht ganz glaubwürdige Angebote.
3. Ein Kaufdrang muss vorhanden sein. Der Kaufentschluss kann durch den Verkäufer nur ausgelöst, aber nicht erzeugt werden. Das bedeutet, dass die vorherigen Stadien des Verkaufsprozesses richtig durchgeführt werden müssen.
4. Es gibt keinen entscheidenden „Jetzt-oder-nie“-Augenblick. Diese irrige Auffassung macht viele Verkäufer unnötig nervös und aggressiv – aus der Angst, ja nicht „den“ Augenblick zu verpassen drängt er, und das im falschen Augenblick. Jedes Verkaufsgespräch hat mehrere Höhen und Tiefen. Wenn bei einem Höhepunkt der Abschluss nicht glückt, muss der Verkäufer den nächsten ansteuern.
5. Sie müssen als Verkäufer Ihr Vorgehen geplant haben. Sie müssen immer wissen, was Sie im nächsten Augenblick tun werden, wenn der Kunde „nein“ sagen sollte. In dieser Situation dürfen Sie am allerwenigsten kapitulieren.
6. Und eine sechste Voraussetzung: Sie müssen den Entscheidungsprozess kennen, d. h. genau ermittelt haben, wer, was, wie und warum entscheidet.

20 Ratschläge für den Kaufentschluss:

1. Direkte oder indirekte Aufforderung

„Nehmen Sie die Gelegenheit wahr, denn noch können wir innerhalb von 14 Tagen liefern. Wie viele Briefumschlage brauchen Sie innerhalb eines Jahres?" fragt der Vertreter einer Fabrik für Bürobedarfsartikel.

„Eine bessere Versicherung für Ihr Haus brauchen Sie unter allen Umständen. Da ist es doch besser, sie sofort abzuschließen, denn Sie sind dann schon von diesem Augenblick an besser geschützt. Welchen Wert hat das Haus mit allem Inventar?" fragt der Versicherungsagent und fordert damit den neuen Villenbesitzer zum Abschluss auf.

„Schon recht warm, ein früher Frühling dieses Jahr. Wenn Sie sich heute entscheiden, können wir die Kühlanlage noch vor dem 1. Mai einbauen", hebt der Vertreter einer Kühltruhenfabrik dem Lebensmittelhändler gegenüber hervor und deutet auf die Frühlingssonne. *„Wie groß ist der Raum, der hierfür zur Verfügung steht?"*

Wie Sie sehen, wird die direkte oder indirekte Aufforderung in der Regel von einer leitenden Frage begleitet, die eine positive Stellungnahme des Kunden voraussetzt und sich nicht allzu lange bei der Entscheidung als solcher aufhält. **Der Kauf wird dringend gemacht.**

2. Die Alternativtechnik

Eine ausgezeichnete Methode ist auch die **Alternativtechnik** (Entweder-oder-Methode). Dem Kunden werden zwei verschiedene Kaufvorschläge gemacht, wodurch er oft dazu bewogen werden kann, zwischen diesen beiden Möglichkeiten zu wählen. Das schließt die dritte Alternative - nicht zu kaufen - fast aus. Anstatt zu fragen: *„Sollen wir zehn Tonnen schicken?"* fragt der Kohlenlieferant den Händler: *„Sollen wir 10 oder 15 Tonnen schicken?"*

Es ist ratsam, Gedanken des Kunden von der Frage abzulenken: *„Soll ich oder soll ich nicht kaufen?"* Stattdessen werden die Überlegungen des Kunden auf die Frage verlagert: *„Soll ich die Alternative A oder die Alternative B wählen?"* Ein Angebot in „doppelter (oder dreifacher) Ausfertigung" mindert die Gefahr eines „Nein". *„Wollen Sie 200 Dutzend haben, oder reicht es vorerst mit 150?"* fragt der Vertreter einer Knopffabrik. Er rechnet eigentlich nur mit einem Auftrag von 140, hat aber festgestellt, dass er mit dieser Fragetechnik oft größere Mengen verkaufen kann.

„Welches Modell gefällt Ihnen besser, Herr Doktor, das große oder das kleine? Welches würden Sie lieber fahren?" fragt ein Autoverkäufer seinen Kunden.

Die Alternativmethode kann natürlich den verschiedensten Faktoren gelten: Anzahl, Qualität, Muster, Farbe, Lieferungseinzelheiten, Ausführung usw.

Die Alternativmethode ist auch verwendbar bei schriftlichen Offerten und Anfragen. Dadurch ergibt sich ein natürliches Motiv für ein persönliches Nachfassgespräch (Sie haben dann wirklich „etwas zu besprechen").

Sie können überall Alternativen benutzen. Suchen Sie nach ihnen! Machen Sie alle Vorschläge in Alternativform, wo immer Sie verschiedene Lösungen anbieten können – auch wenn diese sich nur in Kleinigkeiten unterscheiden.

Eine Aufforderung darf niemals ultimativ wirken. *„Wollen Sie sich dazu entschließen?" „Wollen Sie diesen Stoff kaufen?" „Können wir das heute abmachen?" „Wollen Sie zuschlagen?"* und viele ähnliche Vorschläge sind Zeichen mangelhafter Verkaufstechnik. Derartige Ultimaten versetzen den Kunden in eine unangenehme Zwangslage, deren Druck er sich gern entziehen möchte – durch befreiende Ablehnung. Außerdem verstößt man so auch gegen eine andere verkaufspsychologische Regel:

3. Keine Nein-Fragen

Vermeiden Sie alle Fragestellungen, die leicht mit Nein beantwortet werden können! Eine ultimative Frage lädt förmlich zu einer negativen Antwort ein. *„Wollen wir den Auftrag gleich hier ausschreiben?" „Nein, das wollen wir lieber nicht."* Noch schlimmer sind Fragen, die eine Verneinung enthalten. Beispiel: *„Weshalb nicht das Lager mit Zusatzkonserven auffüllen?" „Wollen Sie nicht unser neues Isolierungsmaterial einsetzen?" „Wollen Sie nicht Ihre Werkzeuge austauschen?"* Die Fragestellung muss also positiv sein.

4. Das Schneeballprinzip

Das Schneeballprinzip – eine Folge kleiner Entscheidungen mit so formulierten Fragen, dass sie zu Ja-Antworten einladen, wurde von einem Verkäufer von Produktionsverfahren wie folgt angewandt (summarisch wiedergegeben):

„Sind Sie auch der Meinung, dass Gewinne vor allem durch geschickte Unternehmensführung erzielt werden."	*„Ja."*
„Kann fachkundiger Rat eine Hilfe sein, um solche Gewinnmöglichkeiten auszuschöpfen?"	*„Ja."*
„Ist unser Rat Ihnen in der Vergangenheit von Wert gewesen?"	*„Ja."*
„Kann technische Erneuerung eine Hilfe bei der Entwicklung verkaufsfähiger Produkte im heutigen Markt sein?"	*„Ja."*
„Erzeugt verbesserte Produktausführung erhöhte Verkaufschancen in Ihrem Markt?"	*„Ja."*
„Würden Sie zusätzliche Aufträge mit verbesserten Qualitätsprodukten zum richtigen Preis und Zeitpunkt erwarten können?"	*„Ja."*

„Sind die Gründe einer Zustimmung für eine Probeeinführung gegeben, so wie wir sie schon besprochen haben?“ *„Ja.“*

„Und ist bei positivem Ausfall ein zeitlich richtig abgestimmter Übergang zu unserem Verfahren ein sinnvoller nächster Schritt?“ *„Ja.“*

„Kann ich die entsprechenden Anweisungen gleich mitnehmen?“ *„Ja.“*

Diese summarische Zusammenfassung der Argumentation zeigt deutlich den logischen Aufbau und unterstreicht den Mut des Verkäufers, schnell und bestimmt die Entscheidungsetappen anzusteuern. Bei einem etwaigen „Nein“ greift der Verkäufer das letzte „Ja“ auf.

5. Stellen Sie Kontrollfragen!

Während des Verkaufsgespräches haben Sie des Öfteren Gelegenheit, durch Kontrollfragen die Kaufbereitschaft des Kunden zu prüfen. Jedes vom Kunden anerkannte Verkaufsargument ergibt eine solche Möglichkeit. Viele Verkäufer haben durch die Kontrollfragetechnik nicht nur schwierige Aufträge bekommen, sondern erhalten sie auch bedeutend schneller, und sie erfahren laufend die Reaktionen des Kunden.

„Ja, die ist schon gut, und es ist mir klar, dass man damit Arbeit sparen müsste“ pflichtet der Kunde der geglückten Vorführung einer vollautomatischen Waschmaschine bei. ***„Dann dürfte es sich für Sie lohnen, sie anzuschaffen, nicht wahr?“*** hakt der Verkäufer ein. Die Antwort auf diese Kontrollfrage entscheidet, ob der Verkäufer unmittelbar zum Kaufentschluss weitergehen kann oder mit einer Wunsch- und Bedarfsargumentation fortfahren muss.

„Es stimmt, die Maschine ist nicht so teuer, wenn man bedenkt, was sie einbringt“, sagt der Händler, auf den die Preisargumentation des Verkäufers offensichtlich Eindruck gemacht hat. *„Sie müsste sich verkaufen lassen.“* Diese positive Reaktion gibt dem Verkäufer Gelegenheit zu einer Kontrollfrage. *„Dann wäre es wohl zweckmäßig, sie so bald wie möglich auszustellen und anzubieten, nicht wahr?“* Eine negative Antwort bricht in dieser Situation den Kontakt keineswegs ab, während eine positive direkt zum Kaufentschluss führen kann.

„Sind Sie sich darüber im Klaren, dass Sie mit dieser Methode mindestens 1.600 Euro pro Jahr sparen?“ Mit diesen Worten kontrolliert der Verkäufer das Ergebnis seiner Vorführung und Preisargumentation. *„Ja, genau lässt sich das ja nicht berechnen, aber so ungefähr.“* *„Dann könnte man also davon ausgehen, dass sie um so mehr einbringt, je eher Sie sie benutzen?“* setzt der Verkäufer mit der Kontrollfrage fort, um den Kaufentschluss herbeizuführen. Beachten Sie, dass der Verkäufer klugerweise das Wort „kaufen“ vermeidet!

In allen solchen Fällen kann der Kunde nach drei Richtungen reagieren: positiv, neutral oder negativ. Im negativen Fall verneint er aber – bei richtig formulierter Frage oder Behauptung – nur die Bedeutung der gemachten Feststellung für seinen Kaufentschluss, nicht aber den Wert des Angebots überhaupt (z. B. „*Nein, das lohnt sich für mich trotzdem nicht*", oder wie im zweiten Beispiel „*Nein, der Zeitpunkt scheint mir noch verfrüht*", oder im dritten, „*Das ist nicht sicher, es gibt auch andere wichtige Faktoren, die berücksichtigt werden müssen*"). Es gilt also hier, die übrigen Widerstände zu erfahren und mit dem Kunden zu erörtern. Der Kaufentschluss als solcher ist also noch nicht gefährdet. Im neutralen Fall ist der Kunde nicht ganz überzeugt oder zögert aus anderen Gründen oder will sich der Stellungnahme entziehen. Der Verkäufer ist wohl auf dem richtigen Weg, aber hat noch eine Strecke bis zum Ziel vor sich.

Im positiven Fall ist der Kaufabschluss fällig, wenn der Verkäufer die Situation richtig erfasst und entsprechend handelt.

Eine andere, besonders wirkungsvolle Frage ist: „*Was würde Sie veranlassen, bei uns zu bestellen* (diesen Vorschlag anzunehmen, Ja zu sagen usw.)*?*" Der Verkäufer erfährt sofort die entscheidende Kundeneinstellung und kann entsprechend reagieren und verfahren.

6. Aufteilung der Entscheidung

Um dem Kunden die Entscheidung zu erleichtern, verteilen Sie sie: „*Gestern stellten wir schon fest ..., dass ...; heute müssten wir ...; und nächstes Mal bleibt uns noch ... zu tun.*" Dieser Hinweis „entdramatisiert" die Verhandlung.

7. Prinzipentschluss anstreben

Besonders bei Verhandlungen auf höherer Ebene ist es ratsam, alle Einzelheiten, untergeordnete Erwägungen, genaue Beschreibungen und Berechnungen abzusondern und auf Gespräche mit untergeordneten Stellen zu vertagen. Die Verhandlung muss verhältnismäßig schnell, sachlich, konzeptionell und konzentriert geführt werden und nur die große Linie ansprechen. Ein ähnliches Vorgehen empfiehlt sich bei allen komplizierten Vorschlägen, Projekten und längeren Verhandlungen.

8. Zusammenfassung und Plus-Minus-Liste

Fassen Sie alle wesentlichen Vorteile des Kaufes für den Kunden noch einmal zusammen! Die konzentrierte Zusammenfassung aller Gründe, die für einen Kauf sprechen, ist eine wirkungsvolle Abschlusstechnik. Notieren Sie die verschiedenen Gründe auf einem Bogen Papier, sodass sie auch visuell auf den Kunden einwirken und Sie sie dauernd vor sich haben.

Sie können auch eine **Plus-Minus-Liste** aufstellen, mit der Ihr Kunde Vor- und Nachteile der Annahme Ihres Angebots plastisch und vorbehaltlos vor sich sieht.

Überhaupt liegt in der Wiederholung eine starke Suggestion. Vielleicht bemerkt Ihr Kunde ein Argument erst, wenn Sie es zum vierten Mal wiederholen, oder es geht ihm erst dann die Bedeutung auf. Im Abschlussstadium dagegen neue (d. h. noch nicht genannte) Argumente zu nennen, heißt zu riskieren, dass das Gespräch wieder von vorne anfängt; denn damit werden neue Überlegungen angestellt, die eine Entscheidung zurückstellen.

9. Erstreben Sie Einzelentscheidungen!

Anstatt den Kunden zu zwingen, die manchmal schwere, grundsätzliche Entscheidung des Kaufentschlusses zu fällen, kann der Verkäufer eine indirekte Kaufentscheidung erzielen, indem er Fragen stellt, die einen Kaufentschluss des Kunden hinsichtlich besonderer Wünsche, Bedingungen usw. herbeiführen, bevor der Kunde sich über den Kauf als solchen endgültig entschieden hat.

Ein Autoverkäufer z. B. hat viele Möglichkeiten, sich dieser Technik zu bedienen. Hier ist eine Unterhaltung in stark verkürzter Form:

„Welche Farbe gefällt Ihnen am besten?“

„Eigentlich die blaue.“

„Legen Sie Wert auf ein Schiebedach? Wir haben noch einige Wagen vorrätig, die eins haben. Das ist doch eine recht angenehme Sache im Sommer?“

„Da haben Sie schon Recht, aber das kostet natürlich mehr.“

„Das Mehr ist unbedeutend.“

„So?“

„Die Nebellampen sind bereits serienmäßig eingebaut; bei Herbst- und Winterfahrten und auch an kalten Frühjahrstagen sind sie ja unentbehrlich.“

„Das ist für mich nicht so wichtig. Bei schlechtem Wetter gedenke ich mich sowieso nicht auf den Straßen herumzutreiben.“ (negative Reaktion)

„Sitzen Sie bequem, wenn der Sitz so zurückgeschoben ist? Passt Ihnen diese Stellung beim Fahren?“

„Ja, die ist gut, obwohl ich vielleicht das Ganze ein bisschen höher haben möchte.“

„Das können wir gern ändern. Sie können auch Sportsitze bekommen.“

„Gegen Aufpreis?“

„Geringfügig! Ein paar hundert Euro pro Sitz.“

„Das wäre zu überlegen.“

„Haben Sie vielleicht sonst noch Wünsche für die Ausstattung?“ usw.

Durch diese Art der Argumentation wird der Kunde der Notwendigkeit einer formellen Kaufentscheidung enthoben. Ein „Nein“ bei einer Einzelentscheidung, wie z. B. des Schiebedachs und der Sitze im oben oben genannten Beispiel, ist ungefährlich, denn es handelt sich ja nur um eine Einzelreaktion in Bezug auf besondere Wünsche des Käufers. Auch eine kleinere Diskussion in einer Einzelfrage ist harmlos.

„Wie viele Hausanschlüsse würden Sie in Ihren Büros brauchen?“ fragt Herr Frank, der Telefonanlagen verkauft.

„Ja, einen hier und zwei bei den Prokuristen, dann einen im Schreibbüro, im Lager und in der Buchhaltung.“

„Reicht das?“

„Ja, das reicht schon.“

„Müssten Sie nicht auch einen in der Rechnungsabteilung haben?“

„Nein, das wäre überflüssig.“

„Welches von den beiden Modellen gefällt Ihnen am besten?“

„Sie scheinen beide in Ordnung zu sein. Aber ich finde trotzdem das linke am zweckmäßigsten.“

„Wäre es ein Vorteil, die Anlage an das Telefonnetz anzuschließen, damit auch Telefongespräche aus der Stadt verbunden werden können?“

„Ja, natürlich; aber das kostet ja ...“

„Der Unterschied fällt nicht ins Gewicht. Ich zeige Ihnen gleich die Preisliste. Wollen wir vielleicht zusammen durch die Büros gehen, um uns von den Aufstellungsmöglichkeiten zu überzeugen? Wäre das hier ein geeigneter Platz in Ihrem Büro?“

10. Besonderen Wünschen entgegenkommen

Zeigen Sie selbst Entgegenkommen bei besonderen Wünschen. Wenn sich eine Möglichkeit bietet, Änderungen im Angebot vorzuschlagen, die den Wünschen des Kunden entsprechen – diese können auch als Einwand vorgebracht werden –, so sollten Sie sich dieser Möglichkeit bedienen. Sie bestärkt den Kunden in seinem Kaufvorhaben.

„Mir gefällt diese Oberflächenbehandlung nicht, sie wirkt zu schwach“, erklärt der Einkäufer.

„Falls wir eine stärkere Oberflächenbehandlung mit größerem Korrosionswiderstand zustande bringen könnten, würde das Material dann Ihren Wünschen entsprechen?“

„Ja, auf jeden Fall in diesem Punkt. Aber drei Monate Lieferzeit sind mir zu lang.“

„Falls wir sie auf zwei herabdrücken könnten, würden Sie sich dann unmittelbar entscheiden? Wir könnten dann mit der Fertigung sofort beginnen. Im Augenblick ist ja noch keine Saison.“

Die Argumentation des Verkäufers in der Frageform ist bedeutend geschickter aufgebaut als das gewöhnliche, allzu eifrige, unmittelbare Zugeständnis: *„Selbstverständlich können wir auch eine bessere Flächenbe-*

handlung erzielen" bzw. *„Natürlich können wir in kürzerer Frist liefern"*, welches den Kunden nicht in den Kaufvorschlag einbindet, sondern den Verkäufer zu weiterer Argumentation zwingt. Die endgültige Zusage erfolgt erst, wenn der Kunde seinen Kaufentschluss bestätigt oder wenn die Firma des Verkäufers den Sonderwünschen zustimmt. Einige weitere Beispiele:

*„**Falls** wir die Modelle nach diesen Zeichnungen ändern könnten, würden sie dann Ihren Wünschen entsprechen?"* fragt der Verkäufer einer Damenmantelfabrik den Inhaber eines Modegeschäftes.

„Wie wäre es, wenn wir die Füße ein paar Zentimeter kürzten? Würden die Möbel Ihrem Geschmack dann eher entsprechen?" fragt der Vertreter einer Möbelfabrik.

Der Kunde: *„Die Presse ist nicht so, wie ich sie haben will."* – *„Welche Änderungen möchten Sie haben, damit sie Ihren Anforderungen genügt? Vielleicht können wir das machen."*

Wenn eine Änderung, Reparatur oder „Maßanfertigung" beschlossen wird, so ist der Kunde viel mehr in den Kauf verflochten. Wenn der Verkäufer auch nur irgendeine Möglichkeit hat, eine Änderung gemäß dem (vielleicht nicht einmal ausgesprochenen) Wunsche des Kunden anzubieten, sollte er diese Gelegenheit wahrnehmen.

Ob dieses Vorgehen organisatorisch oder finanziell tragbar ist, muss natürlich von Fall zu Fall entschieden werden.

11. Das 4-Schritt-Vorgehen

Das 4-Schritt-Vorgehen eines schwedischen Verkäufers verdient Aufmerksamkeit:

„1. *Erst versuche ich, die Punkte, in denen der Kunde und ich gleicher Meinung waren, zusammenzufassen und zu betonen.*
2. *Ich lege den Kunden durch Zustimmungsaufforderung fest.*
3. *Alle ungelösten Probleme oder strittigen Punkte sondere ich ab und stelle sie zurück.*
4. *Und schließlich erstelle ich mit ihm einen Folgenplan, d. h. wir besprechen, wie wir vorgehen, um die restlichen Fragen zu klären. Ich nehme also gegenteilige Ansichten in Kauf, behandle sie aber erst in der nächsten Phase."*

Dieses sachlich plausible Verfahren dürfte auch für Sie verwendbar sein.

12. Greifen Sie den Ergebnissen vor!

Diese Methode knüpft an die Verfahren 8 und 9 an. Anstatt über den Kauf als solchen zu verhandeln, bespricht der Verkäufer bereits Einzelheiten der Lieferung, Ausführung, Bezahlung und sonstige Kaufbedingungen, wobei er die Gedankengänge des Kunden auf den Zeitpunkt richtet, zu dem dieser die Ware erhalten und in Gebrauch nehmen wird. Der Kaufentschluss wird nicht besprochen, sondern als gegeben vorausgesetzt.

„*Wollen Sie die Sachen in der nächsten Woche haben, oder genügt nächster Monat?*" pflegt der Büromaterialverkäufer Drewitz zu fragen (Alternativtechnik).

„*Wie wäre es, Herr Stein, wenn Sie den Lagerleiter rufen, um zu hören, ob Sie während der Monate Juni/Juli vier Teillieferungen entgegennehmen können?*" schlägt der Holzwarenverkäufer Hahn vor.

„*Wir sind bereit, ein Zahlungsziel von sechs Monaten einzuräumen. Wäre das eine Lösung?*" erkundigt sich Herr Jahn beim Verkauf von Registrierkassen an kleinere Einzelhandelsgeschäfte.

„*Welche Muster würden Sie hauptsächlich interessieren?*"

„*Welche dieser Maschinen müsste zuerst ausgetauscht werden?*"

„*Könnten wir morgen schon mit der Einrichtung beginnen?*"

„*Wenn Sie nach einer Woche die ersten Messungen machen werden, können Sie auch gleich die Ersparnisse feststellen.*"

„*Kann unser Anwendungstechniker Ihnen Ende der Woche die Anlage kurz kontrollieren?*"

„*Gerade, wenn Sie Ihre große Frühjahrsausstellung eröffnen, können Sie Ihren Kunden diese neue Mode vorführen. Sollen wir Ihnen dazu zwei oder drei Vorführdamen schicken?*"

„*Wo sollte man zweckmäßigerweise anfangen?*"

Das sind Fragen, welche die Gedanken des Kunden auf die konkrete Auswahl beim Kauf richten und den Ereignissen vorgreifen, denn der Kaufentschluss als solcher ist noch gar nicht vom Kunden geäußert worden.

In diesem Zusammenhang eine kleine Warnung: keine Spitzfindigkeiten oder Tricks mit Auftragsbüchern! Lassen Sie dem Kunden keine Bleistifte entgegenrollen, drücken Sie ihm keine Kugelschreiber in die Hand, notieren Sie keinen Auftrag, bevor der Kunde sein direktes oder indirektes Einverständnis dazu gegeben hat, und versichern Sie dem Kunden nicht, seine Unterschrift habe keine praktische Bedeutung, wenn es sich um einen bindenden Auftrag handelt. Derartige billige Tricks setzen das Ansehen des Verkäuferberufs herab und führen bestenfalls zu zweifelhaften Aufträgen.

13. Den positiven Ausgang als gegeben ansehen

Zeigen Sie, dass Sie den Kauf des Kunden als selbstverständlich voraussetzen! Wenn der Verkäufer den Kunden überzeugen will, die angebotene Ware zu kaufen (nachdem er sich selbst davon überzeugt hat, dass sie dem Bedürfnis des Kunden entspricht), muss er diese Überzeugung natürlich selbst ausstrahlen. Er darf keine Befürchtungen durchblicken lassen, der Kunde könne, wenn er alle Tatsachen und Argumente erhalten und erprobt hat, vielleicht trotzdem nicht kaufen. Seine ruhige Sicherheit über den Ausgang sollte sich in der Argumentation sowie in der Stimme, der Haltung und dem ganzen Auftreten widerspiegeln. *„Tun Sie mir doch den Gefallen"* oder *„Angesichts unserer langjährigen Beziehungen ... "* oder *„Weil wir schon so viel Arbeit mit der Sache gehabt haben"* oder *„Da wir Ihnen voriges Mal so entgegengekommen sind"* oder *„Weil unsere Firma auf Ihren Auftrag besonders großen Wert legt"* oder *„Weil wir so viel von Ihnen kaufen"* ist Bettelei oder Erpressung. Früher oder später muss der Verkäufer für derartige Abschlüsse teuer bezahlen (Kunde: *„Ich habe Ihnen ja voriges Mal den Gefallen getan, und nun habe ich ein Recht darauf, auch verlangen zu können, dass ... "*). Diese Ergänzung zum Kapitel „Hochdruckverkauf" darf in diesem Zusammenhang nicht fehlen, weil die Versuchung im Augenblick des Abschlusses besonders groß ist.

Die Überzeugung, **dass** der Kunde kaufen wird, verbietet dem Verkäufer auch, in seiner Argumentation darüber zu sprechen, was geschehen wird, falls der Kunde sich zum Kauf entschließen sollte (vergleiche auch Punkt 10). Ein Stahlverkäufer ersetzt deshalb die Worte ***„Falls** Sie diesen hochwertig legierten Manganstahl kaufen"* durch ***„Wenn** Sie das Stück bearbeiten"*, und ein Autoverkäufer ***„Falls** Sie diesen Wagen nehmen"* durch ***„Wenn** Sie ihn vierzehn Tage oder drei Wochen gefahren haben, so werden Sie feststellen ..."*. *„Sie bekommen die Spülmaschine noch vor Weihnachten installiert, gerade passend für den Hochbetrieb an den Festtagen"* und *„Schon im nächsten Monat werden Ihre Damen mehr schaffen"* sind bessere Argumente als das übliche ***„Falls** Sie diese Spülmaschine kaufen"* oder ***„Sollten** Sie sich entschließen, Ihre Büros mit unseren richtig gefederten Schreibmaschinenstühlen auszurüsten"*.

Entspannung

Zeigen Sie keine Nervosität und Unsicherheit im Abschlussstadium. Entweder wird der Kunde unbewusst von Ihnen angesteckt, oder er merkt, wie verzweifelt Sie sich anstrengen, den Auftrag zu erhalten, und wird misstrauisch. Kontrollieren Sie Ihre Stimme und achten Sie darauf, dass sie klar, sicher und ruhig überzeugend klingt! Zeigen Sie sich entspannt! Wie oft hat nicht eine drängende, gespannte Haltung so auf den Kunden gewirkt, dass er bewusst oder unbewusst zurückschreckt. *„Ich brauche nur zu sehen, wie ein Verkäufer auf dem Stuhl sitzt, um zu wissen, nicht nur ob, sondern auch wie nervös er ist"*, behauptet ein gewiegter Einkäufer. **Bei der gespannten Erwägung des Für und Wider des Kaufes können Kleinigkeiten ausschlaggebend für Erfolg oder Misserfolg sein.**

Zu viel Eifer und verbissene Entschlossenheit bremsen den Willen eines Kunden zu einem positiven Kaufentschluss. Je nötiger Sie den Auftrag brauchen, desto weniger erpicht darauf sollten Sie das in Ihrer Haltung und in Ihrer Behandlung des Angebotes zeigen. Sprechen Sie im Abschlussstadium langsamer, ruhiger, mit mehr Pausen, lassen Sie den Kunden nachdenken, verwenden Sie die „Kein-Druck-Methode". Erzeugen Sie keine Spannung – es liegt sowieso schon zu viel davon in der Luft. Wenn Sie einen Auftragsblock benutzen, legen Sie ihn am besten gleich zu Anfang des Gespräches auf den Tisch. Und wie gesagt, fragen Sie **niemals,** ob der Kunde kaufen will – **sondern** nur, **was, wo, wie, wie viel!**

14. Lassen Sie den Kunden die Ware prüfen!

Nichts ist zweckmäßiger für eine schnelle Entscheidung, als dem Kunden die Ware „zur Probe" zu überlassen.

Lassen Sie ihn den neuen Videorecorder eine Woche lang benutzen und erproben, damit er nachher nicht mehr ohne ihn „auskommt".

Wenn Sie Ihrem Kunden, der in einer anderen Stadt zu tun hat, vorschlagen, den neuen Wagen in Ihrer Gesellschaft dorthin probeweise zu fahren, bekommen Sie beide reichlich Zeit, die Vorteile des Wagens gemeinsam zu erproben, und der Kunde kann sich an den Wagen gewöhnen.

Fordern Sie Ihren Buchinteressenten auf, die Bücher bei sich zu Hause zu behalten und innerhalb einer Woche zurückzuschicken, falls er sie nicht haben will. Einige Buchhändler haben als Prinzip, bekannten Kunden als Antwort auf eine Nachfrage nach Neuerscheinungen unverbindlich eines der Bücher zuzuschicken oder mitzugeben, und behaupten, dass es in drei bis vier von fünf Fällen gekauft wird. Der zunehmende Verkauf über Internet beweist den Erfolg des Rückgaberechtes.

Schlagen Sie Ihrem Fabrikanten eine Probelieferung Ihres neuen Materials vor, wenn er im Zweifel darüber ist, ob er seinem alten Material untreu werden soll!

Räumen Sie ein Rückgaberecht innerhalb einer gewissen Zeitspanne ein, wenn der Kunde sich von den Vorteilen Ihres Angebots nicht völlig überzeugt fühlt!

Eine Büromaschinenfabrik veranlasst ihre Verkäufer, bei Kunden 5 bis 10 Tage lang möglichst viele Geräte probeweise aufzustellen, und rechnet mit einem Verkauf von drei bis fünf aufgestellten Maschinen. *„Eine reine Organisationsfrage"*, sagt der Verkaufsdirektor. *„Während der Probezeit überholen wir, wenn möglich, seine alten Maschinen – damit wir auch ganz sicher sind, dass er unsere während der Zeit wirklich benutzt."*

15. Schmiede das Eisen, solange es glüht!

Verpassen Sie nicht die Gelegenheit!

Häufig ist es möglich, dass der Verkauf schon bei dem ersten Gespräch abgeschlossen werden kann. Sowohl Kunde als auch Verkäufer sparen Zeit, die Entschlussbereitschaft pflegt am stärksten zu sein, die Argumentation am lebendigsten, die Empfänglichkeit des Kunden am ausgeprägtesten, das Risiko für einen zähen Kampf um die Bedingungen am geringsten. Die Zeit für den einzelnen Kundenbesuch ist oft ungerechtfertigt lang. Am klarsten tritt dies beim so genannten „Abschlussbesuch" zutage – also der, welcher gar kein Abschluss ist. Der Verkäufer ist so ängstlich, eine Absage zu bekommen, dass er es nicht wagt, zum Kauf aufzufordern, sondern hofft, der Kunde werde früher oder später mit einem Kaufentschluss das Gespräch unterbrechen. Erfolgt dies nicht, so glaubt der ängstliche Verkäufer, der Kunde sei „noch nicht reif", und fordert direkt oder indirekt zu einem Aufschub der Entscheidung auf.

„Das ist doch selbstverständlich", denkt der erfahrene Verkäufer, *„dass ich einem Kunden nicht sage, er solle sich die Sache überlegen, bis ich ein andermal wiederkomme."* Sachte, sachte! Jedes Mal, wenn der Verkäufer dem Kunden nicht direkt vorschlägt zu kaufen, sondern nur drauflos redet oder erwartet, dass der Kunde von sich aus etwas sagt, fordert er den Kunden auf, die Sache auf sich beruhen zu lassen. Eine ausgebliebene Kaufaufforderung wird eine indirekte Aufforderung zum Aufschub. Durch Kontrollfragen kann man unschwer feststellen, „wann das Eisen glüht und geschmiedet werden kann". Reden Sie also nicht am „Sättigungspunkt" und damit am Auftrag vorbei! Und wenn es doch passiert, nehmen Sie den nächsten „psychologischen Augenblick" wahr.

16. Die Festlegungsmethode

Eine besonders wirksame, aber schwierige Methode ist, den Kunden auf einen ganz bestimmten Punkt des Angebots festzulegen und diesen damit zum entscheidenden Punkt der Verhandlung zu machen. Ein Beispiel zeigt am besten, wie man vorgeht:

Verkäufer: *„Darf ich gleich zu Anfang eine direkte Frage an Sie richten?* ***Wenn*** *Sie sich davon überzeugen können, dass die Leistung dieser Maschine um mindestens 12 % größer ist als die Ihrer bisherigen, würden Sie diese haben wollen?"*

Kunde: *„Zuerst müssen Sie mich mal überzeugen."*

Verkäufer: *„Dann ist dies auf jeden Fall der entscheidende Punkt für Sie: eine bedeutende Leistungssteigerung?"*

Kunde: *„Selbstverständlich."*

Verkäufer: *„Also, einen bindenden Beweis der Leistungssteigerung von mindestens 12 % vorausgesetzt, bestellen Sie sie?"*

Kunde: *„Ja,* ***wenn*** *Ihnen das gelingt und der Preis stimmt!"*

Verkäufer: *„Das ersehen Sie ja wohl schon aus den Unterlagen."*

Kunde: *„Da ist etwas dran."*

Auf diese Weise wird die ganze Unterhaltung auf einen einzigen Punkt konzentriert, ohne dass der Verkäufer längere Beschreibungen der allgemeinen Vorzüge seines Angebots zu geben braucht. Wenn er das selbst gesteckte Ziel in dem entscheidenden Punkt erreicht, wird ihm der Auftrag zufallen. Hierdurch gewinnt er unverhältnismäßig viel Zeit und vereinfacht sein ganzes Verkaufsgespräch. Wie können Sie diesen Gedanken bei sich verwerten? Es geht in vielen Fällen bestimmt!

17. Erfragen Sie alle verbleibenden Einwände!

Warum zögert ein interessierter Kunde? Er glaubt entweder die Sachlage noch nicht zu überblicken, es fallt ihm schwer, einen Entschluss zu fassen, er kann es nicht selbständig tun (z. B. die Frau zu Hause oder der Meister in der Fabrik entscheiden mit), oder er empfindet, dass Vor- und Nachteile einander aufheben. Die beste Art, den Anlass zu erkunden, ist, **danach zu fragen** und die Einwände hervorzulocken.

„Nein, ich möchte mir die Sache noch etwas überlegen", sagt ein Händler schwankend. *„Aha"*, antwortet der Verkäufer, *„Sie sind sich möglicherweise noch über einiges im Unklaren?"* Oder: *„Sie sind noch nicht ganz überzeugt, nicht wahr?"*

Dieser Satz ist der Schlüssel zur Fortsetzung des Gesprächs. Jetzt muss der Kunde Farbe bekennen. Er kann z. B. antworten:

a) „Ja, ich weiß nicht recht, was ich sagen soll. Man will sich ja einen so bedeutenden Kauf in Ruhe überlegen."

Der Kunde zeigt mangelnde Entschlossenheit, vielleicht weil die richtige Kauflust noch nicht geweckt wurde. Dies veranlasst den Verkäufer, die schlagkräftigsten Verkaufsappelle, d. h. die, welche für den Kunden die schlagkräftigsten sind, zu wiederholen.

b) „Sicher sind die Sachen gut, aber kann ja abwarten. Der Kauf eilt nicht so."

Der **Kaufdrang** ist noch nicht geweckt worden, auch wenn der Kunde vielleicht ein allgemeines, sachliches Interesse gezeigt hat. Der Verkäufer muss hier nicht nur die Kauflust verstärken, sondern auch begründen, was gegen ein Aufschieben des Entschlusses spricht.

c) „Ich finde die Preislage trotz allem ziemlich hoch."

„Es ist doch nicht das, was ich mir gedacht habe."

„Die Zusammenstellung gefällt mir nicht recht."

„Die Sachen sehen ja sehr schön aus, aber auf Haltbarkeit sind sie ja nicht gerade hergestellt."

„Schon, aber dagegen spricht Folgendes..."

Alle diese Äußerungen sind Ausdruck ernster, sachlicher Einwände, die der Verkäufer wahrscheinlich vorher nicht ganz entkräften konnte. In einigen Fällen wird er gezwungen sein, wieder von vorn zu beginnen.

d) „Ich möchte gern noch mit meiner Direktion über die Angelegenheit sprechen."

„Einen derartigen Kauf will ich erst mit meinem Exportleiter besprechen."

„Ich kann nicht allein über einen solchen Kauf entscheiden."

Entweder hat der Verkäufer nicht den **wirklichen** Käufer getroffen, oder der Kunde ist sich seiner Sache und der eigenen Beurteilung nicht sicher. Der Verkäufer muss von Fall zu Fall entscheiden, ob er versuchen soll, beim Kunden noch größeres Verlangen zu erwecken oder auch direkt und indirekt den „dritten Mann" zu bearbeiten.

e) *„Nein, eigentlich denke ich an nichts Besonderes."*

Wenn sich der Kunde so oder ähnlich mit schwebendem Tonfall äußert, merkt der Verkäufer, dass der Kunde wahrscheinlich bereit ist zu kaufen, wenn er nur einen etwas stärkeren Anstoß bekommt.

Darüber hinaus darf man natürlich nicht außer Acht lassen, dass der Kunde auf die Frage des Verkäufers einen ausweichenden Grund angeben oder dass seine Abneigung gegen eine Entscheidung auf mehreren Umständen beruhen kann. Dagegen können Sie sich zumindest bis zu einem gewissen Grade durch die Ergänzung Ihrer Frage mit einer weiteren Kontrollfrage im Anschluss an die Äußerung des Kunden schützen: *„Ach so, ist* ***das*** *der Grund, der Sie davon abhält, sich jetzt zu entschließen?"* Dann wird der Kunde in der Regel antworten:

a) *„Ja."*

b) *„Nein, eigentlich nicht nur dies. Ich finde auch, dass Sie ziemlich viel Geld verlangen."*

c) *„Ich weiß nicht. Ich bin mir selbst nicht richtig darüber im Klaren."*

Im ersten Fall ist es ein direktes Eingeständnis, im zweiten ist es entweder ein Vorwand, oder es gibt noch einen weiteren Grund für die Unentschlossenheit des Kunden, während der Anlass im dritten Fall auch dem Kunden selbst unbekannt ist. Es ist für den Verkäufer stets nützlich, diese Kontrollfrage zu stellen, damit er weiß, ob er nicht bei der Erwiderung auf einen Vorwand unnütz Pulver verschießt. Er sollte zu erkunden suchen, wo der wirkliche Widerstand verborgen liegt. Der **genannte** Einwand kann den **wirklichen** verdecken.

Ein erfahrener Verkaufstrainer empfiehlt die Fangfrage: *„Und davon abgesehen?"* War es der echte Grund, wird der Kunde seinen Einwand bestätigen - wenn nicht, erleichtert den tieferen Grund nennen. Beispiel: *„Sie finden den Preis sehr hoch?" „Genau!" - „Und davon abgesehen?" - „Davon abgesehen, eigentlich nichts."* - Oder: *„Davon abgesehen, ist die ganze Sache für mich noch etwas verfrüht."*

Ein sehr geschickter Verkäufer von Dienstleistungen auf Direktionsniveau lockt Einwände durch die Bemerkung *„Sie sehen so nachdenklich aus!"* hervor. Derselbe Gedanke. Auch hier „Wissen gibt Macht." Je mehr Sie über das wahre Hindernis erfahren, desto besser können Sie handeln.

18. Behalten Sie die Initiative

Wenn keine Entscheidung zu erzielen ist, lassen Sie die Verbindung nicht abbrechen, und geben Sie vor allem die Initiative nicht aus der Hand!

Zunächst soll man natürlich unterscheiden zwischen:

a) Völlig verständlichen und berechtigten Gründen. In der Regel ist es dann falsch, auf eine unmittelbare Entscheidung zu drängen und den Kunden unter Druck zu setzen - im Gegenteil, in derartigen Fällen sollte der Verkäufer selbst einen Aufschub vorschlagen. Dadurch erweckt er Vertrauen.

b) Vorwänden oder allgemeiner Unentschlossenheit. In letzterem Fall kann der Verkäufer dem Kunden etwa mit folgenden Worten begegnen: *„Warum nicht gleich heute? Die Vorteile sind heute genauso groß!“* oder *„Es ist doch einfacher, jetzt gleich Ihr Einverständnis zu geben, dann ist die Sache in Ordnung“* oder *„Nehmen Sie diesen Vorschlag an, dann können wir morgen schon mit dem Einbau beginnen, und übermorgen übernimmt die neue Spülmaschine das Abwaschen“.*

   Gerade die Fähigkeit, richtig ausmalen zu können, sehr bald in den Genuss der Vorteile Ihres Angebots zu kommen, ist in dieser Situation von großem Nutzen. Oder: *„Wenn Sie hier Ihren Namen hinsetzen, können Sie den ersten Band schon morgen bekommen“*, oder: *„Wenn wir das heute erledigen, brauchen Sie sich mit der Angelegenheit nicht mehr zu befassen, denn dann kümmere ich mich um alles Weitere.“* In einigen Fällen kann der Verkäufer es auch unterlassen, auf das Verzögerungsargument einzugehen. Wenn er seiner Sache sicher ist, dass der Kunde seine Kaufbereitschaft nur nicht ohne weiteres zugeben will, schließt er, wie die Beispiele gerade zeigen, direkt ab. Der Verkäufer sollte immer versuchen, ein Argument bereit zu haben, das die Vorteile eines **sofortigen** Kaufs unterstreicht. Er kann auch dem Kunden den Verlust - oder Schaden - nachweisen, falls er nicht (jetzt) kauft.

Das berechtigte Bedürfnis, das Angebot mit anderen verantwortlichen Leuten innerhalb der Firma zu besprechen oder zu untersuchen, muss natürlich, wie schon gesagt, respektiert werden. Aber nichts hindert den Verkäufer, vorzuschlagen, bei dieser Unterredung selbst anwesend zu sein, um einiges wertvolles Material vorzulegen oder selbst mit dem Betreffenden, der um Rat gefragt werden soll, zu sprechen (aber nicht hinter dem Rücken des Verhandlungspartners), oder helfend als Ratgeber und Informationsquelle mitzuwirken. Der Verkäufer kann auch in solchen Fällen ergänzendes Material schicken - das er nachher selbst wieder abholt, um sich auf diese Weise wieder in Erinnerung zu bringen. Er kann vielleicht seine Ware zum Ausprobieren überlassen, einen Probeeinbau vorschlagen, er kann bestimmte Garantien geben (ein oft entscheidendes Moment, wenn der Abschluss „auf des Messers Schneide" steht) oder ein besonderes Entgegenkommen zeigen.

Vor allen Dingen gilt es für den Verkäufer, den **echten** Grund des Aufschubs zu erfahren.

Ein wichtiges Argument bis zum Schluss aufsparen?

Es wird oft empfohlen, dass sich der Verkäufer ein wichtiges Abschlussargument für den letzten entscheidenden Augenblick aufsparen soll. Dieser Ratschlag ist unrealistisch: Kein Verkäufer will oder wird sich beherrschen, ein wichtiges Verkaufsargument so lange zurückzuhalten, bis der ganze Verkauf an einem seidenen Faden hängt. Und das mit Recht! Im Übrigen wirkt dieses Verfahren – zum Schluss plötzlich die Bedingungen aufzulockern – wie Hochdruckverkauf und erweckt Misstrauen. Eine andere Sache ist es, dem Wunsch des Kunden auf dessen Drängen am Ende einer langen Verhandlung in einigen Punkten nachzugeben.

19. Fassen Sie nach!

Eine Methode, deren man sich **immer** bedienen sollte, ist **eine schriftliche Bestätigung,** in welcher man in konzentrierter Form sein Angebot sowie die Argumentation und die wichtigsten Gründe, die für einen Kauf sprechen, wiederholt. In vielen Fällen ist sogar ein Fax angebracht. Diese Erinnerung erzielt folgende Wirkung:

a) Man kann den Vorschlag richtiger darstellen als beim mündlichen Kontakt. Wenn man in Ruhe nachdenken kann, ist es leichter, die richtigen Argumente zu finden und die fehlerhaften zu vermeiden. Sie können Ihre mündliche Darstellung auch korrigieren. Außerdem können Sie Ihre neu erworbenen Kenntnisse über den Kunden, seine Einstellung sowie seine besonderen Probleme und Wünsche berücksichtigen.

b) Es ist für den Kunden eine Denkstütze, den Schriftsatz für die weiteren Überlegungen zu benutzen. Der Verkäufer beeinflusst also den Kunden weiter, obwohl er nicht mehr bei ihm ist.

c) Die schriftliche Darstellung gibt einem Angebot oft ein stärkeres Gepräge der Zuverlässigkeit (dies wird häufig übersehen).

d) Auf Menschen mit starker bildlicher Empfänglichkeit macht das geschriebene Argument stärkeren Eindruck als das gesprochene.

e) Das Schreiben wird wahrscheinlich bei internen Besprechungen vorgelegt. Hierdurch hat der Verkäufer eine indirekte Beeinflussungschance gegenüber Personen, die er vielleicht nie trifft.

Nun ist aber andererseits eine Erfahrung, dass sich viele Verkäufer vor dem Schreiben scheuen (gute Verkäufer sind oft faule Schreiber). Deshalb muss der Verkaufsleiter seine Verkäufer oft mit mildem Druck dazu zwingen, Nachfassbriefe zu schreiben. Die Erfolge sollten ihnen aber bald den Wert dieses Vorgehens beweisen.

„Ich werde darauf zurückkommen …"

Schließlich soll hier eine Regel, die schon in anderem Zusammenhang gegeben wurde, wiederholt werden: **Als Verkäufer sollten Sie immer die Initiative behalten!**

Es ist nicht Sache des Kunden, auf den Verkäufer zurückzukommen; der Verkäufer muss es sein, der sich den Vorzug ausbittet, den Besuch oder das Gespräch erneuern zu dürfen. Der Verkäufer soll sich also nicht mit einem Bescheid des Kunden begnügen: *„Ich melde mich wieder"*, sondern selbst die Sache in die Hand nehmen: *„Passt es Ihnen, wenn ich am Anfang nächster Woche anrufe, oder soll ich bis Freitag warten?"* (Alternativmethode).

Es finden sich immer geeignete Begründungen, aber oft ist gar keine nötig. Auch wenn der Kunde erklärt, er werde von sich aus wieder anrufen, erhält man im Allgemeinen die Zustimmung, nach einer gewissen Zeit selbst wieder von sich hören zu lassen, falls es der Kunde nicht vorher getan haben sollte.

Ebenso ist ein Verkaufsbrief nicht mit den Worten zu schließen: *„Wir hören gern von Ihnen"*, sondern z. B.: *„Wir werden uns erlauben, in einigen Tagen nachzufragen, ob Ihnen die gegebenen Aufschlüsse ausreichen"* (oder *„welche weiteren Aufschlüsse Sie benötigen"*).

20. Geben Sie keinen Kunden auf!

Auch wenn ein Kunde bestimmt „Nein" sagt, so geben Sie ihn nicht auf. Ein „Nein" ist auf längere Sicht gesehen selten unwiderruflich. Es können aus unzähligen Gründen neue Situationen entstehen, die den Kunden dazu bewegen, seinen Entschluss zu überprüfen. Oft kann der Verkäufer direkt danach fragen, was den Kunden dazu bewog, den Vorschlag abzulehnen. Dabei kann er vielerlei lernen, teils für den Fall eines erneuten Besuches und teils, um seine eigene Verkaufsarbeit kritisch zu beurteilen und etwaige Mängel zu beseitigen. *„Verzeihung, hat irgendetwas in meinem Auftreten Sie zur Ablehnung bewogen?"* Mit solchen Worten kann der Verkäufer sich Sympathie und nützliche Aufschlüsse verschaffen, wobei er klugerweise als Grund für die Absage annimmt, dass der Mangel bei ihm, nicht aber bei seinem Angebot gelegen haben muss.

Warum

Ein wertvolles Wort, wenn man Informationen über Ablehnungsgründe wünscht, ist die Frage *„Warum?"* – eine Frage ohne Umschweife, die eine ebenso direkte Antwort erfordert. „Warum" sollte, in direkter oder umschriebener Form, viel häufiger angewendet werden.

Der Verkäufer kann aus jedem Verkaufsbesuch, ob erfolgreich oder nicht, Nutzen ziehen, wenn er untersucht, **warum** er den Auftrag bekam oder nicht bekam. Es ist keine Schande, einen Auftrag zu verlieren, aber nicht zu wissen warum, ist eine.

Versuchen Sie immer gewissenhaft festzustellen, **warum** Ihnen ein Auftrag entgeht? Ohne diese Maßnahme ist eine Verbesserung Ihrer Verkaufstechnik kaum möglich.

Initiative zum Abbruch durch wen?

Der Verkäufer soll sich davor hüten, es dem Kunden schwer zu machen, einen abschlägigen Bescheid zu geben oder ihm sogar Vorwürfe für seine Stellungnahme zu machen (kommt vor, besonders wenn der Verkäufer sich viel Mühe gemacht hatte oder seines Erfolges sicher war). Der Kunde wird es dann vermeiden, mit diesem Verkäufer je wieder zu verhandeln. Wenn der Verkäufer in dieser Situation taktvoll ist, kann er darum bitten, nach einer gewissen Zeit wiederkommen zu dürfen, um die Frage aufs Neue zu prüfen. Eine gute Gesprächsatmosphäre vorausgesetzt, geht der Kunde darauf meistens ein.

Der Verkaufsleiter einer Branche, die sich in ihrem Verkauf direkt an Verbraucher wendet, geht noch einen Schritt weiter. Er empfiehlt seinen Verkäufern, einen Verkaufsvorgang, der als verloren anzusehen ist, selbst abzubrechen. Dadurch behält der Verkäufer sein Selbstwertgefühl, und der Kunde bekommt Achtung vor ihm. Wenn der Verkäufer den Kunden das nächste Mal aufsucht, sollte er sich jedoch, wie schon erwähnt, vor einem typischen Fehler hüten: den Kunden zu fragen, ob er seine Absicht geändert habe. Das will niemand eingestehen. Nehmen Sie stattdessen seinen Haupteinwand vom vorigen Mal direkt wieder auf, falls die Lage sich verändert hat. Beginnen Sie andernfalls von einem ganz neuen Ausgangspunkt!

Geben Sei auch zu früh auf?

Andererseits lässt der Verkäufer zu schnell locker. Er lässt sich von einem „Nein" zu Beginn des Verkaufsgespräches leicht abschrecken. Er hat oft Angst vor Kunden, die er zum ersten Mal besucht, obgleich er dazu keinen Anlass hat. Außerdem ist er zu leicht geneigt, einen Kunden für immer für „tot" zu erklären, wenn das Angebot nach einem abgeschlossenen Angebotsvorgang endgültig abgelehnt worden ist.

Und noch ein Hinweis: **Kontrollieren Sie, ob der Auftrag wirklich „weg" ist.** Dies kommt bewiesenermaßen häufiger vor als angenommen. Fassen Sie ein paar Tage später nach. Vielleicht hat der Kunde sich geirrt, oder der mutmaßliche Mitbewerber. Vielleicht hat der Kunde es sich doch noch mal überlegt. Oder er hat die ganze Sache zurückgestellt. Oder es gibt noch andere Gründe, eine Verhandlung noch einmal aufzunehmen.

Wann soll der Verkäufer gehen?

Wenn sich der Kunde zum Kauf entschieden hat, besonders aber, wenn dies nach vielem Zögern und langwierigen Verhandlungen geschieht, darf sich der Verkäufer mit dem Kaufvertrag in der Hand nicht schleunigst entfernen. Das wirkt wie Flucht.

Eile gerade in diesem Augenblick ruft Misstrauen beim Kunden hervor, denn ein Kaufentschluss verursacht erfahrungsgemäß ja oft ein Unsicherheitsgefühl. Der Kunde fragt sich vielleicht besorgt: *„Habe ich jetzt richtig gehandelt? Habe ich mich nicht übereilt?"* Wenn der Verkäufer den Kunden diesen inneren Kampf mit sich allein ausfechten lässt, kann der Kunde seinen Entschluss bereuen; oder das Gefühl kann aufkommen, einem „Hochdruckverkauf" ausgesetzt gewesen zu sein. Dann kann es passieren, dass der Verkäufer einen gebuchten Auftrag wieder entschwinden sieht. Und einen Kunden zur Einhaltung eines Auftrages zu zwingen, den er bereut, ist immer peinlich.

Den Kunden nach dem Kaufentschluss auf taktvolle Art zu dem vorteilhaften Kauf zu beglückwünschen, ihm Ratschläge für die richtige Pflege der Ware zu geben, Einzelheiten der Lieferbedingungen zu wiederholen usw. schützt den Verkäufer vor der Gefahr, dass der Kunde seinen Auftrag bereut. Dann aber sollten Sie sich nicht länger aufhalten. Sonst riskieren Sie womöglich, noch einmal wieder von vorn anfangen zu müssen. Außerdem ist Ihre Zeit kostbar, mindestens so kostbar wie die Ihres Kunden (das sagen Sie aber bitte keinem Kunden!)

Wann ist die Ware verkauft?

Die Ware oder eine Dienstleistung ist nicht verkauft, bevor sie in Gebrauch genommen wird und der Kunde festgestellt hat, dass sie den Erwartungen entspricht – sowohl seinen eigenen als auch jenen, die der Verkäufer ihm geschildert hat. Gegen diesen selbstverständlichen Grundsatz wird viel gesündigt – und damit geht dann der „nächste" Auftrag verloren.

„Vergisst Du den Kunden, so hat er Dich schon vergessen." Das ist ein Wort der Warnung, das eine Benzingesellschaft ihren Wiederverkäufern mit kleinen rosafarbenen Zetteln, die auf jeden Brief der Zentrale an die Tankstelle geklebt wurden, eingeschärft hat.

Den Kunden nach dem Kauf „zu pflegen", ist eine Versicherungsprämie, die man bezahlt, um Kunden zu behalten. Ein derartiger Kontakt gibt einen unermesslichen Vorsprung vor allen Konkurrenten, u. a. durch den Einblick, den Sie in die Probleme, Bedürfnisse und Verhältnisse des Kunden bekommen. Er verschafft Ihnen eine unersetzliche Kontrolle, ob Ihre Leistungen in der Praxis Ihren eigenen und seinen Erwartungen entsprechen. Sie bekommen „Heimrecht".

Erfahrene Verkäufer haben bestätigt, wie sie durch diese Kundenpflege einigen der schlagkräftigsten Verkaufsargumenten auf die Spur gekommen sind und Empfehlungen für weitere Verkaufsmöglichkeiten bekommen haben. Es ist die einfachste Art der neuen Kundenbeschaffung. Nutzen Sie sie aus? Dann können Sie zur Verkäuferelite gehören!

Kettenreaktionen im Verkauf

Jeder Kontakt mit einem zufriedenen Kunden bietet neue Verkaufsmöglichkeiten. Sie können auf 4 Arten zusätzlich verkaufen:

a) **die gleiche Ware an denselben Kunden** (Mehrverkauf),
b) **eine andere Ware an denselben Kunden** (Zusatzverkauf),
c) **die gleiche Ware an einen anderen Kunden,** d. h. einen Bekannten, Kollegen oder Geschäftsfreund dieses Kunden (Ausbreitung des Kundenkreises),
d) **eine andere Ware an einen anderen Kunden,** ebenfalls durch Empfehlung (hierdurch erzielen Sie sowohl Ausbreitung des verkauften Sortimentes als auch des Kundenkreises).

Es ist billiger und leichter, demselben Kunden mehr zu verkaufen, als neue Kunden zu beschaffen. Ein **zufriedener** Kunde ist auch gern bereit, Ihnen Anregungen oder Empfehlungen über etwaige Interessenten in seinem Bekanntenkreis zu geben. Dies gilt abgesehen von jenen Fällen, bei denen der Kauf einen „Ausschließlichkeitscharakter" (Exklusivität) hat und der Kunde alleiniger Nutznießer sein will oder Geschäftsgeheimnisse berührt werden.

Nutzen Sie alle Möglichkeiten von Kettenreaktionen aus! Sie erleichtern sich Ihre Arbeit – und helfen sich, mehr zu verkaufen. Und Ihre Firma verkauft günstiger dank lohnenderer Aufträge und niedrigerer Kosten.

Es gibt Fälle, in denen Verkaufsleiter von ihren Verkäufern ausdrücklich Erklärungen dafür fordern sollten, weshalb sie nicht mehr Verkäufe gemäß den Punkten a) bis d) zustande bringen.

Und jetzt können Sie sicher die vier einleitenden Fragen beantworten und die fünf Verkaufsprobleme lösen, nicht wahr?!

!

Jetzt können Sie wohl die vier einleitenden Fragen beantworten und die fünf Verkaufsprobleme lösen, nicht wahr?!

ARBEITEN SIE PLANMÄSSIG AN IHRER ABSCHLUSSTAKTIK! DER KUNDE MUSS AUSDRÜCKLICH ZUM KAUF ANGEREGT UND AUFGEFORDERT WERDEN. MACHEN SIE ES IHM LEICHT, „JA" ZU SAGEN. VERMEIDEN SIE ULTIMATIVE UND NEGATIVE FRAGEN! GEBEN SIE IHN NIEMALS AUF! EINE GESCHICKTE DARSTELLUNG DES ANGEBOTS MIT EINEM SCHWACHEN ABSCHLUSS KANN DEN AUFTRAG DEM KONKURRENTEN, DER NACH IHNEN KOMMT, IN DIE HÄNDE SPIELEN.

Kapitel 17

DIBABA – Eine neue Formel für konstruktive Verkaufstaktik

Können Sie diese vier Fragen beantworten?

1. Wissen Sie, wie die DIBABA-Formel in Ihrer Branche angewendet werden kann?
2. Welchen Aufbau erfordert eine Verkaufsverhandlung, die durch eine Anfrage des Kunden ausgelöst wird?
3. Wissen Sie, ob Identifizierung, Beweisführung und Annahme ein, zwei oder drei Verkaufselemente sind?
4. Gibt es einen Unterschied in der Abschlusstechnik zwischen der AIDA- und der DIBABA-Methode?

Können Sie diese fünf Probleme lösen?

? 1

Hans Erbach verkauft Registratureinrichtungen, die mit Mikroelektronik viel Platz einsparen helfen. Mit Hilfe eines neuen Markierungssystems fallen zwei oder drei Arbeitsvorgänge weg. Daneben sind noch vier weitere konkrete Vorzüge nachweisbar. Er beginnt bei jedem Kunden mit dem Hinweis auf die Möglichkeit einer Arbeitsvereinfachung der Bürotätigkeit und erweckt deshalb Aufsehen. Dann geht er dazu über, die sechs konkreten Vorzüge seines Systems zu erläutern. Es gelingen ihm auch einige Verkäufe, aber es wird ihm klar, dass er mit einem anderen Vorgehen und Aufbau seines Angebots mehr verkaufen könnte. Er kommt auch auf die Lösung.

In welche Richtung bewegen sich wohl seine Gedanken?

? 2

Margarethe Schroth, früher selbst Gutsverwalterin, verkauft Landmaschinen und spezialisiert sich auf den Besuch von Fuhrunternehmen, die Geräte ausleihen und deren Bedürfnisse und Denkweise sie ja gut kennt. Sie weist auf ihre Auftragsprobleme hin, identifiziert sie mit dem Gerät, das er anzubieten hat und geht dann dazu über, bei dem Gesprächspartner Kauflust nach dem wirtschaftlichsten Modell zu wecken. Ihre Kunden sind aber nicht sehr gesprächig und deshalb muss sie den größten Teil der Unterhaltung selbst bestreiten. Sie weiß, dass diese Methode nicht gerade gut ist, denn sie merkt, dass es dem Kunden oft schwer fällt, ihrer Argumentation zu folgen. Frau Schroth ist auch klar geworden, dass sie meistens eine Angebotsstufe im Verkauf überspringt, obwohl sie sich an den „AIDA"-Aufbau hält. Frau Schroth überspringt in Wirklichkeit aber nicht nur eine, sondern zwei Stufen der Verkaufstechnik.

Welche sind das? Macht sie vielleicht auch den Fehler, ihre Fachkenntnisse zu sehr auszuspielen, um als Frau in einer männlichen Umgebung ernst genommen zu werden?

? 3

„Wir möchten gern etwas Neues an Dekorationsmaterial für unsere Geschäfte haben. Wir haben an ... gedacht" erwidert Albert Haff. – „Oh ja, ich verstehe. Einen Augenblick bitte. Wir haben eine große Auswahl an wirkungsvollem Blickfangmaterial. Gerade aus Frankreich erhalten. Wirklich etwas Besonderes! Sehen Sie sich das nur an! Damit muss sich Ihr Umsatz steigern. Wir geben Ihnen als erster Firma dieses Material."

Es ist natürlich falsch, Monologe zu halten. Aber es ist nicht nur die Redseligkeit, die an diesem Vorgehen falsch ist. Den gemachten Fehler erleben Sie häufig, wenn Sie selbst als Käufer auftreten.

Welchen wohl?

? 4

Der Verkaufsingenieur Erlhagen ist ein guter Zuhörer. Er verkauft technische Anlagen und weiß, dass er beim ersten Kontakt keinen eigentlichen Verkauf erhoffen kann. Er weiß auch, dass er die Probleme des Kunden zu wenig kennt. Deshalb versucht er, die Kunden vorsichtig nach Aufschlüssen auszuhorchen. Er bekommt sie auch meistens. Manchmal opfert er dieser Spürtätigkeit zwei oder drei Besuche.

Er hat die verkaufspsychologische Regel, zuerst über den Kunden zu sprechen und nicht von seiner Ware, gut gelernt. Diesem Grundsatz folgt er gewissenhaft, und es gelingt ihm auch, das Interesse des Kunden während dieser Gespräche wach zu halten. Erst wenn er genügend über den Kunden und dessen Probleme zu wissen glaubt, hebt er hervor, dass er für das nächste Mal einen genauen Vorschlag für ein neues Fließbandsystem mit einer ins Einzelne gehenden Darstellung aller Vorteile für den Kunden ausgearbeitet haben wird.

Der Verkaufsleiter findet, dass Erihagen mit dieser Methode zuviel Zeit vergeudet. Da er ziemlich neu in der Firma ist, besagen die Verkaufsergebnisse noch zuwenig über die Vor- und Nachteile seiner Methode. Was meinen Sie?

Könnte auch bei Ihnen diese Streitfrage aufkommen?

? 5

„In gewissem Sinne ist es leichter, an neue Kunden zu verkaufen als an alte. Das Aufmerksamkeitselement ergibt sich beinahe von selbst. Wenn man vorher schon einige Male bei dem Kunden war, erhält der Kontakt leicht etwas routinehaftes. Es gibt auch wenig Gesprächsstoff. Man hat ja auch nicht immer irgendwelche Neuigkeiten zu berichten. Im Gegensatz zu einigen Kollegen ziehe ich es vor, neue Kunden aufzuspüren." Diese Worte eines Verkäufers der Anlagenindustrie wurden der Auftakt zu einer angeregten Diskussion. Sowohl die Anwendung des AIDA- als auch des DIBABA-Vorganges beim Kontakt mit alten und neuen Kunden wurden diskutiert, wobei man sich schließlich über die Vor- und Nachteile beider Arten von Verkaufsgesprächen einigte.

Welche Art der Kundenbesuche fällt Ihnen leichter? Trainieren Sie dann bewusst die andere?

Bei komplizierten Verkäufen hat sich die DIBABA-Formel des Verfassers als eine gute Hilfe beim Aufbau des Verkaufsgespräches erwiesen – besonders bei Verkauf von Industriegütern, Anlagen, Arbeitssystemen und Dienstleistungen. Die DIBABA-Methode ist auch am Platze beim Einzelhandelsverkauf, oder wenn der Verkaufsbesuch ganz oder teilweise auf die Initiative des Kunden zurückgeht.

Der Gesprächsaufbau erscheint vielleicht etwas umständlicher, gewährleistet aber immer einen vollständigen Verkaufsvorgang. Gewisse Wiederholungsbesuche bei alten Kunden sind durch den DIBABA-Aufbau leichter durchzuführen als mit dem AIDA-Verfahren, zumindest für den Anfang des Verkaufsgespräches.

DIBABA ist ein sechsstufiger Aufbau des Verkaufsvorganges mit den Stufen: **D**efinition, **I**dentifizierung, **B**eweis, **A**nnahme, **B**egehren und **A**bschluss.

AIDA und DIBABA

Sie werden den Wert der DIBABA-Methode am besten erkennen, wenn Sie sich die beiden folgenden Beispiele genau ansehen. In beiden Fällen steht die „normale", herkömmliche Verkaufsart dem DIBABA-Aufbau gegenüber.

Gisela Metz ist Vertreterin in einer bedeutenden Uhren- und Schmuckfabrik. Ihr Unternehmen hat eine Untersuchung über die Verkaufstätigkeit in den Fachgeschäften und Spezialabteilungen der Warenhäuser angestellt und ist erschüttert über die mangelhafte Verkaufstaktik und das lahme Interesse für den Verkauf ihrer Produkte. Man beschließt deshalb, eine Verkäuferschule für den Handel einzurichten und beauftragt die Verkäufer, diese Idee den Händlern zu verkaufen.

Frau Metz macht das folgendermaßen:

„Herr Händler, mein Unternehmen hat eine wichtige Neuheit für Sie."

„So?"

„Ja, wir wollen etwas für Sie tun, was noch kein Fabrikant bisher für seine Kunden getan hat."

„So, größere Rabatte, hoffentlich."

„Nein, etwas anderes. Aber in seiner Art ebenso wichtig oder noch wichtiger."

„Na, da bin ich mal gespannt."

„Ja, wir werden eine Verkaufsschule einrichten."

„Eine Verkaufsschule? Verkaufen Sie und Ihre Kollegen nicht gut genug?"

„Nein, nicht für uns, für Sie!"

„Für mich? Verkaufe ich nicht gut genug?"

„Natürlich, Sie schon, aber Ihre Leute."

„Na, das lassen Sie mal getrost meine Sorge sein."

„Natürlich. Aber vielleicht können wir Ihnen dabei helfen?"

„Schön, wenn ich Hilfe brauche, melde ich mich. Aber wie war das mit der großen Sache, die Sie für uns tun wollten und die noch kein Fabrikant bisher getan hat?"

„Hm, ja, das war die Verkaufsschule. Vielleicht darf ich Ihnen einige Einzelheiten geben, damit Sie ..."

„Das ist sehr freundlich von Ihnen. Aber wie wäre es, wenn Sie damit bis zum nächsten Mal warten würden. Ich bin nämlich ziemlich beschäftigt im Augenblick, wie Sie sehen. Sie verstehen, ich möchte gern verkaufen, und draußen warten Kunden ... Und Verkaufskurse gibt es ja auch anderweitig."

Ein Kollege von Frau Metz, Ludwig Prenker, benutzt den DIBABA-Aufbau:

„Herr Händler, darf ich mal kurz ein paar Fragen bezüglich Ihres Verkaufes stellen? Das ist doch immerhin Ihr Hauptinteresse?"

„Na, was wollen Sie denn wissen?"

„Sie selbst sind ja ein ausgezeichneter Verkäufer ..."

„Vielen Dank für das Kompliment."

„Das sieht man ja Ihrem Geschäft an. Wie ist es denn mit Ihrem Personal? Verkaufen Ihre Angestellten genauso gut wie Sie?"

„Nee, das kann man nun wirklich nicht behaupten."

„Verkaufen die Leute denn so gut, wie Sie es billigerweise erwarten können?"

„Das hängt davon ab, was man damit meint. Aber sie haben auch nicht die Erfahrung. Ein paar sind auch noch ganz jung."

Sicher tun Sie allerhand, um Ihre Verkaufsfähigkeit zu verbessern?"

„Na, wie man's nimmt. Man kommt ja einfach nicht dazu. Bei dem Zeitdruck, unter dem unsereiner steht. Aber das wissen Sie ja selbst ebenso gut wie ich."

„Natürlich. Sie können gar nicht dazu kommen. Aber wie wäre es, wenn wir Ihnen diese Last abnehmen würden? Ihr Personal trainieren würden? Würde es Ihnen Recht sein, wenn Ihre Mitarbeiter etwas über geplante Verkaufstechnik lernen würde, wie man Kunden gewinnt, wie man mehr verkauft, wie man Kunden dazu bringt, sich nicht nur et was anzusehen, wie man Kunden in Ihrem Sinne beeinflusst, wie man sie zu einem Kaufentschluss bringt? Also alle die Dinge, die Sie selbst ja dauernd praktizieren ..."

„Da bin ich ganz dafür, wissen Sie. Wer möchte nicht bessere Verkäufer haben? Aber wie, wo, wann? Und was kostet das?"

„Herr Händler, wir haben ein Trainingssystem für Verkauf für das Personal unserer Kunden gegründet. Dort wollen wir Ihren Verkäufern das beibringen, was Sie gelehrt haben möchten. Wir haben die tüchtigsten Verkaufstrainer dafür engagiert, die zu haben waren – alles alte Praktiker."

„Das hört sich gut an. Aber, wer sagt mir, dass Sie meinen Leuten das beibringen, was ich möchte, und nicht das, was Sie möchten?"

„Erstens, weil wir gern Ihren Verkauf steigern möchten, und das ist auch Ihr Wunsch. Zweitens, weil wir gern Ihren Rat und Ihre Meinung zur Gestaltung einiger wichtiger Punkte für die Ausbildung haben möchten."

„Aha, hm, hm."

„Ja. Herr Händler, und hier sind ein Unterrichtsplan und einige andere Einzelheiten. Da können Sie sehen, wie wir uns die Aufgabe vorstellen, aus Ihren Mitarbeitern bessere Verkäufer zu machen. Sie sind doch daran interessiert, sich das einen Augenblick anzusehen?"

„Selbstverständlich."

Trenker erklärt den Plan.

„Das wäre also der Plan. Und Ihre beiden Anregungen habe ich dazu notiert. Habe ich mich einigermaßen klar ausdrücken können?"

„Doch, doch."

„Überzeugt Sie der Plan, Herr Händler?"

„Na ja, eigentlich schon. Aber wie ist das mit den Kosten? Muss ich was dazu bezahlen?"

„Ja, Herr Händler. Das müssen Sie. Aber nur die Ausgaben für Reise und Aufenthalt. Den Rest zahlen wir – Lehrkräfte, Unterrichtsmaterial usw. Das würde für Sie einen Betrag von höchstens 240 Euro pro Verkäufer ausmachen. Finden Sie nicht auch, dass es das wert sein sollte, bessere Verkäufer zu bekommen? Wenn jeder seine Verkaufsleistung auch nur um 5 Prozent steigern würde, das würde sich lohnen ...?"

„5 Prozent? Ja, klar, aber ..."

„Oder nehmen Sie an, sie würden nachher wenigstens halb so viel leisten wie Sie selbst ..."

„Das würde schon reichen."

„Herr Händler, wie wäre es, wenn Sie Ihre drei besten Leute für den ersten Lehrgang anmelden würden? Dann sehen Sie selbst das Ergebnis."

„Nee, das reicht auch mit zwei. Wir müssen ja auch verkaufen."

„Wie Sie wollen. Wen wollen Sie denn schicken?"

„Och, wahrscheinlich Frau Mohl und den Hartmann ... aber muss ich das jetzt entscheiden?"

„Nein, das ist nicht nötig. Ich belege für Sie zwei Plätze, und Sie geben mir nächste Woche durch, ob es bei den beiden Genannten bleibt oder ob Sie andere schicken wollen. Einverstanden?"

„Na schön, einverstanden."

Während Frau Merk also schon gleich zu Anfang stecken blieb, gelang Ludwig Trenker die Aufgabe – zum Teil aufgrund seiner allgemeinen Geschicklichkeit und zum Teil durch Befolgen des DIBABA-Aufbaus.

Versuchen Sie nun selbst herauszufinden, wo die sechs Stufen des DIBABA-Aufbaus in Trenkers Gespräch anfangen und aufhören. Aber tun Sie es bitte, bevor Sie den nächsten Absatz lesen. –

Geschafft? Jede neue Stufe der DIBABA-Formel wird durch die Anrede „Herr Händler“ eingeleitet. Jetzt können Sie sich also selbst kontrollieren.

Das zweite Beispiel, auch hier in stark zusammengedrängten Form, mit Kommentaren:

Herr Hack verkauft Versicherungen. Er hat zwei mögliche Interessenten, zwei Kaufleute, denen es recht gut geht, und die beide vor einiger Zeit einen Sohn bekamen. Bei Herrn Seelmann fängt er folgendermaßen an:

„Herr Seelmann. Haben Sie mal etwas über steuerfreies Versicherungssparen gehört, womit Sie die Zukunft Ihres Kindes sicherstellen können?“

„Ja, schon, aber genau habe ich mich damit noch nicht beschäftigt.“

„Darf ich es Ihnen erklären. Sie legen einen gewissen Betrag jedes Jahr zurück, und ...“

„Aber ich habe kein Geld zum Zurücklegen.“

„Augenblick, das möchte ich Ihnen gerade erklären. Also, dieses Geld ...“

„Es tut mir Leid, Herr Hack. So eine Versicherung ist eine wichtige Frage. Dazu braucht man Zeit. Und die habe ich im Augenblick nicht. Würden Sie später einmal wieder darauf zurückkommen? Oder lassen Sie mir Ihre Karte hier.“

Das einzige, was Hack erreichte, ist die Chance eines weiteren Gespräches in der Zukunft. Aber er ist mit dem Ergebnis nicht zufrieden, mit Recht. Mit sich selbst auch nicht. Er fühlt, dass seine Darstellung psychologisch nicht richtig war. Und deshalb versucht er bei Herrn Best einen anderen Plan, den DIBABA-Aufbau. Der macht sich wesentlich besser:

„Da Sie einen Sohn bekommen haben und sich Ihre Familie um die Hälfte vergrößert hat, ist das wirtschaftliche Schutzbedürfnis auch entsprechend gestiegen, nicht wahr?“

„Ja, vielleicht.“

„Als Familienvater müssen Sie sich deshalb für den Fall absichern, dass Sie nicht mehr für Ihren Sohn sorgen können, bevor er eine richtige Ausbildung erhalten hat und imstande ist, sich selbst zu versorgen. Also, wenn Sie z. B. ableben sollten, angenommen innerhalb von 30 Jahren.“
(Diese Zahl ist gewählt, um den Kunden nicht zu beunruhigen und um den Zeitraum für den Versicherungsbedarf klar hervor zuheben.)

Darauf folgt eine vorsichtige Schätzung der Art und Größe des Versicherungsbedarfes. Dies ist

1. Die Definitionsstufe

Definition

Doch nur deren erster Teil. Es wird nicht über die Ware gesprochen, sondern nur über den **Bedarf** des Kunden. Diese Untersuchung über das eigene Problem des Kunden ist, wie bereits früher hervorgehoben, für den Kunden fesselnd und neutralisiert einen möglichen Kaufwiderstand. Sie reicht jedoch nicht aus. Auch über die **Wünsche** des Kunden muss man Klarheit gewinnen.

„Was auch immer geschieht, wünschen Sie, dem Jungen eine so gute Erziehung angedeihen zu lassen wie nur möglich?"

„Ja, natürlich."

„Dann wäre also die Gewissheit ein beruhigendes Gefühl, dass unter allen Umständen die nötigen Mittel vorhanden sind, um den Lebensweg des Jungen zu sichern und zugleich seiner Mutter wirtschaftliche Schwierigkeiten zu ersparen, nicht wahr?"

„Sicher, man tut, was man kann. Eine andere Frage ist, ob man immer das tun ***kann,*** *was man* ***möchte.*** *Das ist eine Frage der praktischen Möglichkeiten und der Mittel."*

Damit leitet der Kunde selbst vom zweiten Teil der Definitionsstufe über zur

2. Identifizierungsstufe

Identifizierung

Das erste Element (Definition des Bedarfs und der Wünsche des Kunden) in Problem 1 zu überspringen, wie das der Verkäufer für Registratursysteme getan hat, gefährdet die erfolgreiche Durchführung des Verkaufsvorganges. Erst jetzt – bei der zweiten Stufe – spricht der Verkäufer über die Ware, sein Angebot. Er schließt die erste Stufe mit einer klaren Zusammenfassung über den Bedarf und die Wünsche des Kunden ab, dann erst enthüllt er den Charakter seines Angebots, den er Punkt für Punkt mit Bedarf und Wünschen des Kunden identifiziert. Der Verkäufer weist darauf hin, dass des Kunden Bedarf und Wunsch sich mit seinem Angebot völlig decken:

„Herr Best, Sie müssten zunächst also Ihre eigene Lebensversicherung etwas erhöhen, damit Ihre Gattin über einen etwas größeren Betrag verfügt, so dass sie sich selbst ***und zugleich den Jungen*** *versorgen kann, ohne beengt zu sein. Im Falle Ihres Ablebens innerhalb der nächsten 10 bis 30 Jahre reicht dieser Betrag aber nicht aus, um die Erziehung und Ausbildung Ihres Jungen zu bestreiten. Eine Art Monatsrente wäre nötig, um diese Ausgaben zu decken. Wenn Sie dazu schließlich noch ein gewisses Sparkapital für den Jungen gesichert zu wissen wünschen, das ihm mit 21 Jahren ausgezahlt wird, hätten Sie wohl alles getan, was ein Familienvater überhaupt nur für seine Kinder und für seine Frau tun kann, nicht wahr?"*

„Ja, wie gesagt, wenn ich mir das gestatten kann."

„Nun, darf ich Ihnen dann zeigen, wie Sie sich das gestatten können?"

Und damit legt er sein Angebot von. Soweit ist alles gut. Allzu oft jedoch passiert es, dass der Verkäufer - wie im zweiten Problem - die nächsten Angebotsstufen entweder überspringt oder nur flüchtig streift:

Beweis und Annahme

3. Die Beweisstufe und

4. Die Annahmestufe

Über die Notwendigkeit der Beweisführung ist früher schon gesprochen worden. Aber deren Notwendigkeit wird bei diesem Verkaufsaufbau leicht unterschätzt, weil man der Identifizierung zu stark vertraut, obwohl den Kunde sie meist nicht anerkennt, bevor ihr eine konkrete Beweisführung folgt, und zwar Punkt für Punkt. Dazu muss der Verkäufer, bevor er seine Ausführungen fortsetzt, die Zustimmung des Kunden für die Richtigkeit der Beweisführung erwirkt haben. Diese Zustimmung - darauf kann nicht oft genug hingewiesen werden - darf der Verkäufer nicht selbst anstelle des Kunden geben, sondern sie muss vom Kunden kommen.

5. Die Begehrstufe

Kaufbegehren

Erst dann beginnt die **Begehrstufe** (Drang zum Kauf, Kauflust). Die Anerkennung der Identifizierung durch den Kunden allein reicht zum Erfolg nicht aus, vielmehr muss sich der Kunde bewusst sein, dass er das Angebot zu verwirklichen wünscht (hierfür gibt das vorangegangene Kapitel 4 ausführliche Auskunft).

6. Die Abschlussstufe

Abschluss

Schließlich kommt die **Abschlussstufe** gemäß früheren Anweisungen hinzu. Die beiden letzten Stadien sind also die gleichen wie beim AIDA-Aufbau.

Der Einzelhändler empfängt Kunden, die in der Regel aus eigener Initiative und mit mehr oder weniger bestimmten Kaufabsichten - außer bei so genanntem Mehrverkauf (auch Zusatzverkauf genannt) oder bei „Seh"-Kunden, die der Verkäufer für einen Kauf gewinnen will - in das Geschäft kommen. Der AIDA-Aufbau entfällt demgemäß hier.

Bei den meisten Verkaufskontakten im Einzelhandel (außer den erwähnten Ausnahmen), aber auch im Verkauf an den Handel empfiehlt sich ein vereinfachter DIBABA-Aufbau, sofern die Initiative zum Verkaufskontakt vom Kunden ausgeht, wie z. B. bei telefonischen Anfragen.

Bedarf und Wünsche des Kunden werden zunächst definiert, und zwar sehr gründlich. Leider wird gegen diesen Erfahrungssatz täglich dadurch gesündigt, dass die ganze Vorführung der angebotenen Waren aufs Geratewohl geschieht. Dies ruft beim Kunden Gefühle der Unlust hervor, denn er merkt, dass ihm der Verkäufer nicht zuhört und sich nicht darum bemüht, seine Wünsche und Bedürfnisse zu erfahren und zu verstehen. Je klarer Wünsche und Bedürfnisse des Kunden definiert werden, desto einfacher wird die Vorführung, und umso mehr fühlt der Kunde, dass der Verkäufer ihn versteht und nicht beabsichtigt, ihm Geschmack oder Ansichten aufzuzwingen. Selbstverständlich gilt dieser Hinweis nicht, wenn keine Vorführung der Ware notwendig ist, um sich über Wünsche und Bedarf klar zu wer den.

Nach der Identifizierung des Bedarfs des Kunden mit dem Warenangebot des Verkäufers folgt die **Beweisstufe,** die in diesem Fall in einer Vorführung bzw. in einem Zeigen der Ware gegeben ist, die **Annahmestufe,** die **Begehrstufe** (die sich zu einem gewissen Grad von selbst ergibt, weil der Kunde doch schon kauflustig genug war, um Kontakt mit dem Verkäufen aufzunehmen) und die **Abschlussstufe,** die in üblicher Weise erfolgt.

Eine einfache Variante der DIBABA-Formel für den Normalfall im Einzelhandelsverkauf (Kunde mit bestimmter Kaufabsicht) ist der IDABA-Aufbau: **Identifizierung** der Kundenwünsche, **Demonstration** geeigneter Lösungen, **Ausschaltung** nicht ansprechender Lösungen, **Beweis** der richtigen Wahl, **Annahme** des Kaufvorschlages, also Weglassen der „D“-Stufe.

Wo beginnt man?

Der DIBABA-Aufbau bringt den Verkäufer zwangsläufig dazu, an der rechten Stelle, nämlich beim Bedarf des Kunden zu beginnen und eine gründliche Untersuchung vorzunehmen (Stufe eins und zwei). Diese Untersuchung schließt die Notwendigkeit einer Beweisführung ein (Stufe drei) und vermindert damit das Risiko des „Hochdruckverkaufes“, zumal die Frageargumentation mit ihren vielfältigen Möglichkeiten vorausgesetzt wird.

!

Jetzt können Sie sicher die vier einleitenden Fragen beantworten und die fünf Verkaufsprobleme am Anfang des Kapitels lösen?!

VERKAUFEN ERFORDERT OFT EINE SORGFÄLTIGE DEFINITION VON BEDARF UND WÜNSCHEN DES KUNDEN, DARAUF FOLGT DIE IDENTIFIZIERUNG MIT DEM ANGEBOT; SIE WIEDERUM SETZT SICH IN DER BEWEISFÜHRUNG UND DEREN BESTÄTIGUNG FORT, BEVOR DER VERKÄUFER EIN SO STARKES KAUFBEGEHREN AUSLÖST, DASS ER DEN ABSCHLUSS ERZIELEN KANN.

Kapitel 18

1. Die Wahl der Verkaufsargumentation – oder „Nebensächlichkeiten“, die einen Verkäufer brotlos machen können

2. Aber das Internet macht ihn nicht brotlos

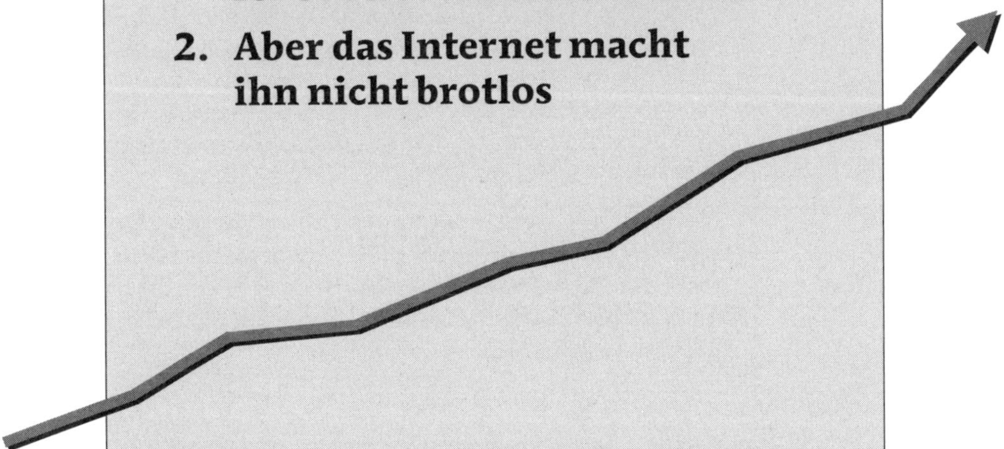

Können Sie diese vier Fragen beantworten?

1. Was versteht man unter Konkurrenzargumentation?
2. Wissen Sie, wie Sie Ihre Argumente untersuchen und deren Zweckmäßigkeit für Ihr Verkaufsgespräch bewerten können?
3. Kennen Sie das Verhältnis von der Anzahl Fragen und Argumente in Ihren Verkaufsgesprächen?
4. Ist Internet ein Hindernis für Ihre Verkaufstätigkeit?

Können Sie diese fünf Probleme lösen?

? 1

Ein Hemden- und Schlipsfabrikant sandte einmal zwanzig Leute aus. Jedem gab er 50 Euro, die er zum Einkauf in verschiedenen Geschäften mit Bedienung verwenden sollte. Eine einzige Bedingung war daran geknüpft: Jeder sollte nur das kaufen, was die Verkäufer ihm zusätzlich zu seinem Ersteinkauf direkt anboten. Hier hatte also jedes der besuchten Geschäfte große Möglichkeiten für zusätzlichen Verkauf, aber die zwanzig Mitarbeiter kamen keineswegs abgebrannt zurück; denn im Durchschnitt brauchten sie nur 10 Euro (einschließlich des Preises ihres ursprünglichen Einkaufs) auszugeben. Ernsthafte Versuche zum Mehrverkauf wurden also nicht gemacht, sondern nur die üblichen lässigen Phrasen und ungeschicktes Gerede vorgebracht.

Welche Standardfrage wurde wohl an die zwanzig „Kunden“ gerichtet? Und wie würden Sie diese verbessern? Hinzugefügt sei noch, dass diese Probe der Anlass zu einer Werbung für intensiveren Mehrverkauf im Handel für Produkte dieser Firma wurde. Gilt dies auch für Sie?

? 2

Überall in der Welt haben Tankstelleninhaber festgestellt, dass sie durch eine Änderung des Satzes „Wie viel bitte?“ ihren Verkauf bedeutend erhöhen konnten. Das Gleiche gilt für Stoffe, Lebensmittel, Speisen in Restaurants, Kosmetik, Versicherungen und viele andere Warengattungen.

Wissen Sie, was man fragen sollte?

? 3

Ein Verkäufer wurde vom Verkaufsleiter auf die Angewohnheit aufmerksam gemacht, bei Nennung des Preises dem Kunden gegenüber jedes Mal eine Pause zu machen. Der Verkaufsleiter fand das falsch, während der Verkäufer der Meinung war, eine derartige Nebensächlichkeit könne den Verkaufserfolg nicht beeinflussen.

Und was meinen Sie?

? 4

Einige Verkäufer von Farben und Lacken geraten in einen heftigen Meinungsaustausch über die Frage, in welchem Maße es wünschenswert sei, sich gute Kenntnisse über den Kunden zu verschaffen, bevor man ihn aufsucht. Einer der Verkäufer behauptet, dass er sich in einigen Fällen mehrere Stunden mit einer solchen Untersuchung beschäftigt hatte, sodass er dem Kunden beinahe ebenso viel über dessen Bedürfnisse, Aussichten, persönlichen Geschmack und Liebhabereien erzählen konnte, wie dieser selbst von sich wusste. Der Kunde hatte das aber ganz und gar nicht geschätzt. Der Verkäufer hat dieses Vorgehen seitdem aufgegeben.

Hat er bei seinem Vorgehen möglicherweise einen Fehler gemacht?

? 5

Ist das Internet das Ende der persönlichen Verkaufstätigkeit?

Eine Gruppe von Verkäufern gerät in eine heftige Diskussion über den Sinn ihrer Verkaufstätigkeit. Die Mehrzahl sieht überhupt keine Gefahr.

Andere, unter dem Eindruck kürzlich verlorener Geschäfte, sehen das baldige Ende ihrer Besuchstätigkeit. Es fallen Argumente wie „Jetzt entscheidet nur noch der niedrigste Preis", „Meine Kunden haben längst bestellt, wenn ich sie anspreche", „Sie wollen auch gar nicht mehr angesprochen werden" und „Wer weiß, wie lange die Firma sich noch Verkäufer leisten kann". Gegenstimmen sind kaum zu hören und setzen sich nicht durch.

Was meinen sie? Und wie reagieren Sie und Ihre Kollegen?

1. Die Wahl der Verkaufsargumentation – oder „Nebensächlichkeiten", die einen Verkäufer brotlos machen können

„Haben Sie einmal systematisch Ihre Verkaufsargumentation kontrolliert?

„Wissen Sie, welche Argumente Sie benutzen und wie Sie diese anbringen?

„Für unsere Produkte gibt es ein Dutzend verschiedene Verkaufsargumente. Benutzen Sie sie alle in einem einzigen Satz oder jedes für sich?

„Vergleichen Sie unser Angebot mit denen anderer?

„Glauben Ihre Kunden Ihren Argumenten?

„Wie kontrollieren Sie das?

„Fragen Sie viel, oder stellen Sie mehr fest?

„Wann haben Sie sich zuletzt am Tonband kontrolliert?

„Sprechen Sie in einem Zuge länger als zwei Minuten?"

Wissen Sie, was Sie sagen?

Mit diesen Fragen bombardiert ein neuer Verkaufsleiter seine Verkäufer. Die Antworten, die er bekommt, bestätigen allgemeine Beobachtungen über die Arbeitsmethoden der Verkäufer. Es gibt nur wenige, die wirklich wissen, was sie sagen, wie sie ihre Argumente vortragen und welche „ziehen" bzw. welche „Blindgänger" sind. Man argumentiert „aus dem Gefühl heraus". Eine eingehende Selbstbeobachtung ist die Voraussetzung für jede Verbesserung eines Vorgehens. Beobachten **Sie** sich selbst systematisch?

Bei der Argumentation sollten Sie stets bedenken,

dass eine einzige kleine Änderung in einem wichtigen Satz über den Ausgang des Gespräches entscheiden kann;

dass z. B. *„Ich finde ..."* umformuliert in *„Finden Sie nicht?"* jedes Argument verbessert;

dass *„Jetzt können Sie sich davon überzeugen ..."* besser ist als *„Jetzt werde ich Ihnen beweisen ..."*;

dass *„Sicher ist Ihnen bekannt, dass ..."* mehr Kunden gewinnt als: *„Sie haben wahrscheinlich noch nicht daran gedacht, dass ..."*;

dass *„Sie sollten sich davon etwas auf Lager legen"* bei einem Händler erfahrungsbedingte Unlustgefühle erweckt, während *„Die Verdienstchance sollten Sie ausnutzen"*, Wünsche anspricht und deshalb Lustempfinden auslöst;

dass zu viele Worte und Argumente den Verkauf „ertränken" können;

dass ein oder zwei richtig angebrachte Hauptvorteile im Gespräch größeren Eindruck machen als ein halbes Dutzend Durchschnittsargumente;

dass diese einzeln besser zu ihrem Recht kommen als in einem Satz zusammengedrängt;

dass aktive Verben zweckmäßiger sind als passive oder Substantivierungen;

dass penetrante Eindringlichkeit bumerangartig zurückschlägt;

dass Verkauf in der Regel nicht bedeutet, eigene Erzeugnisse mit denen anderer zu vergleichen;

dass nur ein vom Kunden bestätigtes Argument einen erfolgreichen Beitrag liefert;

dass Kunden viel weniger wirklich zuhören, als sie den Anschein haben;

dass sie viel weniger glauben, als sie zugeben;

dass richtig angesetzte Pausen mehr Wirkung haben können als zuviel Worte und

dass Ihre Argumentation weder Deklamation noch Heldenmonolog sein darf.

Schnell besser argumentieren lernen

Haben Sie mitgezählt? Dieser Abschnitt enthält 16 Ratsschläge und Verkaufsregeln. Denken Sie mal über jede anderthalb Minuten nach, und ziehen sie die Folgerung für Ihre Verkaufsgespräche. Schneller können Sie gar nicht zu besseren Verkaufsverhandlungen kommen!

Ein Verkäufer, dem das Gefühl für diese 16 Tipps fehlt und der sie als unwichtige Sprachfeinheiten abtut, dürfte es schwer haben, seinen Lebensunterhalt im Verkauf zu verdienen.
Ein Importeur erhielt von seinem Lieferanten ein klares „Nein", als er einen „Preisnachlass" für einen Auftrag verlangte; dagegen hatte er Erfolg, als er von einem „Bonus auf den Jahresumsatz" sprach!

Tankstellen haben das übliche *„Wie viel"?* geändert in *„Volltanken?"*, oder sie füllen nur auf, bis der Kunde *„Halt"* sagt, und haben damit ihren Verkauf wesentlich erhöhen können.

Formulierungen, die verkaufen helfen

Ausdrücke wie *„Große oder kleine Schachtel? Die große ist billiger."* (Drogerie); *„Jetzt bestellen, lesen - nächstes Jahr bezahlen."* (Zeitschriften); *„Nehmen wir die Flasche mit dem neuen Sparverschluss?"* (Getränke); *„Im Dutzend billiger."* (Porzellan); *„Machen Sie die Druckprobe!"* (Unterwäsche); *„Haushaltspackung"* (Waschmittel), *„Kommen Sie damit wenigstens 6 Monate aus?"* (Lochkarten), *„Können Sie doch wohl verkraften?"* (Mengenverkauf an Händler) usw. haben den Verkaufserfolg erwiesenermaßen erhöht.

Bei einer Untersuchung von über 146 Argumenten für den Verkauf einer Rasiercreme, die ohne Einseifen auf die Haut gestrichen wird, kam ein amerikanisches Warenhaus auf die Schlagzeile: *„Wollen Sie sechs Minuten Zeit beim Rasieren sparen?"* Diese Formulierung steigerte den Verkauf um 102 Prozent. „*Entwickeln und Vergrößern noch einfacher gemacht als Fotografieren.*“ erwies sich für ein Fotoversandhaus als das beste Verkaufsargument für Entwickler- und Vergrößerungsapparate.

„*Für Menschen, die sich nur einmal am Tage die Zähne putzen können*“, hat einem Zahnpastenhersteller einen Markt erobern geholfen.

„*Stellen Sie sich vor, Sie würden morgen sterben!*“ umgewandelt in: „*Stellen Sie sich vor, Sie seien gestern gestorben*“, erwies sich als eine weit erfolgreichere Einleitung eines Verkaufsgespräches über Lebensversicherungen. Überlegen Sie einmal weshalb?

Oberkellner konnten ihren Getränkeumsatz erwiesenermaßen durch die Frage „*Cocktail oder Aperitif vor dem Essen?*“ und „*Rot- oder Weißwein zum Hauptgericht?*“ (Alternativtechnik) anstelle der üblichen Redensart „*Möchten Sie etwas zum Essen trinken?*“ erhöhen.

Mitdenken und auf Ihre Praxis übersetzen

In Speisewagen hat man festgestellt, dass die Frage „*Kaffee oder Nachtisch?*“ es Gästen erschwert, beide Vorschläge abzulehnen – jedenfalls viel mehr als die Einzelfragen: „*Möchten Sie Nachtisch?*“ und danach „*Wünschen Sie Kaffee?*“

Häufig erhöht die Alternativfrage den Umsatz: „*Möchten Sie ein normal gekochtes Ei oder ein Ei im Glas zum Frühstück?*“ Oder „*1 oder 2 Eier heute?*“ Unterwäschevertreter haben entdeckt, dass es unklug ist zu fragen: „*Wie viel nehmen wir?*“, während auf die Frage „*Wollen Sie zwei oder drei Kartons nehmen?*“ in vielen Fällen wenigstens ein Karton verkauft wurde, wenn nicht mehr.

Versicherungsvertreter haben herausgefunden, dass es leichter ist, eine vollständige, kombinierte Heimversicherung zu verkaufen als Brand-, Einbruch-, Diebstahl-, Wasserschäden- usw. Versicherungen für sich. Komplette Ausrüstungen verkaufen sich meistens leichter als Einzelgeräte (Sport-, Freizeitgeräte).

„*Würden Sie für Ihre Kinder das billigste oder sicherste Präparat nehmen? Auch Ihre Kunden sind Eltern!*“ half einem Arzneimittelverkäufer ein neues, teures Kinderpräparat mit Erfolg an Apotheker zu verkaufen.

Dies waren weitere 16 Beispiele aus der Verkaufspraxis, über die Sie nachdenken sollten. Sie können davon mehrere übernehmen.

Die schlechteste Verkaufsfrage

Unternehmen verschiedener Branchen, in denen ein Mehrverkauf bei ein und demselben Kundenkontakt möglich ist, stellen laufend fest, dass die Redensart „*Sonst noch etwas?*“ zwecklos ist. Sie wird automatisch mit „Nein“ beantwortet. Es sind konkrete Vorschläge notwendig, um den Kunden zum Mehrkauf zu bewegen. Dazu bedarf es keinerlei komplizierter Methoden. Schon ein Blick auf den Kunden mit fragendem und erwartendem Ausdruck ist eine stumme, aber wirksame Aufforderung zu überlegen, was er sonst noch kaufen könnte. Auch nur stillschweigend eine neue Ware vorzulegen, kann zu erhöhten Umsätzen führen.

„Nein" kann zum „Ja" werden

In gewissen Fällen kann man die spontane „Nein"-Antwort vieler Kunden berücksichtigen und die Verkaufsfragen so zum „Ja" formulieren, dass auch ein „Nein" zu einer positiven Antwort führt. Beispiel: *„Ist Ihr Dekorationsmaterial gegen Sonnenstrahlen geschützt?" – „Arbeitet Ihre Kühleinrichtung vollautomatisch?" – „Wird die Reifenausrüstung alle drei Monate kontrolliert?" – „Haben Sie unbegrenzten Lagerraum?"* Eine verneinende Antwort wird hier zum Eingeständnis eines Mangels, dem abgeholfen werden müsste.

Bedeutung von Pausen, Betonung, Tonfall und Tempo

Untersuchungen haben ergeben, dass auch „Kleinigkeiten" wie **Pausen, Betonung, Tonfall** und das **Tempo der Darstellung** wichtig für das Gelingen eines Verkaufs sind.

Pausen verstärken entweder den vorausgegangenen oder den nachfolgenden Satz. Man wendet sie an, um wichtige Gesprächspunkte besonders hervorzuheben. Das war jedoch kaum beim Nennen des Preises beabsichtigt (Problem 5). **Betonung macht mehr Eindruck als Superlative. Ebenso Stimme und Augenkontakt.**

Das **gleiche** Argument aus verschiedenem Munde gibt es in der Verkaufsdarstellung einfach nicht. Jedes Argument klingt bei verschiedenen Menschen eben verschieden. Auch beim Verkauf der gleichen Ware zu gleichen Bedingungen wird das Angebot in der Darstellung verschiedener Verkäufer völlig anders ausfallen. Wie verschieden klingt sogar das gleiche Argument – Wort für Wort – von den Lippen zweier Verkäufer derselben Firma. Wenn Sie Ihre eigene Überzeugung durch Blick und Wort und Inhalt, Haltung und Auftreten ausstrahlen, werden Sie auch Kunden entsprechend beeindrucken.

Hier liegt auch die Antwort auf die Feststellung von Verkäufern, dass sie dieselben Produkte wie ihre Mitbewerber verkaufen. Auf dem Papier vielleicht. In der mündlichen Kommunikation nur bei einer defätistischen Grundeinstellung (s. auch Kapitel 1 - 2).

Wie klingt Ihre Stimme?

Kontrollieren Sie Ihre eigene Stimme mit einem Tonband! Vielleicht werden Sie erschrecken: Sie werden feststellen, dass Ihre Stimme schlapper, dünner und undeutlicher klingt, als Sie annahmen. Trainieren Sie Ihre Stimme planmäßig. Hören Sie genau zu, was Sie sagen, wie Sie es sagen, im Verhältnis zu dem, was und wie Sie etwas sagen wollten. Eine „angenehme" Stimme kann gut, aber auch „zu gut" sein, weil sie oft einschläfernd wirkt. Variieren Sie Ihre Stimme in unregelmäßigen Abständen, damit sie nicht monoton wirkt. Unterricht in Stimm- und Redetechnik kann sich bezahlt machen. Betonen Sie jedes Ihrer Argumente! Werden Sie ihrer nicht müde, nur weil Sie diese schon so oft vorgebracht haben! Der Kunde hört sie von Ihnen vielleicht zum ersten Mal. Für ihn handelt es sich um eine „Premiere". Diese Erwartung sollten Sie erfüllen. Wirksame Argumente haben übrigens eine viel größere Lebensdauer, als Sie glauben.

Der nächste Schritt ist ein Videogerät zur Kontrolle Ihrer Körpersprache.

Beobachten Sie die Reaktion des Kunden

Das Tempo der Darstellung muss der Auffassungsgabe Ihres Gesprächspartners und der Bedeutung Ihrer Argumente angepasst sein. Achten Sie darauf, bei wichtigen Argumenten oder schwer verständlichen Darlegungen langsam vorzugehen. Rasseln Sie Ihre besten Argumente nicht im Eiltempo herunter. Beobachten Sie die Reaktionen des Kunden. Wenn er ungeduldig wird, liegt es vielleicht daran, dass Sie sich zu umständlich ausdrücken, zuviel Worte verschwenden oder sich bemühen, etwas zu erklären, was keiner Erklärung bedarf. Wenn andererseits die Aufmerksamkeit und Konzentration Ihres Gesprächspartners nachlässt oder dieser überhaupt nicht mehr zuhört, so ist dies vielfach darauf zurückführen, dass Sie sich in der Darstellung übereilen. Der Kunde hat „den Anschluss verloren“. Herr Haff in Problem 3 steht in seiner Unfähigkeit, Tempo und Niveau der Darstellung den Kenntnissen und dem Auffassungsvermögen seiner Kunden anzupassen, keineswegs allein da.

Ist ein guter Redner auch ein guter Verkäufer?

Gewiss ist die Ausdrucksfähigkeit dem Verkäufer von großem Nutzen. Sie gibt ihm die Möglichkeit, schnell, unbehindert und mit möglichst geringem Wortaufwand seine Gedanken auszudrücken. Das ist auch der Sinn jeder sinnvollen Redetechnik. Sie gibt Ihnen außerdem Sicherheit nicht nur im Gespräch, sondern auch im Auftreten. Durch systematisches Training kann jeder seine Ausdruckstechnik verbessern. Kommunikationstraining (nicht Rhetorikkurse im althergebrachten Sinne) moderner Art ist für jeden Verkäufer von Nutzen. Schlechte Verkäufer reden eher zu viel als zu wenig und können oder wollen nicht zuhören. Sie sind also schlechte Redner. Der Begriff „Verkaufsgerede“ ist und bleibt ein Schimpfwort. Der Kunde soll reden nicht der Verkäufer! Den Gesprächspartner zum Reden zu bringen, ist nicht schwer. Wenn Sie z. B. nur standhaft schweigen, so muss er ganz einfach die Stille unterbrechen.

Wahrscheinlich reden auch Sie bei Ihren Kundenkontakten zu viel und zu lange in einem Zuge. Vielleicht sind Sie sich dessen nicht bewusst. Zahlreiche Experimente haben erwiesen, dass wir im Allgemeinen unsere eigene Redezeit stark unterschätzen. Einige Verkaufsleiter halten ihre Verkäufer an, nicht länger als eine Minute solo zu reden, ohne den Kunden am Gespräch zu beteiligen. Diese Zeit ist mehr als reichlich bemessen. Ein kleiner, praktischer Ratschlag: Legen Sie bei einem Verkaufsgespräch gern mal die Uhr (mit einer entsprechenden Erklärung) auf den Tisch – das hilft Ihnen, nicht weitschweifig zu werden. Das erweckt auch die Sympathie des Kunden. –

Leerlaufausdrücke

Vermeiden Sie inhaltslose Redensarten wie *„Was ich noch sagen wollte“*, *„Wie gesagt“*, *„Nebenbei bemerkt“*, *„Oder mit anderen Worten“*, *„Wahrhaftig“*, *„Tatsächlich“*, *„Sozusagen“*, *„Das steht fest“*, *„Auf jeden Fall“*, *„Mehr oder weniger“*, *„Nicht wahr“*, *„Verlassen Sie sich darauf“*. Wir verwenden alle derartige Eselsbrücken – meistens unbewusst. Bitten Sie Kollegen, Sie auf derartige „Leerlaufphrasen" aufmerksam zu machen!

Gefährliche „Ich"-Argumentation

Als Verkäufer sollten Sie alle **„Ichbezogenheit" in Ihrer Darstellung vermeiden.** Ausdrücke wie *„Ich finde", „Meiner Meinung nach", „Wenn es um mich selbst ginge", „Aus meiner Sicht ..." „Ich möchte Ihnen dazu Folgendes sagen", „Ich würde es anders machen", „Mein Rat wäre", „Denken Sie an meine Worte"* usw. sind Gift für das Kontaktklima. Jedes „Ich", das durch ein „Sie" ersetzt werden kann, sollte dem „Sie" Platz machen. Möglichst in jedem Satz.

Keine Antivverkaufsausdrücke

Passen Sie auf die Wahl Ihrer Argumente auf! Gewisse Ausdrücke sind verkaufsfördernd, andere hemmen den Verkauf – Verkaufs- und Antiverkaufsausdrücke, wie z. B. „Wert" und „Preis", „besitzen" und „kaufen".

Zusätzlich spuken aber in jedem Unternehmen firmeneigene oder bracheninterne Ausdrücke herum, die für den Kunden entweder völlig unverständlich oder seltsame Abwandlungen vertrauter Begriffe sind. Nehmen Sie diese besonders unter die Lupe! In zwei bedeutenden Unternehmen wurden jeweils über 40 solcher Antiverkaufsausdrücke festgehalten, die – unbewusst – zu dem täglichen Wortschatz der Verkäufer gehörten.

Gegensätze zurückstellen

Ein geschickter Verkäufer hütet sich, bei Beginn des Gespräches Dinge zu berühren, die irgendwelche gegensätzlichen Auffassungen herausstreichen. Die gleichen Gegensätze bekommen später im Gespräch einen viel harmloseren Charakter. Eine konsequent durchgeführte Frageargumentation auch mit rhetorischen Fragen am Anfang ist eher angebracht.

Na, und ... ?

Ihre Argumente sollten von wesentlicher Bedeutung – und nur solche sollten Sie verwenden – für den Kunden sein und sie sollten so vorgebracht werden, dass sie den Kunden fesseln. Untersuchen Sie jeden Satz Ihrer Argumentation. Stellen Sie nach jedem Satz sich selbst die Frage: *„Na, und ... ?"* oder den Ausruf: *„Na, und wenn schon ... !"* Wenn der Satz eine solche Frage oder einen solchen Ausdruck zulässt, ist er langweilig, unwesentlich oder ichbezogen. Ändern Sie den Satz, bis diese Frage *„Na, und ... ?"* nicht mehr passt. Hierdurch haben Sie eine wirksame Kontrolle Ihrer Argumente.

8 wichtige Erinnerungsstützen

Zusammenfassung der bisherigen Tipps für die Argumentation zur besseren Übersicht und Einprägsamkeit:

1. Kontrollieren Sie Ihre Argumentation – was Sie sagen und wie.
2. Die 16 Ratschläge unter jeweils „dass" befolgen.
3. Auf sprachlichen Ausdruck achten (16 Beispiele).

4. Besonders wirksame Formulierungen suchen.
5. Viel mehr fragen, weniger argumentieren.
6. Stimme und Sprache kontrollieren. Nicht zu viel reden.
7. Reaktionen des Kunden beobachten.
8. Leerlaufphrasen, „Ich“-Argumente, Antiverkaufsausdrücke vermeiden.

Kontrollieren Sie ständig, ob der Kunde Ihre Argumente anerkennt. Fragen Sie am besten geradeheraus: *„Habe ich mich in diesem Punkt klar ausdrücken können?“* Geben Sie dem Kunden jede Möglichkeit, selbst zu Worte zu kommen und seine Einstellung zu erklären! Nur wenn das eine wichtige Verkaufsargumentation stört, bitten Sie, auf diesen Punkt später zurückkommen zu dürfen.

Argumentuntersuchung

Sie wissen, dass die Aufnahmefähigkeit und -bereitschaft Ihres Gesprächspartners begrenzt ist. Es gilt also, möglichst schnell, treffend und wirksam die besten Argumente anzubringen. „Die besten Argumente“ bedeutet pro Kundenbesuch höchstens drei bis vier, nicht eine Vielzahl. Diese ausfindig zu machen, ist Aufgabe jeder Argumentanalyse. Sie besteht in einer Untersuchung Ihrer

a) **möglichen**

b) **verwendeten** und

c) **zweckmäßigen** Argumente

und sollte Ihnen zeigen, wie Sie systematisch eine Erfolg versprechende Argumentation aufbauen können. Die einzelnen Punkte entsprechen genau den Überlegungen des Verkäufers vor, während und nach einer Verhandlung.

Argumentsammlung

1. Schreiben Sie alle für Ihr Angebot **möglichen** (denkbaren) Argumente auf (a).

2. Streichen Sie diejenigen an, die Sie zu **verwenden** pflegen (b).

Verkaufsbewertung

3. Wenn Sie das getan haben, so nehmen Sie eine **Bewertung** vor (c). Sie beurteilen also die Vorteile Ihres Angebots aus Kundensicht. Geben Sie allen Argumenten Noten, beispielsweise zwischen 0 und 10.

Notenwert

Die Note 10 verdient ein Argument, das den Kunden direkt zum Kauf veranlasst, 9 = entscheidendes Argument, 8 = wirkungsvolles, 7 = noch bedeutungsvoll, 6 = gerade noch erwähnenswert. 5 bis 0 von ziemlich unwichtig bis sinnlos. Sie entdecken dann sicherlich, dass nur sehr wenige Argumente eine hohe Note und die meisten nur 3 bis

6 verdienen. Diese sind, von Sonderfällen abgesehen, zu schwach, um wirksam angewendet zu werden.

Kaufbewertung

4. Nehmen Sie eine **Verkaufs- und Kaufbewertung** vor. Prüfen Sie nochmals die Vorteile Ihres Angebots aus Käufersicht. Bei einem verkäuflichen Angebot müssen die Kaufargumente ja in den wichtigsten Belangen weitgehend mit den Verkaufsargumenten übereinstimmen.

   Ein paar Beispiele: Es könnte sein, dass Sie eine Maschine anbieten, die sehr wenig Platz einnimmt, und diesen Vorteil als Verkaufsargument mit 9 bewerten, während aus Kundensicht dieser Vorteil vielleicht viel geringere Bedeutung hat und deshalb nur eine ganz niedrige Note verdient (beispielsweise 5). Das gibt einen „Überwert“. Oder umgekehrt, die Maschine macht viel Geräusch, weshalb das Verkaufsargument „ruhiger Gang“ nur einer 4 entspricht. Der Kunde legt dagegen viel mehr Wert auf Geräuscharmut, etwa der Note 8 entsprechend. Das Argument ist dann natürlich negativ, also ein Nachteil.

   Beim Preis wird der Anspruch des Käufers ja selten positiver als das Verkaufsangebot sein, d. h. den Wünschen des Kunden nach einem wirklich niedrigen Preis können Sie als Verkäufer nicht entsprechen. Der Preis ist eben eher – und auch sonst meistens, wie in Kapitel 7 schon betont – ein negatives Argument. Das müssen Sie kompensieren. Ein „Überwert“ ist natürlich ein besonderes Plus, das als „Kompensationsfaktor“ wichtig ist – d. h. es kann anderweitige Nachteile ausgleichen.

Argumentverbindungen

5. Das Ergebnis aus den Punkten 3 und 4, gibt Ihnen die Möglichkeit, den Aufbau Ihres Verkaufsgespräches nach **Kauf**argumenten auszurichten, die natürlich wirkungsvoller als Verkaufsargumente sind. Der Kunde ist ja nicht an den allgemein im Angebot enthaltenen Eigenschaften interessiert, sondern nur an denjenigen, die **gerade ihm** nützen. Wenn es Ihnen passiert, dass „sichere“ Argumente fehlschlagen oder starke Einwände des Kunden hervorrufen, beruht dies oft auf der sehr viel geringeren Kaufwertung seitens des Kunden Ihrer an und für sich starken Verkaufsargumente.

Nachteilbewertung

6. Diese Stufe in der Argumentationsuntersuchung ergibt sich ganz natürlich aus den beiden vorhergehenden Abschnitten in Form einer **Bewertung der Nachteile.** Jedes Angebot hat gewisse Nachteile für den Kunden, die auf irgendeine Weise durch entsprechende Vorteile ausgeglichen werden müssen. Wenn Ihr Verkaufsargument die Note 4 verdient und das Kaufargument des Kunden mit 9 Punkten beziffert werden kann, dann sollte der Nachteil mit 5 bewertet werden.

Ausgleichsargumente

7. Für diese Nachteile müssen Sie dann entsprechende **Ausgleichsargumente** finden. Diese Berechnungsmethode bedeutet, dass die von Ih-

nen angeführten ausgleichenden Vorteile zumindest einen entsprechenden Pluswert ergeben müssen. Diese Pluswerte entstehen in jenen Punkten, bei denen Ihr Angebot die Erwartungen des Kunden übertrifft (die erwähnten „Überwerte") oder bei denen Ihr Angebot in entscheidenden Punkten den hohen Forderungen des Kunden entspricht.

Konkurrenzverkauf

8. In bestimmten Fällen gibt es noch eine weitere, achte Stufe: die **Konkurrenz-Verkaufsargumentation.** Sie wird nur dann angewendet, wenn eine Kaufbereitschaft als solche besteht und der Kunde entscheidet nicht, **ob** er kaufen soll, sondern **von wem,** wobei er von sich aus Vergleiche zwischen den Angeboten verschiedener Wettbewerber anstellt. In einem solchen Falle ist es nützlich, Ihre Zahlen von Stufe drei mit jenen Ziffern, die sich aus der Leistung des fraglichen Konkurrenzangebotes ergeben können, zu vergleichen, Stufe 4 bleibt immer konstant – die Anforderungen des Kunden bleiben den verschiedenen Angeboten gegenüber unveränderlich.

   Es ist einleuchtend, dass ein Verkäufer durch die Betonung eines Argumentes, das auch für das Angebot eines Konkurrenten zutrifft, nicht sein eigenes Angebot ins rechte Licht setzt, sondern indirekt auch für seinen Konkurrenten wirbt. Je stärker das Argument an und für sich ist, desto größere Hilfe bekommt der Konkurrent. In einem derartigen Falle sollten Sie natürlich **nur** die Argumente **hervorheben,** bei denen Ihre eigenen Zahlen entschieden höher liegen als die Ihres Mitbewerbers. Hierbei werden auch Argumente mit verhältnismäßig niedrigen Punktnoten verwendbar und wertvoll. Im Wettbewerb kann manchmal ein an sich weniger bedeutendes Argument den Verkauf entscheiden – wenn sich nur in diesem Punkt die beiden Angebote voneinander unterscheiden.

   Die Fähigkeit des geschickten Verkäufers zeigt sich oft darin, dass er bei zwei im großen und ganzen gleichwertigen Angeboten die oftmals schwer erkennbaren Vorteile seines eigenen Angebots herausfindet, die mit Hilfe einer geschickten Darstellung den Kauf zu seinen Gunsten entscheiden.

Es ist ratsam, diese Argumentationsuntersuchung dann und wann im Lichte neuer Erfahrungen, praktischer Erfahrungen, bei Veränderungen des Angebotes oder des Marktes zu wiederholen. Eine konkrete Verwendung vor und bei Kundenbesuchen ist auch eine gute Selbstkontrolle und zwingt Sie, sich selbst über den geeigneten Aufbau Ihrer Argumentation klar zu werden. Durch diese Erarbeitung schöpfen Sie auch neues Wissen über den Kunden und dessen Probleme. Hierfür können Sie sich entweder die nötigen Aufschlüsse vor dem Besuch beschaffen oder den ersten Kontakt zur entsprechenden Orientierung verwenden. Eine solche Argumentationsanalyse gestattet Ihnen auch, die Marktposition Ihres Angebotes allgemein zu errechnen.

Kenntnis über den Kunden und ihre Verwertung

In diesem Zusammenhang eine kleine Warnung: Es ist natürlich äußerst wichtig, über den Kunden vor dem Besuch so viel wie möglich in Erfahrung zu bringen, über seine Bedürfnisse, Interessen, Probleme, Ansichten, Stellung, Lebensführung usw. Aber es gibt gute Gründe, diese Kenntnisse nur vorsichtig zu verwenden. Was in Amerika angehen mag, wird in Europa oft als taktlose Zudringlichkeit empfunden (vergleiche Problem 4).

Arbeiten Sie diese Argumentationsanalyse sorgfältig durch. Sie wird Ihnen erst etwas schwierig vorkommen, aber:

1. der Aufwand lohnt sich,
2. die Berechnungen sind eine Konkretisierung von Gedanken, die Sie als Verkäufer bewusst oder unbewusst sowieso anstellen - und daher leichter verwendbar als es den Anschein hat. Eine mathematisch einwandfreie Berechnung dieser nicht objektiv erfassbaren Werte ist z. T. natürlich nicht möglich.

Vergessen Sie die Primärappelle nicht!

Dieser Plan sollte zweckmäßigerweise mit einer ähnlichen Untersuchung der Primärappelle (s. Kapitel 1 und 2) kombiniert werden, mit denen die ganze Argumentation, so weit wie möglich, verbunden werden soll. Ein Appell an die (persönlichen) Primärbedürfnisse ist natürlich stärker als ein Appell an die hier aufgeführten (sachlichen) Sekundärbedürfnisse.

Der Einwand ist vielleicht nahe liegend, dass es in der Praxis unmöglich ist, sich bei jedem Besuch der richtigen Zusammensetzung der Argumente zu erinnern. Es gibt jedoch ein gutes Mittel gegen Vergesslichkeit: Schreiben Sie sich Gedächtnisstützpunkte auf! Nehmen Sie ruhig die Aufzeichnungen beim Kunden heraus und erklären Sie ihm, dass Sie sich seinetwegen einige Punkte notiert haben! Das wird die Wirkung der Argumentation sogar verstärken.

In diesem Zusammenhang sehen Sie sich noch einmal die **Besuchsplanung** in Kapitel 11 und die Kontrollliste 1 im Anhang an.

2. Aber das Internet macht ihn nicht brotlos

Man kann sich vorstellen, wie sich die Ansichten vom Problemfall 5 auf die Verkaufstätigkeit auswirken.

Die 20-60-20 Regel

Wie sieht nun die Realität aus? Die Lage heute und die Zukunftsperspektiven? Nach der anfänglichen Internet-Euphorie – die alte Ökonomie wird von der neuen abgelöst und alles, was gestern stimmte, ist heute völlig abgemeldet – kam die deutliche Ernüchterung bis hin zur totalen Abkehr, natürlich auch unter dem Eindruck der sich häufenden Pleiten der IT-Anbieter. Inzwischen hat sich die Lage stabilisiert und normalisiert. Das Internet ist aus dem zukünftigen Vertrieb nicht mehr wegzudenken.

Speziell in Branchen mit „banalen" (d. h. nicht erklärungsbedürftigen) und preisintensiven Produkten oder Leistungen und wiederholten Bestellungen, wird der traditionelle Verkauf stark zurückgehen.

Bei der großen Gruppe von Unternehmen, bei denen diese Voraussetzungen nur bedingt zutreffen, werden der persönliche und elektronische Verkauf miteinander im intensiven Wettbewerb stehen.

Das obere Marktsegement wird weiter überwiegend vom persönlichen Verkauf leben. Die Proportionen 20-60-20 (unteres, mittleres, gehobenes Segment) drücken die wahrscheinlichen Segmente in etwa aus.

Mit diesen 8 Tendenzen sollten Sie rechnen

Schon jetzt können wir folgende Tendenzen ausmachen:

1. Von den vielen „Surfern" kauft höchstens 1/5 über Internet, die übrigen nehmen die angebotenen Informationen dankend wahr, aber kaufen über die traditionellen Kanäle. Das kann sich natürlich im Laufe der Jahre ändern. Erfolgsbeispiel: DELL COMPUTER – Verkauf über Internet und Telefon.

   Der persönliche Kontakt muss nicht unbedingt durch das Internet verloren gehen. Ein Beispiel aus den USA: 90 Prozent der über Internet bestellten Medikamente werden weiterhin in den Apotheken verkauft (d. h. ausgeliefert).

2. Diese Informationen werden natürlich als Preisdruckmittel ausgenutzt. Die Konzentration auf Anbieterpreise ist nahe liegend, muss aber nicht sein. Hier wird echte Verkäuferleistung zunehmend gefordert.

3. Nach dem Spruch *„Gentlemen prefer blondes, but marry brunettes"* lassen sich die Verbraucher gern (von den Internetangeboten) betören, wählen aber im Endeffekt doch die sichere, wenn auch (etwas) teurere, traditionelle Variante.

4. Anbieter, die voll auf das Internet setzen, gehen ein beträchtliches Risiko ein. Von zwei Schweizer Großbanken hat sich eine für die elektronische Geschäftsabwicklung entschieden – die andere den persönlichen Kundenkontakt betont und die elektronische Variante nur zusätzlich angeboten. Erraten Sie mal den Erfolg der Elektronik! Richtig, mit einem sehr bescheidenem. Das mag sich später einmal ändern, aber heute tendiert die Mehrzahl der Unternehmen nach der persönlichen Variante.

   In Branchen, wo schon immer Postversand, Abonnementsbestellungen, Bücherverkauf, Kosmetik eine bedeutende Rolle gespielt haben, wird das Internet z. T. diese Angebote ersetzen und außerdem zusätzliche Kunden anziehen.
5. Bestellungen über Internet mit Abwicklung über Kreditkartenzahlung sind ein Hemmschuh für den Käufer (der gezwungen ist, Daten preiszugeben und dabei möglicherweise Kontrollmöglichkeiten über seine Ausgaben einzubüßen) und eine Belastung für den Lieferanten, der ein zusätzliches Auslieferungsproblem gegenüber dem Verkauf durch den Handel hat. Auslieferungslager bleiben weiterhin unverzichtbar, wenn auch reduzierbar.
6. Anbieter kommen von überall her, aus dem Inland und dem gesamten Ausland (ferne Länder). Dahinter kann ein Lieferant stehen, der vom Küchentisch, von der Gartenlaube oder einer „Bruchbude“ aus tätig ist – und im Bruchteil von Minuten/Sekunden sich als Mitbewerber einschaltet. Dieselben Möglichkeiten bieten sich natürlich auch für Sie als Anbieter.
7. Das Internet ist eine Kommunikationskomponente der Unternehmensstrategie, nicht mehr, aber auch nicht weniger. Je gebräuchlicher Internet in Ihrer Branche wird, desto mehr verliert es an Bedeutung als Konkurrenzwaffe. Sie wird aber zunehmend ein beiderseitiges Informationsmittel werden.
8. Kundenloyalität und Markentreue nehmen ab – mit einem einfachen „Mausklick“ kann man Lieferanten und Produkte wechseln.

Ihr Vorgehen

Ergo: Sie brauchen weiterhin Ihre persönliche Verkaufstätigkeit, wenn auch mit anderen Vorzeichen. Es liegt an Ihnen, sie mit Internet zu kombinieren.

Um möglicherweise Kunden über die Elektronik zu gewinnen: Aussagefähige Portale; auf Mehrwert aufmerksam machen; einfache, phrasenfreie Vorteilsversprechen; geschickte, einfache Navigation; Anreiz für sofortige Bestellungen oder wenigstens für Kontaktnahme; einfachste Beurteilungs- und Abwicklungsmodelle. *„Besuchen Sie uns im Internet“*

ist ungefähr ebenso phantasielos wie „*Wir würden uns über Ihren Auftrag sehr freuen*“. Auch der Webauftritt erlaubt verkäuferische Initiative.

Anstatt sich nur defensiv zu wehren, können Sie mit Kreativität und Dynamik aktiv agieren.

Jetzt können Sie sicher die einleitenden Fragen beantworten und die fünf Verkaufsprobleme des Kapitelanfangs lösen?!

Je professioneller der Verkäufer bei seiner Arbeit wird, desto besser versteht er, wie entscheidend richtige Wahl und Ausdruck von Argumenten ist. Auch so genannte Kleinigkeiten können über einen Auftrag entscheiden. Kontrollieren Sie, was Sie sagen und wie Sie es sagen. Sehen Sie Vor- und Nachteile des Internets realistisch – Transparenz, Tempo, Tatsachen. Nutzen Sie die Internetschwächen aus.

Kapitel 19

So verhandelt man mit Käufergruppen – Der Konferenzverkauf

Können Sie diese vier Fragen beantworten?

1. Worin bestehen die Vor- und Nachteile von Verhandlungen mit mehreren Personen gleichzeitig?
2. Was ist eine „Rollenerwartung“?
3. Welchen besonderen Nutzen hat man als Verkäufer von Kenntnissen in der Leitung von Konferenzen?
4. Welche Vorteile bietet eine „hemdsärmelige“ Zusammenkunft gegenüber einer formgebundenen Sitzung?

Können Sie diese fünf Probleme lösen?

? 1

„Diese Idee der Gruppenverhandlung mag zwar recht interessant sein", bemerkt ein erfahrener Verkäufer bei einer Verkäuferbesprechung, „aber bei uns liegt der Fall anders. Ich habe mit Einkäufern von Industrieunternehmen zu tun. Schon der Versuch, mit anderen Herren im Unternehmen zu verhandeln, verärgert die meisten Einkäufer. Außerdem: Wenn ich schon die Möglichkeit dazu bekomme, erstrebe ich natürlich Einzelgespräche, die wesentlich leichter zu führen sind als Gruppenverhandlungen."

In welcher Beziehung hat er Recht, in welcher nicht? Worin liegen die Vorteile einer Gruppenverhandlung?

? 2

Ingenieur Köhler hat sich erfolgreich bis an die beiden Färbermeister der Textilfabrik Tucher AG heran gearbeitet, um einen neuen Farbstoff zu verkaufen. Der Widerstand bei Neueinführungen liegt erfahrungsgemäß auf dieser Ebene. Nach einer Reihe von Versuchen hat er die beiden Männer von der Zweckmäßigkeit einer Umstellung in diesem Sinn überzeugt. Der Einkäufer, der eine wohlwollend neutrale Einstellung hat, beraumt zwecks Entscheidung eine Sitzung im Aufsichtsratszimmer an, zu der außer den beiden Meistern auch die zwei technischen Leiter und der Laborchef eingeladen werden. Köhler hat mit den beiden Meistern weitgehend deren Rolle bei der Verhandlung abgesprochen. Sie sagen ihm auch spontan eine positive Stellungnahme zu.

Zum Erschrecken von Köhler „fielen sie hintenüber", wie er sich später ausdrückte, und äußerten sich nur auf Befragen, und dabei sehr zurückhaltend und fast eingeschüchtert. Ihre Unterstützung war praktisch wertlos.

Können Sie sich den Grund erklären?

? 3

„Wie wär's mit einer kleinen Verschnaufpause" schlägt Dr. Mond, der Leiter der anwendungstechnischen Abteilung eines Chemiewerkes, vor. Er ist zur Unterstützung des Verkäufers mit zum Kunden, einem graphischen Betrieb, gefahren. An der Sitzung nehmen die kaufmännischen und technischen Leiter des Kundenunternehmens mit je zwei Assistenten teil. Sie sitzen an den beiden Längsseiten, während der Verkäufer und Dr. Mond an einem der Tischenden Platz genommen hatten. Alle nehmen diesen Vorschlag dankbar auf. Der Verkäufer, dem Dr. Monds Verhandlungsgeschicklichkeit bekannt ist, beobachtet, wie dieser die zwei Assistenten unter den Arm nimmt, sie ihm zuführt und eine allgemeine Unterhaltung anknüpft, aus der er sich selbst schnell wieder löst, um eine Zigarre mit dem technischen Leiter zu rauchen. Bei Wiederaufnahme des Gespräches setzt sich Dr. Mond demonstrativ zwischen den technischen Leiter und dessen zwei Assistenten und lässt den Verkäufer allein am Tischende Platz nehmen.

Was bezweckte Dr. Mond? Und wie hätten Sie sich als Verkäufer verhalten?

? 4

„Ich werde die Herren ins Sitzungszimmer rufen lassen", sagt der Verkaufsleiter der Großhandelsfirma dem Verkäufer von H. Werkzeughandel. „Dort können Sie selbst versuchen, sie zu überzeugen, dass sie Ihre Werkzeuge bei ihren Besuchen von Reparaturwerkstätten mit auf die Reise nehmen. „Um wie viele Verkäufer handelt es sich?" fragt Verkäufer Hauser. – „Acht." – „Können wir das nicht hier bei Ihnen machen? Dann wird das nicht so umständlich." Der Verkaufsleiter zuckt die Achseln: „Gut, wenn Sie wollen ... Aber das Sitzungszimmer ist ganz neu und sehr schön eingerichtet, mit 36 bequemen Sesseln um einen Hufeisentisch."

Der Verkäufer besteht, wenn auch sehr höflich, auf seinem Vorschlag und erbittet noch weitere Einzelheiten. Nach erfolgter erfolgreicher Besprechung bittet der Verkaufsleiter, neugierig geworden, um eine Erklärung über die Wahl des Lokals für die Sitzung und den Grund für seine vielen Fragen. Die Erklärung des Verkäufers leuchtet ihm ein und erweckt seinen Respekt: „Da haben Sie ganz Recht, daran hatte ich gar nicht gedacht!"

Leuchtet sie Ihnen auch ein?

? 5

Verkäufer Müntze ist nervös. Er soll einen Vortrag über seine Produkte vor dem Personal einer bedeutenden Einzelhandeiskette halten. Wochenlang bereitet er sich vor und fühlt sich dabei sehr unwohl. Der Vortrag läuft glatt ab. Am Ende fordert er die Teilnehmer auf, Fragen oder Einwände zu äußern. Er möchte schließlich ein Geschäft machen. Keiner sagt etwas, und so schließt der Geschäftsführer, wie es Müntze scheint, etwas „betreten" die Zusammenkunft mit einem freundlichen Dankeswort. Müntze erzählt einem Freund, der auch Verkäufer ist, von dieser Erfahrung. „Ich hätte überhaupt keinen Vortrag gehalten. Man bekommt da keinerlei Rückkopplung. Mache das in einer anderen Form. Auch nicht so anstrengend." – „Was meinst Du da mit ‚Rückkopplung?' Was ist das? Und wie machst Du das?"

Würden Sie darauf antworten können? Und welche Methode ziehen Sie vor?

Warum Konferenzverkauf?

Das klassische Verkaufsgespräch in der Form des Dialogs, bei dem Sie nur mit einem einzigen Gesprächspartner verhandeln, verschwindet in manchen Bereichen der Wirtschaft immer mehr. Dagegen gewinnt zunehmend eine Situation an Bedeutung, bei der Sie mit mehreren Mitarbeitern einer Firma verhandeln müssen, die alle entweder direkten oder indirekten Einfluss auf die Kaufentscheidung nehmen. Auf der anderen Seite ist zu beobachten, dass auch der Verkäufer vielfach nicht mehr allein auftritt. Seine Bemühungen werden häufig durch kaufmännische und technische Kräfte oder Spezialisten unterstützt.

Der Verkäufer muss - ob er will oder nicht - in vielen Fällen zum gleichen Zeitpunkt mit einer Gruppe von Einkäufern zusammentreffen. Natürlich ist es viel einfacher, mit einer einzelnen Person zu verhandeln als mit einer Gruppe, aber ein mageres Ergebnis bei Einzelverhandlungen gibt auch nicht viel Trost.

Das Dilemma des Verkäufers

Der psychologische Grund für die Furcht des Verkäufers, mehrere Personen zur gleichen Zeit ansprechen zu müssen, liegt natürlich in der Isolierung (einer gegen mehrere), dem Mangel an „Rückkopplung" (während er spricht, kommt von der Gruppe nur geringe Resonanz) und in der ständigen Gefahr, einem Kreuzverhör unterworfen zu werden, bei dem er Gesprächsführung und Initiative verliert. Hält er ein Referat, sagt niemand etwas. Will er verhandeln, stellt die Gruppe Fragen und erwartet, dass er sich darauf beschränkt, sie zu beantworten. Versucht er einen vertraulicheren Ton anzuschlagen, eckt er bei dem förmlichen Sitzungscharakter leicht an. Hält er ein Referat und erbittet Fragen hinterher, so kommen häufig keine (siehe Problem 5).

Die Strategie des Konferenzverkaufs

Um dies zu vermeiden, muss die Strategie des Verkäufers darauf abzielen, alles zu versuchen, um die förmliche Atmosphäre (mit Sitzordnung, Vorsitzendenfunktion, parlamentarischen Verhaltensformen usw.) einer Sitzung zu verändern.

Ihr Ziel sollte sein, sich selbst in den Kreis der Gruppe „hineinzumanövrieren". Nur so ist die Situation zu vermeiden, in der Sie als Außenseiter einer Gruppe von Einkäufern gegenüberstehen.

Welche Arten von Verhandlungen oder Sitzungen gibt es nun, und wie kann der Verkäufer sie verändern?

Die Verkaufskonferenz

1. Die Konferenz, bei der der Verkäufer **verkauft**. Jedermann erwartet von Ihnen, dass Sie Ihr Anliegen geschickt vortragen und alles tun, um die Anwesenden zu überzeugen. Diese akzeptieren die ihnen angebotene „Rolle" und tun wiederum ihr Bestes, sich nicht beeinflussen zu lassen! Diese Art von Verhandlungen nagelt Sie als Außenseiter fest und gestattet Ihnen am allerwenigsten, als Partner in den Kreis aufgenommen zu werden.

Die Informationskonferenz

2. Die Sitzung zum Zweck der **Information.** Hier „verkaufen“ Sie nicht, sondern bemühen sich gemeinsam mit der Gruppe, Probleme und Bedürfnisse, Erkenntnisse und Tatsachen zu definieren und herauszustellen. Hier werden keine Lösungen vom Verkäufer angeboten. Von Verkaufen ist nicht die Rede. Deshalb ist der Widerstand der Gruppe auf ein Minimum zurückgestellt. Diese für den Verkäufer günstige Form der Verhandlung kann beispielsweise laufend beim Verkauf von Investitionsgütern entwickelt werden.

Die Problemlösungskonferenz

3. Die Konferenz für **Problemlösung.** Ein Problem, Bedürfnis oder ein Wunsch wurde im Unternehmen erkannt und verlangt nach einer Lösung. Der Kunde diskutiert verschiedene Alternativen einer Lösung mit Ihnen (bzw. dem von Ihnen mitgebrachten Techniker oder Spezialisten). Sie können auch von sich aus direkt oder indirekt eine Lösung eines von Ihnen erkannten Problems vorschlagen. Auch hier werden Sie nicht als „Verkäufer“ empfunden.

Die Koordinationskonferenz

4. Die Konferenz zum Zweck der **Koordinierung.** Wenn als Ergebnis der Besprechungen nach Typ 2 oder 3 eine allgemeine Lösung gefunden wurde (oder auch unabhängig davon), helfen Sie dem Kunden, die Einzelheiten der Lösung auszuarbeiten, Konflikte und Schwierigkeiten (beispielsweise zwischen verschiedenen Abteilungen) zu lösen oder einen gemeinsamen Nenner zu finden, der die Interessen aller Betroffenen berücksichtigt. Wenn die internen Diskussionen in eine Sackgasse geraten sind, so tragen Sie dazu bei, die Knoten zu entwirren und die Interessen zu koordinieren. Auch hier spielen Sie eine positive Rolle.

Es leuchtet ein, dass die Verkaufssituationen gemäß den Modellen 2, 3 und 4 bessere Voraussetzungen schaffen, vom Außenseiter zum „Innenseiter“ zu avancieren. Sie treten nicht als Verkäufer auf. Der Widerstand gegen Sie und Ihr Angebot nimmt ab und Ihr echter Einfluss entsprechend beträchtlich zu.

Vermeiden Sie deshalb die Entwicklung einer Verhandlung gemäß Modell 1 und erstreben Sie die Modelle 2, 3 oder, noch besser, 4.

Taktische Vorbereitung

Wie gehen Sie nun vor: Im Stadium der Vorbereitung und in der Ausführung?

1. Vorbereitung und Planung

Sie ist für das Ergebnis von entscheidender Bedeutung.

Objektiver Teil

a) Der objektive Teil

Halten Sie fest, was Sie durch die Verhandlung zu **erreichen wünschen** und welches Ergebnis Sie wirklich **erreichen können.**

Welche Argumente und Appelle helfen Ihnen, Ihr Ziel zu erreichen, und wie können Sie sie einsetzen?

Welche sachlichen Vorinformationen brauchen Sie?

Welches sind die **Schlüsselfragen**, die Sie vorbereiten können und die Ihre entscheidende Waffe darstellen, wenn es darum geht, die Art der Konferenz zu beeinflussen und als Mitglied und/oder Leiter der Besprechung akzeptiert zu werden?

Welches Anschauungsmaterial muss vorbereitet und eingesetzt werden?

Welche Unterlagen?

Subjektiver Teil

b) Subjektiver Teil

Der subjektive Teil der Vorbereitungen beschäftigt sich mit der Einschätzung der Konferenzteilnehmer.

Also brauchen Sie subjektive Informationen:

Wer wird teilnehmen?

Wer könnte bewogen werden, bei der Konferenz zu erscheinen bzw. ihr fern zu bleiben?

Was denken diese Personen?

Was wissen sie?

Was erwarten sie?

Welcher Teilnehmer kann Ihr Verbündeter werden?

Wer wird opponieren?

Wie ist das Verhältnis der Teilnehmer untereinander?

Wer wird sich neutral oder gleichgültig verhalten?

Wie können diese verschiedenen Personen beeinflusst werden?

Bedenken Sie, dass bei einer Konferenz mit Einsatz von Vorführungen oder Anschauungsmaterial (PowerPoint Einsatz) zusätzliche Gesprächspartner hinzugezogen werden können, die sich diese „Schau“ nicht entgehen lassen wollen.

Rollenerwartung

Sie müssen also die Einstellung, das Wissen und die Rollenerwartung der Personen analysieren, auf die Sie stoßen werden. Was bedeutet nun eine Rollenerwartung? Entsprechend seiner Position, seiner Kenntnisse und seiner Persönlichkeit will oder muss jeder Teilnehmer eine bestimmte Rolle spielen. Jeder hat eine mehr oder weniger bewusste Vorstellung, wie er sich bei einer Verhandlung verhalten, und welche Rolle er dabei spielen soll. Für den Verkäufer ist es wichtig, sich diese Erwartungen vorzustellen und danach zu handeln.

2. Kontakte vor der Konferenz

Vor der Konferenz

a) Zwischen der Vorbereitung und der Ausführung sollte jede Möglichkeit genutzt werden, individuelle Kontakte anzuknüpfen. Die Beeinflussungschance bei der Sitzung erhöht sich automatisch, wenn es Ihnen gelingt, vorher Verbindungen mit den einzelnen Teilnehmern aufzunehmen. In diesem Stadium entscheidet es sich oft, ob der angestrebte Verkaufsabschluss bei der Konferenz verwirklicht werden kann. Im günstigsten Fall hat der Verkäufer schon vor der Sitzung wesentliche Verhandlungsziele erreicht oder wenigstens angesteuert.

Die unberechenbaren Umstände jeder Konferenz können nur durch diese vorbereitenden Einzelkontakte einigermaßen unter Kontrolle gebracht werden.

Vorbeeinflussung

Die taktischen Schritte dazu können Sie folgendermaßen planen:

Wer sollte beeinflusst werden?
Wie?
Durch wen (nicht notwendigerweise durch Sie)?
Wer kann dabei helfen?
Welche Nachforschungen, Untersuchungen oder welche Art von Vorgesprächen ergeben die beste Ausgangslage für eine erfolgreiche Konferenz?

Ort und Millieu

b) Weitere Fragen in diesem Zusammenhang berühren die häufig wesentliche Wahl des Ortes der Zusammenkunft:

Wo soll sie stattfinden?
Wer fühlt sich in diesem Milieu am meisten zu Hause?
Wer wird in diesem Raum seinen Mund nicht auftun?
Wer sind meine „Verbündeten“? Meine „Widersacher“?
Kann die Verhandlung an einen anderen Ort verlegt werden?
Gibt es eine Möglichkeit, sie bei uns stattfinden zu lassen?
Welche Sitzordnung ist zu erwarten?
Wie kann sie beeinflusst werden?
Welche Möglichkeiten bestehen, um die Konferenz in eine formlose, „hemdsärmelige“ Zusammenkunft zu verwandeln – eine gelöste Atmosphäre, die mir die Aufnahme in die Gruppe erleichtert? (Vergleichen Sie auch Problem 3).

Die Ausführung der Sitzung:

1. Erfassen der Teilnehmer

Die Sitzung findet statt

Ihre Rolle während der Konferenz ist durch die taktischen Maßnahmen im Vorbereitungsstadium gegeben. Studieren Sie dabei sorgfältig die relative Bedeutung eines jeden Sitzungsteilnehmers. Dieser Faktor darf weder der bloßen Vermutung noch der Improvisation überlassen bleiben.

Die fünf Faktoren der Teilnehmerbedeutung

Die Bedeutung einer Person bei einer Sitzung wird bestimmt durch:

1. Ihr Prestige. Wie bedeutend ist sein Ansehen in der Gruppe?
2. Ihre Sachkenntnis. Was versteht sie von der Materie?
3. „Konferenzpersönlichkeit“ (Ausstrahlung, Konferenzroutine). In welchem Maß „setzt sie sich in Szene“ bei einer Gruppenverhandlung? Stark? Kaum (Vergleichen Sie Problem 4)?
4. Rollenerwartung. Worin sieht sie ihre Aufgabe? Wie beabsichtigt sie sich zu verhalten (Vergleichen Sie auch Problem 2)?
5. Zuständigkeit (Stellung, Kompetenz, Entscheidungsbefugnis). Wie wichtig ist ihre Stellungnahme? Inwieweit entscheidet sie?

2. Die Konferenz leiten und lenken

Wie leiten und lenken?

Sie werden als Mitglied in die Gruppe „aufgenommen“, dadurch, dass Sie Untersuchungen anstellen, Probleme lösen, den Anwesenden echt helfen, ihr Vertrauen gewinnen, oder als Koordinator tätig sind und sich an die erwähnten Spielregeln halten.

Fragen!

Fragen, sorgfältig geplant, sind das beste Hilfsmittel, um die Initiative zu gewinnen und zu behalten. Erfahrene Verkaufstrainer kennen mindestens zwei Dutzend von Fragetechniken, die dazu verhelfen, eine Konferenz „de facto“ zu leiten, Rollen zu verteilen, Reaktionen zu dosieren, die Teilnahme zu intensivieren, Mitglieder der Gruppe aus- oder einzuschließen, Argumente anzubringen, Einwände zu dämpfen oder zu entkräften, Konflikte zu neutralisieren oder auch Einsicht und Sachkenntnis zu demonstrieren.

Technik der Konferenzleitung

Davon unabhängig müssen Sie als Verkäufer möglichst die Technik der Konferenzleitung beherrschen und wissen, wie man Einwänden zuvorkommt, erreichte Ergebnisse zusammenfasst oder bereits erzielte Teilentscheidungen unterstreicht, die Aktivität der Teilnehmer anregt, ungünstige Tendenzen abbiegt, neue Gesichtspunkte ins Feld führt, Interesse schafft, von den übrigen Teilnehmern akzeptiert wird, die Konferenz steuert usw.

In vielen Wirtschaftsbereichen muss der vorwärts strebende Verkäufer die Technik des Konferenzverkaufs lernen. Auf immer neuen Gebieten muss er Gruppenverhandlungen führen. Überall entstehen Einkaufskommissionen. Bei Gesprächen im Industrieeinkauf und mit dem Personal von Wiederverkäufern ist dieser Weg von jeher notwendig gewesen. Dabei müssen Sie Ihre natürliche Abneigung überwinden, auf sich allein gestellt mit einer Gruppe von Menschen fertig zu werden in einer Situation, in der Sie die traditionelle Form des Verkaufsgespräches kaum einsetzen können.

Versuchen Sie der deprimierenden, unproduktiven Rolle eines Außenseiters zu entgehen, der von einer Einkäufergruppe einem regelrechten Kreuzverhör unterzogen wird. Eine Reihe von Methoden, die dazu dienen sollen, diese Verhandlungsform erfolgreich zu verwenden, sind hier erwähnt worden. Zusätzlich müssen Sie lernen, Vorträge vor größeren Kreisen unter Einsatz von Anschauungsmaterial, technischen Hilfsmitteln und Hilfspersonal zu halten – und dabei zu kommunizieren. Erwerben Sie außerdem grundsätzliche Kenntnisse über die Gesetzte der so genannten Gruppendynamik, zwischenmenschliche Beziehungen und Verständigung in und mit Gruppen.

Und jetzt können Sie sicher die vier einleitenden Fragen beantworten und die fünf Verkaufsprobleme des Kapitelanfangs lösen?!

Verhandlungen mit Gruppen geschehen immer häufiger. Daher müssen Sie die Technik des Konferenzverkaufs kennen lernen. Wenn Sie diese beherrschen, eröffnen sich Ihnen völlig neue Verkaufsmöglichkeiten. Die Anstrengung macht sich in jeder Beziehung bezahlt.

Kapitel 20

Der Kunde hat nicht immer recht – oder Reklamationen können ausgezeichnete Verkaufsmöglichkeiten ergeben

Können Sie diese vier Fragen beantworten?

1. Gibt es bei Reklamationen ein besseres Verkaufsprinzip als „Der Kunde hat immer Recht!“?
2. Wie weit kann das Geltungsbedürfnis Reklamationen beeinflussen?
3. Welche Gefahren bergen unausgesprochene Reklamationen in sich, und was kann man dagegen tun?
4. Was bedeutet die Aussage, dass der Verkäufer Beanstandungen subjektiv sehen soll?

Können Sie diese fünf Probleme lösen?

? 1

„Leider kann unser Lieferant Ihre Reklamation nicht anerkennen", teilt der Großhändler dem Geschäftsinhaber mit. „Wir haben alle Argumente betont, die Sie uns gegenüber geäußert haben, aber der Fabrik scheint es nicht erwiesen zu sein, dass ein Fabrikationsfehler vorliegt. Das ist sehr bedauerlich. Wir können da leider nichts machen. Wir hoffen aber, dass Sie uns verstehen ..." Aber der Kunde versteht den Standpunkt des Händlers ganz und gar nicht.

Hat er Recht? Wie würden Sie anstelle des Händlers gehandelt haben?

? 2

„Wenn wir den Grundsatz befolgen würden, auch unberechtigte Beanstandungen anzuerkennen, nur um einen Kunden zu behalten, so kämen wir in eine unmögliche Lage und würden unsere eigenen Leistungen völlig unnötig schlecht machen. Das muss doch falsch sein!" Man kann sich der Überzeugung hinter diesen Worten nicht verschließen, mit denen ein Ingenieur die Richtigkeit einer allgemeinen Empfehlung des Verkaufsleiters bestreitet, bei Reklamationen großzügiger zu sein. Mehrere andere Techniker teilen die Ansicht ihres Kollegen, aber der Verkaufsleiter beharrt auf seinem Standpunkt.

Wie sehen Sie diese Konfliktsituation?

? 3

„Es ist unerhört, wie Sie uns auch diesmal wieder behandelt haben", braust der Kunde verärgert am Telefon auf. „Nicht genug damit, dass Sie 4 Wochen später liefern als versprochen; wir haben auch nur die Hälfte bekommen. Wenn ich den Rest nicht mit dem morgigen Transport erhalte, können Sie ihn behalten, und außerdem können Sie gerne das, was Sie schon geliefert haben, wieder zurückholen. Ich werde mich dann nach einem anderen Lieferanten umsehen. Und kommen Sie mir nicht mit Ausreden! Ich habe das jetzt schon zu oft erlebt."

Der Verkäufer Schwab in der Papierfirma X am anderen Ende der Leitung ist davon überzeugt, dass der Kunde nur leere Drohungen ausstößt. Er weiß, dass der Kunde ja noch mehr Zeit bis zur Lieferung verlieren würde, wenn er die Bestellung einem anderen Lieferanten gäbe – von den zusätzlichen Kosten ganz abgesehen. Sehr vorsichtig versucht er, dem Kunden beizubringen, wie unvorteilhaft dieses Vorgehen für ihn selbst sein würde.

Zu seiner großen Verwunderung wird der Kunde nur noch aufgeregter, macht seine Drohung wahr und bestellt auch den Restposten ab. Der Verkäufer tröstet sich nach einigen schwachen Selbstvorwürfen damit, dass er tat, was er konnte und dass der Kunde schon immer ein komischer Kauz gewesen sei. Aber ganz kann er das Unbehagen über diesen Misserfolg nicht loswerden.

Hat er einen Fehler gemacht?

? 4

Alois Schöne hat alle eingehenden Großhandelsreklamationen zu bearbeiten. Teils muss er alle Fälle aufklären, die andere Abteilungen ihm zuschieben und die er folglich nicht von Anfang an kennt, und teils kommen die Kunden selbst zu ihm. Nach und nach bringt er System in seine Arbeit und kommt auf die Idee, ein besonderes Berichtverfahren mit Durchschlägen für verschiedene Abteilungen anzulegen. Jedes Mal, wenn ein Kunde ihm eine Beanstandung vorträgt, füllt er das Formular genau aus. Zuerst war er ängstlich, dass diese Berichtschreiberei die reklamierenden Kunden nur noch mehr reizen würde, weil er die Betreffenden oft bitten muss, langsam zu sprechen, alles genau zu erklären oder die einzelnen Punkte noch einmal zu wiederholen. Stattdessen bemerkte er, dass dieses Verfahren ein ruhigeres Abwickeln der Streitfrage bewirkt.

Worauf ist das zurückzuführen? Würden Sie ein ähnliches Verfahren bei Ihren Reklamationen für empfehlenswert halten?

? 5

Derselbe Herr Schöne hat bei manchen Gelegenheiten in den verschiedenen Abteilungen der eigenen Firma folgende Einstellung bemerkt: Dieses System einer zentralen „Klagemauer“ erhöhe die Anzahl der Reklamationen. Die Kunden bekämen das Gefühl, unsere Firma müsse enorm viele Reklamationen haben, wenn wir uns einen eigenen Mann dafür leisten und einen Berichtapparat aufziehen. Es kämen auch bedeutend mehr Beanstandungen, denn eine solche Instanz fordere direkt dazu heraus, sich ihrer zu bedienen.

Kann diese Auffassung richtig sein? Wenn nicht, wie würden Sie sie widerlegen?

Hat der Kunde immer Recht?

Kaum eine Parole hat in Verkäuferkreisen größere Unlust hervorgerufen als *„Der Kunde hat immer Recht"*. Sie **wissen**, dass der Kunde oft, ja sehr oft sogar, Unrecht hat. Soll der Verkäufer dem Kunden dann untertänigst bestätigen, dass er Recht habe?

Manchmal schon. Reklamationen eröffnen nämlich direkt oder indirekt neue Möglichkeiten zum Verkauf. Statt dessen macht es dem Verkäufer häufig ein Vergnügen, dem Kunden unnachgiebig zu beweisen, dass er unrecht hat. Diese Reaktion ist nur zu begreifen im Lichte all jener Situationen, in denen der Verkäufer alle unberechtigten Forderungen und Anschuldigungen der Kunden hinnehmen musste. Aber viele derartige Abwehrreaktionen, und der Verkäufer ist ruiniert!

Muss der Verkäufer sich gerügt fühlen?

Ein anderer Grund, weshalb Verkäufer eine Reklamation kurzerhand und ohne nähere Prüfung abweisen, ist, dass sie dies als einen Tadel gegen sich und ihre Arbeit empfinden. Sie wollen dem Kunden dann am liebsten sofort beweisen, dass der Vorwurf völlig unberechtigt ist, um Selbstvorwürfe oder Anklagen anderer (z. B. ihrer Vorgesetzen) im Keime zu ersticken. Deshalb sollte jeder Chef seinen Verkäufern klar und deutlich zu verstehen geben, dass Reklamationen, richtig behandelt, keine Katastrophen sind.

In einer solchen entschärften Atmosphäre kann man auch die Behauptung „Der Kunde hat immer Recht" durch die Frage ersetzen: **„Lohnt es sich, dem Kunden Recht zu geben?"** Es ist selbstverständlich, dass sich diese Frage erübrigt, wenn der Kunde offensichtlich Recht hat. In der Praxis sind jedoch die meisten Fälle komplizierter: Es ist also nicht mehr die Frage, ob der Kunde Recht oder Unrecht hat.

„Lohnt es sich, dem Kunden Recht zu geben?"

Für den Verkäufer oder Sachbearbeiter stellt die Frage „Lohnt es sich, dem Kunden Recht zu geben?" eine annehmbare Lösung dar. Er braucht nicht das Gefühl zu haben, dem Kunden Recht geben zu **müssen**, wenn dieser Unrecht hat. Er entscheidet, wieweit seiner Firma damit gedient ist, Entgegenkommen zu zeigen. Als Leitschnur braucht er nur an die entstehenden Folgen zu denken: a) bei Annahme und b) bei Ablehnung einer Beanstandung.

Lehnt der Verkäufer ab, verliert die Firma vielleicht einen Kunden und mit diesem unter Umständen auch andere (Freunde oder Kollegen des Kunden) sowie Interessenten, die Kunden hätten werden können. Kunden, die sich ungerecht behandelt fühlen, erzählen aus Geltungsbedürfnis anderen liebend gern ihre Erfahrungen und das oftmals leider nicht besonders objektiv. Vielleicht ist der Kunde ein großer Käufer, und bei der Reklamation handelt es sich wertmäßig um einen Bruchteil seines Jahresumsatzes. Soll man da hart gegen hart setzen und den Kunden verlieren? Die Frage „Lohnt es sich, dem Kunden Recht zu geben?" gibt Ihnen in dieser Lage meistens eine richtige Antwort.

Die Frage müsste wohl auch bei einem neuen Kunden bejaht werden, wenn das Unternehmen viel Geld für Werbung, Akquisitionskosten, Gehälter usw. ausgegeben hat, um diesen Kunden zu gewinnen. Soll man dann die Möglichkeit aus der Hand geben, diese Kosten wieder hereinzuholen? Soll der Kunde – und mit ihm andere Käufer – z. B. das Vertrauen zur Ware des Unternehmens verlieren, wenn er aus Unkenntnis, deren er sich vielleicht nicht einmal bewusst ist, die Ware falsch verwendet hat? Soll ein wichtiger Kunde das Gefühl bekommen, das Unternehmen sei kleinlich, misstrauisch und nicht bereit, ihm zu glauben und seine Darstellungen anzuerkennen, zumal es sich vielleicht um einen an sich bedeutungslosen Vorfall handelt? Soll das Unternehmen das eigene Geltungsbedürfnis höher bewerten als den Willen, seinen Kunden zu dienen?

Im Allgemeinen pflegt sich in solchen Fällen Großzügigkeit zu lohnen. Wir sprechen gern von Mitmenschen, die sich uns gegenüber zuvorkommend erweisen und uns gut behandeln. Unzählige Berichte schwieriger Reklamationen bestätigen diese Folge unseres befriedigten Geltungsbedürfnisses. Außerdem wirkt Großzügigkeit bei Beanstandungen oft wie guter Leim: Das geleimte Stück hält nach der Reparatur besser als vorher. Der Kontakt zwischen Kunden und Lieferanten wird, durch eine geschickt gehandhabte Reklamation gefestigt. Einen neuen Kunden zu gewinnen, kostet häufig drei- bis fünfmal mehr als einen Kunden zu halten.

Ausmaß feststellen

Großzügigkeit ist häufig billiger, als man im ersten Augenblick glaubt. Prüfen Sie realistisch das Ausmaß der fraglichen Entschädigung, und Sie werden oft merken, dass es „bei Licht besehen" viel geringer ist als angenommen.

Oft genug kann eine Entschädigung über zukünftige Aufträge und Lieferungen abgerechnet werden. Dadurch werden nicht nur Verluste vermieden, sondern sofort neue Geschäfte eingeleitet. Manchmal kann man sich auch „auf halbem Wege treffen".

Subjektive und objektive Beurteilung

Oft, meint der Verkäufer, „nörgelt" ein Kunde aus Gewohnheit und regt sich entweder über Kleinigkeiten auf oder sucht sich auf unehrliche Weise Vorteile zu ergattern. Objektiv gesehen, kann die Reklamation des Kunden oft als „Viel Lärm um nichts" erscheinen. Aber subjektiv betrachtet, d. h. wenn man an die Unannehmlichkeiten aus der Sicht des Kunden denkt, kann die gleiche Angelegenheit sich als sehr ernst erweisen. Geringfügige Fehler können erhebliche Folgewirkungen haben.

Auch der Zeitpunkt kann einen Einfluss haben. Autoreparaturwerkstätten z. B. haben die Erfahrung gemacht, dass Beanstandungen über Reparaturen am Montagmorgen viel wütender vorgebracht werden als an anderen Wochentagen – nicht weil der Montag ein schwierigerer Tag ist als andere, sondern weil der Fehler oft erst am Sonnabend oder Sonntag entdeckt wurde, ohne die Möglichkeit schneller Abhilfe.

Eine einzige zerbrochene Schraube kann einen ganzen Produktionsvorgang in der Fabrik stoppen. Eine Lieferverspätung von einem Tag kann alle Fabrikationsdispositionen umwerfen. Ein zu spät entdecktes geringfügiges qualitatives Abweichen einer chemischen Zusammensetzung kann ganze Kesselanlagen zerstören. Ein defekter Computerchip kann eine Anlage außer Betrieb setzen.

Wenn der Verkäufer oder derjenige, der die Beanstandung entgegennimmt, diese so geschickt wie möglich erledigen will, sollte er dasselbe tun wie der Kunde: die Reklamation subjektiv, d. h. vom Gesichtspunkt des Kunden aus, betrachten. Dann versteht er ihre Bedeutung besser, kann der Haltung des Kunden eher Rechnung tragen und auf den Kunden schneller beruhigend einwirken.

Die Aufregung des Kunden hat manchmal noch einen weiteren Grund: Er zweifelt, ob er mit einer ruhigeren Darstellung einen genügend starken Eindruck auf den Verkäufer macht. Je schneller der Verkäufer dem Kunden zeigt, dass er seine Lage völlig versteht, desto eher beruhigt sich dieser. Der Versuch, den Kunden mit Worten zu beruhigen, wie „So schlimm wird es wohl nicht sein", pflegt die entgegengesetzte Wirkung zu haben. „Das hören wir zum ersten Mal", „Das ist doch keine Aufregung wert", „So negativ braucht man das doch wohl nicht zu sehen!" und ähnliche Äußerungen verbessern bestimmt nicht das im Augenblick sowieso getrübte Kontaktklima.

Wenn die Reklamation keine Reklamation ist

Dann und wann ist eine eher übertriebene Reklamation nichts anderes als aufgespeicherte schlechte Laune, Bedrückung, Nervosität oder Ausdruck anderer seelischer Spannungen und hat mit der Lieferung als solcher sehr wenig zu tun. Der Verkäufer ist, um diese Situation zu meistern, auf vorsichtige Versuche angewiesen, dem Kunden bei der Wiedergewinnung seiner inneren Ausgeglichenheit zu helfen. Die Beanstandung löst sich dann häufig in Wohlgefallen auf. Der Verkäufer tut gut daran, bei aufgebrachten Kunden immer eine Portion verletztes Geltungsgefühl einzukalkulieren.

Wenn die Reklamation nicht der Ware gilt

Ab und zu stellt der Verkäufer auch fest, dass eine Reklamation völlig unberechtigt zu sein scheint, weil kein Fehler an der Ware zu entdecken ist. Aber der Unwille des Kunden richtet sich nicht immer gegen die Ware als solche, sondern deren Zweckdienlichkeit für ihn. Sie passt ihm ganz einfach nicht oder nicht mehr. Besonders Techniker übersehen häufig diesen Unterschied.

Die Ursache für die entstandene Lage wird schwer festzustellen sein – sie kann auf Hochdruckverkauf, unzureichende Belehrung im Zusammenhang mit Kauf und Lieferung, Fehlbeurteilung des Bedarfes vonseiten des Kunden oder Verkäufers usw. zurückzuführen sein. In einem solchen Fall muss man davon ausgehen, dass der Kunde mit der Ware an sich nicht zufrieden gestellt werden kann, wie gut sie auch immer sein mag. Die Kontrollfrage *„Lohnt es sich, dem Kunden Recht zu geben?"* ist daher auch hier angebracht.

Wenn der Kunde unfair ist

Stark übertriebene Ansprüche des Kunden auf Entschädigung rufen meist den Verdacht der Firma hervor, dass hier mit unfairen Mitteln vorgegangen wird und der gesamte Anspruch wird rundweg leichtfertig abgelehnt. Erfahrene Leute in der Industrie und im Handel bestätigen, dass man durch geduldige Verhandlungen die Ansprüche des Kunden in der Regel auf ein angemessenes Niveau herabdrücken kann, wenn man nicht der Versuchung anheim fällt, die Berechtigung des Anspruches als solchen zu bestreiten oder selbst **sofort** den Anspruch zu drücken.

Unkenntnis nicht mit Unehrlichkeit verwechseln!

Wie häufig stellt man nicht fest, dass vermeintliche „Schiebungsversuche" sich in Wirklichkeit als berechtigte Ansprüche erweisen oder jedenfalls in gutem Glauben vorgebracht wurden! Mangelnde Sachkenntnis und Erfahrung gegenüber Ihren Produkten und deren Verwendung kann den Kunden unschuldig brandmarken – obwohl er nicht unehrlich, sondern nur unwissend ist.

Ziehen Sie deshalb keine übereilten Schlussfolgerungen. Denken Sie an all die Fälle, in denen Sie selbst unschuldig verdächtigt wurden. Ein Zusammentreffen an und für sich unwahrscheinlicher Umstände kann eine Reklamation ganz anders aussehen lassen, als man „von Rechts wegen" annehmen konnte! Gestehen Sie dem Kunden das zu, was die Engländer „the benefit of the doubt" nennen: im Zweifelsfall Recht geben, lieber glauben als misstrauen, lieber freisprechen als verurteilen!

Die Behauptungen des Kunden sind natürlich manchmal übertrieben. Der Kunde entdeckt **einen** (Teil-)Fehler, der eine derartige Enttäuschung und Unlust hervorruft, dass er die ganze Ware als minderwertig zurückgeben will. Teilfehler verführen zur Einbildung (Selbstsuggestion) von Totalfehlern. Deswegen sind auch kleine Fehler so gefährlich. Der Verkäufer muss dann konsequent versuchen, das Gespräch zu entschärfen und es dann auf den echten Sachverhalt zurückführen. Eine Reklamation eröffnet dem Kunden die Chance, andere Vorteile, z. B. einen Rabatt, zu bekommen.

Nörgler

Gewiss gibt es Nörgler, bei denen die Frage, „Lohnt es sich, dem Kunden Recht zu geben?" verneinend beantwortet werden kann – aber nicht viele. Den meisten Menschen ist es eher peinlich, eine Reklamation vorzubringen, sodass sie häufig lieber ganz darauf verzichten. Man befürchtet Streit, Misstrauen, zeitraubende Verhandlungen, zu nichts führende Aufregungen usw. Diese Befürchtung macht den Klagenden übrigens besonders empfindlich für das geringste Misstrauen seitens des Verkäufers. Gerade deshalb ist Beherrschung und Vorsicht bei Untersuchungen des Sachverhalts notwendig.

Die Unterbewertung der eigenen Leistung

Soll man nun seine eigene Ware oder Leistung unnötig herabsetzen (Problem 2)? Das ist weder notwendig noch wünschenswert. Bei einer Beanstandung großzügig zu sein, braucht nicht zu bedeuten, dass der Kunde sachlich Recht bekommt. Das Zugeständnis kann unabhängig von einer formellen Verantwortung für den Fehler gemacht werden. Er soll fühlen, dass es dem Unternehmen ernst damit ist, die Interessen des Kunden zum Leitmotiv seines Handelns zu machen. Es empfiehlt sich, diesen Grund bei einer Berichtigung anzuführen, teils weil er Sympathie und Dankbarkeit gewinnen hilft, teils unterstreicht, dass das erwiesene Entgegenkommen keine Anerkennung einer Schuld darstellt und daraus keine Verbindlichkeit für die Zukunft herzuleiten ist. Bei Zugeständnissen bei an sich nicht völlig berechtigten Reklamationsfällen empfiehlt es sich, dies zu unterstreichen.

Es gibt natürliche Objekte, bei denen eine solche Großzügigkeit nicht ohne weiteres möglich ist. Die erwähnte Kontrollfrage ergibt aber auch hier die richtige Antwort (*„Lohnt es sich, dem Kunden Recht zu geben?“*).

Es kommt auch vor, dass ein Zugeständnis bei einer Reklamation, die sich bei sachlicher Untersuchung als unberechtigt erwiesen hat (oder bei der es unmöglich war, Ursache und Schuld festzustellen), beim Kunden eine Reaktion seines „besseren Ich“ hervorruft, nämlich den Wunsch, sich seinerseits anständig zu verhalten und die Reklamation entweder zu streichen oder den Verlust in irgendeiner Form zu teilen.

Die Wirkung des Prestigegefühls

Wenn man bedenkt, dass es für den Käufer manchmal zu einer reinen Prestigefrage werden kann, „Recht zu bekommen“, auch wenn die Schuld nicht festzustellen ist, empfiehlt es sich, zumindest **irgendeine** Teilentschädigung zu leisten. Mit geringen Kosten kann man sich auf diese Weise einen Kunden erhalten.

Schädliche Garantien

Formulierungen von Garantiebestimmungen, die Kunde und Lieferant verschieden deuten, und deren komplizierte Paragraphen die Garantie praktisch illusorisch machen, verursachen unnötige Beanstandungen. Eine Garantie, die für eindeutig fehlerhafte Teile, z. B. in einer Maschine oder einem Auto, einen Austausch zusichert, aber Reparaturkosten in Rechnung stellt, gehört zu dieser Gruppe. Eine solche Garantie wird als übler Scherz empfunden, wenn z. B. das fehlerhafte Stück nur ein paar Euro kostet, die Reparatur aber mehrere tausend.

Eine ähnliche, in gewissen Branchen ziemlich übliche Situation entsteht, wenn der Lieferant auf seinen eigenen Lieferanten verweist und ihm die Verantwortung zuschiebt. Natürlich soll ein Wiederverkäufer die Untersuchung einer Reklamation beispielsweise an den Fabrikanten weitergeben; aber das schließt nicht aus, dass er meist nicht nur juristisch (sofern er kein Agent ist), sondern **vor allem auch moralisch** die Verantwortung gegenüber dem Kunden trägt. Der Kunde hat z. B. ausschließlich mit „seiner“ Großhandelsfirma zu tun gehabt, weiß in vielen

Fällen überhaupt nichts vom Fabrikanten und hält sich bei der Beanstandung auch an die verkaufende Firma. Der Streit zwischen dieser und dem Fabrikanten geht ihn nichts an. Auch Fabrikanten klagen oft über die zunehmende Tendenz, alle Reklamationen ohne weiteres ihnen zuzuschieben - aber deren Klage hat andere Gründe ...

Gespräche mit aufgeregten Kunden

Mit einem aufgeregten Kunden ist nicht zu reden – nicht einmal sachlich. Wenn sich nur alle konsequent an diese Regel halten würden, so könnten viele unnötige Streitigkeiten vermieden werden. Dies gilt auch für das Problem 3. Die sachlich an und für sich richtigen Hinweise des Verkäufers, der Kunde übertreibe und beurteile die Situation aus eigener Sicht unvernünftig und schädlich, reizen den Kunden nur noch mehr und treiben ihn zu der (für ihn selbst unvorteilhaften) Streichung des Auftrages. Er will dann den Bluff wahr machen und dem Verkäufer eine Lehre erteilen. Hätte der Verkäufer die Diskussion am Telefon unterlassen und stattdessen vorgeschlagen, den Kunden am folgenden Tage selbst zu besuchen, so hätte er damit Folgendes gewonnen:

1. Die Einsicht des Kunden, dass sich der Verkäufer des Ernstes der Situation bewusst ist und sich persönlich für eine Lösung einsetzt;
2. die Möglichkeit einer mündlichen Verhandlung;
3. Aufschub um einen Tag mit der Wahrscheinlichkeit, dass der Kunde sich beruhigt - die Zeit ist der größte Feind der Wut - und
4. Gelegenheit für sich selbst, eine passende Lösung zu finden; sowie
5. die Unmöglichkeit der angedrohten Annullierung am nächsten Tag für den Fall der ausgebliebenen Lieferung.

Ablehnungen

Und bei notwendigen Ablehnungen, die ja auch vorkommen, wie verfährt man da? Geben Sie dem Kunden ausführliche Erklärungen. Zeigen Sie dadurch, dass Ihre Ablehnung kein böser Wille oder Unterbewertung seiner Person ist. Beweisen Sie dem Kunden, dass sich mehrere maßgebende Leute bei Ihnen eingehend mit der Klärung des Falls beschäftigt haben. Geben Sie ihm jedmöglichen Einblick in Ihre Untersuchungen, möglicherweise in Form eines Untersuchungsprotokolls.

Legen Sie den Schwerpunkt Ihrer sachlichen Erklärungen darauf, dass der Fehler nicht bei Ihnen entstanden sein kann, und möglichst nicht darauf, dass er beim Kunden entstanden ist. Den Schlusssatz kann er selbst folgern. Logisch liegt hierin kein Unterschied, aber psychologisch. Und der Mensch reagiert nun mal nicht logisch, sondern psychologisch.

Vermeiden Sie möglichst einen Briefwechsel bei Ablehnungen! Ein persönliches Gespräch führt leichter zu einer Einigung oder hinterlässt weniger Stacheln. Wenn technische Berichte weitergeleitet werden müssen, lassen Sie den Inhalt durch eine Zensur gehen - sie enthalten manchmal geballte Ladungen für ein schon gestörtes Kontaktklima.

Schimpfende Kunden

Einen schimpfenden Kunden soll man mit Freundlichkeit zu nehmen wissen. Um zu streiten, braucht man jemanden, der gewillt ist, einen Streit mitzumachen. Wenn dieser das nicht tut, verliert man jeden Anhaltspunkt zur Fortsetzung.

Auf die Frage nach der besten Antwort, die man auf die Ergüsse von aufgeregten Kunden geben könne, erwähnte der Reklamationsbearbeiter einer großen Autofirma: *„Die Worte ‚Ich verstehe' mit all der Sympathie in Stimme, Haltung und Gesichtsausdruck, die man aufbringen kann."*

Das ist sicher richtig. Geben Sie dem Kunden weitgehend Recht; desto eher beruhigt er sich und desto schneller können Sie eine sachliche Untersuchung vornehmen. Wenn Sie das Gefühl haben, eine geladene Situation nicht meistern zu können oder etwa die Beherrschung zu verlieren, so versprechen Sie, eine Untersuchung anzustellen und sich am nächsten Tag wieder zu melden.

Die meisten aufgeregten Kunden beruhigen sich „über Nacht". Im Übrigen sollte man sich bemühen, eine Reklamation so schnell wie möglich zu klären, bevor sie sich im Bewusstsein des Kunden festsetzen kann. Eine endgültige Regelung braucht dagegen nicht beim ersten Kontakt getroffen zu werden. Man sollte sich nicht so schnell festlegen. Die Hauptsache ist, dass der Kunde weiß, die Bearbeitung wird ernsthaft eingeleitet und nicht verbummelt.

Aufschreiben

Eine sehr nützliche Methode bei Reklamationen, nicht zuletzt beim Kontakt mit aufgeregten Kunden, ist, die Angaben des Kunden zu notieren. Das beruhigt sehr schnell. Der Kunde sieht sich ernst genommen. Sagen Sie ihm, dass Sie eine gründliche Untersuchung vornehmen werden und dazu alle Einzelheiten von Bedeutung brauchen. Das erlaubt Ihnen auch, den Kunden auszufragen, ohne ihn zu verletzen. Oft zeigt es sich, dass der Kunde seine Aussage im Einzelnen nicht erklären kann, wodurch er wesentlich nachgiebiger wird. Das entdeckte auch Herr Schöne in Problem 4.

Wenn Sie nicht gleich Stellung nehmen wollen, bestätigen Sie den Eingang der Beschwerde und geben Sie Zwischenbescheide. Vereinbaren Sie ein gemeinsames Vorgehen. Verschleppungen in der Behandlung von Reklamationen sind gefährliche Keime neuer Verärgerung. In gewissen Fällen ist es am wichtigsten, den entstandenen Schaden so schnell wie möglich abzustellen, bevor man mit der Untersuchung über Anlass und Verantwortung fertig ist. In diesem Falle muss alles zurückgestellt werden, bis dem Kunden aus der schwierigen Lage, z. B. Produktionsunterbrechung, geholfen worden ist.

Der juristische Standpunkt

In wichtigen, zweifelhaften Fällen ist es angebracht, die rechtliche Verantwortung klarzustellen – nicht um den Paragraphen anzuwenden, sondern um orientiert zu sein. Juristisch Recht zu haben ist kein Trost, wenn man dabei einen Kunden verliert.

Soll man eine Reklamationsstelle einrichten?

Machen Sie es dem Kunden leicht, Reklamationen vorzubringen. Dies soll nicht Querulanten Vorschub leisten, sondern soll die gefährlichsten Reklamationen vermeiden: **die unausgesprochenen** – bei denen der Kunde seine Bemängelungen überhaupt nicht bei dem Lieferanten anbringt, sondern sich andere Bezugsquellen sucht und überall seine unangenehmen Erfahrungen verbreitet. Wenn der Kunde nörgeln will, dann ist es auf alle Fälle besser, es Ihnen anstatt anderen gegenüber zu tun. Dadurch haben Sie es in der Hand, die Lage zu klären. Eine Instanz wie in Problem 5 verbessert das Kontaktklima und erzeugt ein Sicherheitsgefühl bei Ihren Kunden. Diese wissen, dass sie sich immer an jemanden mit ihren Beschwerden wenden können. Eine solche Anlaufstelle vermindert das Aufkommen unausgesprochener Unzufriedenheit und entschärft Verärgerungen.

Ein Kunde, er jahrelang bei einem bestimmten Lieferanten gekauft hat, aber aufgrund dessen offenkundiger Nachlässigkeit einem Mitbewerber die Chance gegeben hat, fühlt sich doppelt vernachlässigt, wenn das Unternehmen sich nicht anstrengt, den Anlass seines Entschlusses zu erkunden und ihn zurückzugewinnen versucht. Man soll einen alten Kunden nicht ohne weiteres verschwinden lassen. Schreiben Sie ihm einen persönlichen Brief, rufen Sie ihn an oder besuchen Sie ihn. Sagen Sie ihm ruhig, dass Sie annehmen, er müsse mit irgend etwas unzufrieden sein, dass Sie zwar immer versuchen, Ihr Bestes zu tun, dass aber überall irgendwann mal ein Fehler vorkommen könne und dass Sie gern die Sache wieder in Ordnung bringen möchten.

Eine solche Maßnahme, die erstaunlicherweise selten vorgenommen wird, zeigt dem Kunden, dass Sie ihn schätzen. Meist hat er nichts dagegen, die gewünschten Aufschlüsse zu geben, und dann ist es Ihre Sache, diese entsprechend zu verwerten. Dadurch kommt man auch Übelständen innerhalb der eigenen Organisation auf die Spur.

Ursachen nachgehen

Es ist **eine** der Methoden, um aus Reklamationen neue Verkaufsmöglichkeiten zu machen. Man sollte aber überhaupt den Anlass zu Reklamationen genau untersuchen, anstatt sie nur zu berichtigen und die Angelegenheit damit abzuschreiben. Sonst handelt man wie Menschen, die zwar an chronischen Kopfschmerzen leiden, sich aber damit begnügen, Tabletten zu schlucken, anstatt eine gründliche ärztliche Untersuchung der Ursachen vornehmen zu lassen. Hierin liegt die einzige Möglichkeit, die Anzahl der Reklamationen zu verhindern.

Berechtigte Reklamationen

In diesem Kapitel ist beinahe nichts über eindeutig **berechtigte** Reklamationen gesagt worden, ganz einfach deshalb, weil darüber nicht viel zu sagen ist. Der Fehler sollte ohne Umschweife anerkannt, die Entschuldigung angebracht und die Berichtigung so schnell wie möglich vorgenommen werden. Man sollte versichern, dass geeignete Maßnahmen ergriffen worden sind, um eine Wiederholung zu vermeiden, und gegebenenfalls die Bereitwilligkeit zeigen, auch für indirekte Kosten und Mühen aufzukommen.

Zusammenfassend nochmals die wichtigsten Regeln zur Behandlung von Klagen und Bemängelungen:

Zusammenfassung in 18 Punkten

1. Der Kunde hat nicht immer Recht, aber es lohnt sich oft, ihm Recht zu geben.
2. Großzügigkeit macht sich in der Regel bezahlt. Sie kann zu weiteren Geschäften führen, die den entgangenen Gewinn wieder einbringen.
3. Reklamationen sind bis zu einem gewissen Grade eine natürliche Erscheinung, und der Verkäufer sollte sich deshalb nicht wie ein Angeklagter fühlen, der sich verteidigen muss.
4. Um die Lage des Kunden und seine Reaktionen beurteilen zu können, muss der Verkäufer sich bemühen, die Reklamation wie der Kunde, subjektiv – aus dessen Gesichtswinkel – zu betrachten. Der objektive Anlass kann eine reine Kleinigkeit sein.
5. Im Augenblick der Bemängelung zeigen sich Kunden selten völlig ausgeglichen, sondern in der Regel überempfindlich gegen Misstrauen und abweisende Haltung.
6. Reklamationen aus Geltungsbedürfnis erfordern besondere Vorsicht.
7. Beanstandungen brauchen nicht immer der Menge oder Beschaffenheit der Ware zu gelten, sondern können sich auch auf Zweckdienlichkeit und Verwendungszweck beziehen.
8. Ziehen Sie keine Schlussfolgerungen über mangelnde Ehrlichkeit des Kunden, bevor nicht bewiesen werden kann, dass er wirklich die Unwahrheit sagt. Lieber freisprechen als verurteilen. Der Kunde kann Unrecht haben, aber trotzdem in gutem Glauben handeln.
9. Ein Entgegenkommen bei zweifelhaften Reklamationen braucht nicht zu bedeuten, dass Sie damit die Schuld auf sich nehmen oder sich für die Zukunft festlegen.
10. Dann und wann kann man den Kunden zufrieden stellen, indem man ihm eine Teilentschädigung zubilligt.
11. Stellen Sie das Ausmaß der Entschädigung fest, bevor Sie entscheiden. Es ist häufiger geringer, als Sie glaubten.

12. Motivieren Sie Ablehnungen ausführlich und psychologisch durchdacht. Eine Ablehnung muss man verkaufen können.
13. Erzeugen Sie keine Konfliktfälle durch praktisch wertlose Garantien!
14. Mit einem aufgeregten Kunden ist sachlich nicht zu reden.
15. Ihr Kunde soll immer fühlen, dass seine Reklamation ernst genommen und zum Gegenstand einer sachlichen Untersuchung gemacht wird. Geben Sie Zwischenbescheide. Vermeiden Sie Verschleppungen.
16. Vermeiden Sie Briefwechsel – mit mündlichem Kontakt kommt man weiter.
17. Erleichtern Sie das Anbringen von Reklamationen und versuchen Sie, unausgesprochener Unzufriedenheit des Kunden auf die Spur zu kommen!
18. Eindeutig berechtigte Reklamationen erfordern keine besonderen „Regeln". Sie müssen so schnell wie möglich und mit einem Gefühl der Verantwortung für die begangenen Fehler bereinigt werden.

!

Und jetzt können Sie sicher die vier einleitenden Fragen beantworten und die fünf Verkaufsprobleme des Kapitelanfangs lösen?

Reklamationen können zu besserer Leistung und erhöhtem Verkauf führen, wenn Ursachen klar gelegt werden und Kunden mit Rücksicht auf zukünftige Geschäfte richtig behandelt werden. Der Kunde hat nicht immer Recht, aber es lohnt sich häufig, ihm Recht zu geben.

Anhang

Kontrollisten

Schlusswort

Stichwortverzeichnis

Diese und die folgenden Kontrolllisten werden Ihnen eine wohl erwünschte Grundlage sein, wenn Sie feststellen wollen, ob die wichtigsten Bausteine in Ihrem Verkaufsgespräch vertreten und folgerichtig aufgegliedert sind. Beurteilen und kontrollieren Sie sich selbst, besonders vor wichtigen Kundenbesuchen (vergleichen Sie auch Kapitel 18)! Vor allem: Überprüfen Sie Ihre Argumentation einen Monat, nachdem Sie das Buch gelesen haben! Wenn es Sie nicht völlig unberührt gelassen hat, haben Sie schon einen Teil Ihrer Arbeitsmethoden korrigiert.

Kontrollliste 1: 20 Punkte für Ihre Verkaufsargumentation

Entsprechen Ihre Argumente den folgenden Forderungen?

Forderung	A. Inhalt	B. Darstellung	C. Zielsetzung
1. Sachlichkeit	Vermittelt Ihre Argumentation dem Kunden alle notwendigen Tatsachen (nicht mehr, nicht weniger, nichts, was er schon weiß, keine unnötigen Einzelheiten)?		
2. Beweisführung	Enthält sie eine zufrieden stellende Beweisführung?		
3. Anpassung	Sind Ihre Argumente in Inhalt und Darstellung der Aufnahmefähigkeit des Kunden, seinem Denkvermögen und seinen Kenntnissen angepasst (Niveau, Tempo, Ausdrucksweise)?		
4. Kundenkenntnis	Basiert Ihre Argumentation auf wirklicher Kenntnis des Kunden?		
5. Einstellung			Konzentrieren Sie sich auf den Kunden (nicht auf die Ware) und die Vorteile, die das Angebot ihm bietet (Kauf-, nicht Verkaufsargumente)?
6. Beschränkung	Beschränkt sich Ihre Argumentation auf ein Minimum treffender Argumente?		
7. Darstellungsform		Werden Ihre Argumente hauptsächlich in Frageform gestellt und laden sie zur Zustimmung ein?	

8.	**Aufbau**	Verfolgt Ihr Aufbau eine klare und folgerichtige Linie (Disposition) von Anfang bis Ende?		
9.	**Glaubwürdigkeit**	Sind Ihre Argumente wahr und erscheinen sie dem Kunden als wahr?		
10.	**„Tiefdruck“**	Sind Inhalt (Argumente) und Darstellung (Ausdrucksweise) so dosiert, dass sie keine Kaufwiderstände, Diskussionen oder störende Einwände hervorrufen?		
11.	**Kontakt**		Schafft Ihre Argumentation **Kontakt** mit dem Kunden (Gespräch, Fragen und Antworten)? Kontrollieren Sie, ob der Kunde Ihnen folgt und die Argumente akzeptiert? Bekommt er Gelegenheit, sich zu äußern, und tut er dies?	
12.	**Überzeugung**		Ist Ihre Darstellung überzeugend? Spiegelt sie Ihre Überzeugung wider? Fesselt sie den Kunden?	
13.	**Nuancierung**	Vermeiden Sie Superlative und allgemeine Redensarten? Sind Ihre Argumente konkret und einleuchtend?		
14.	**Argumentwahl**	Setzen Sie Preis- und Qualitätsargumente an die richtige Stelle und wenden Sie sie richtig an?		
15.	**Widerlegung**	Behandeln Sie Einwände überzeugend und im Sinne Ihres Verkaufsziels?		
16.	**Aufmerksamkeit**			Wird die Aufmerksamkeit des Kunden sofort gewonnen?
17.	**Interesse**			Wird das persönliche Interesse des Kunden geweckt?
18.1	**Drang zum Kauf**			Wird das Verlangen nach dem Angebot ausgelöst?
18.2	**Überzeugung**			Überzeugen Sie den Kuden, dass er Ihren Vorschlag wünscht **und** braucht?
19.	**Abschluss**			Führt Ihre Argumentation konsequent zur Kaufhandlung und bedient sie sich einer richtigen Abschlusstechnik?
20.	**Nachfassarbeit**			Versichern Sie sich der Zufriedenheit des Kunden nach dem Kauf?

Kontrollliste 2: 30 Mängel, die Ihren Verkaufserfolg gefährden können

Die wichtigsten Punkte ankreuzen, durchdenken („Warum ist das so?"), Lösungen erarbeiten, einen Plan für die Zukunft aufstellen, gegebenenfalls Unterstützung anderer suchen.

Wo liegen meine Mängel?	Stimmt	Stimmt teilweise	Stimmt nicht
1. Ich bereite mich nicht genügend vor, dazu fehlt mir Zeit, Konzentration, Geduld und Lust.	❒	❒	❒
2. Ich organisiere meine Verkaufstätigkeit nicht gut – ich improvisiere zu viel.	❒	❒	❒
3. Alle Schreibtischarbeit und auch die Elektronik sind mir zuwider. Daher verfüge ich wahrscheinlich nicht über genügend Aufzeichnungen, Unterlagen, Daten für Neu- und Wiederholungsbesuche.	❒	❒	❒
4. Meine Tagesform schwankt – manchmal bin ich in Form, manchmal fühle ich von vornherein Misserfolge, die sich dann auch einstellen.	❒	❒	❒
5. Ich gehe gern meine eigenen Wege – lerne nicht gern von anderen, schätze Verkaufsinstruktionen, Seminare, Besprechungen nicht besonders.	❒	❒	❒
6. Gegenüber Steuerungsmaßnahmen von oben bin ich überempfindlich und sperre mich dagegen.	❒	❒	❒
7. Fühle, dass mein Einsatz von anderen nicht besonders geschätzt wird, und das macht mich manchmal sauer – ebenso das Gefühl, nicht weiterzukommen.	❒	❒	❒
8. Mache vielleicht zu wenig Besuche oder zu „einfache" Besuche, besonders bei ausbleibenden Erfolgen.	❒	❒	❒
9. Bin nicht sehr geschickt bei Telefonaten, um Zutritt zu schwierigen Kunden zu bekommen.	❒	❒	❒
10. Die ersten Minuten beim Kunden fallen mir schwer, wenn es darum geht, ein gutes Klima zu schaffen – besonders bei a) Neubesuchen, b) Wiederholungsbesuchen, c) bei abweisenden Kunden (a oder b).	❒	❒	❒
11. Ich merke bei vielen Besuchen, dass mir ein eigentlicher Plan für die Verhandlung fehlt und damit die Sicherheit.	❒	❒	❒
12. Ich weiß zwar, dass mit einem „Nein" des Kunden der Verkauf erst anfängt, aber in der Praxis nimmt mir das doch den Elan.	❒	❒	❒

Wo liegen meine Mängel?	Stimmt	Stimmt teilweise	Stimmt nicht
13. Der plausible Gesprächsanfang über „Probleme, Bedürfnisse, Wünsche, Ziele und Interessen" als Verhandlungsauftakt fällt mir häufig schwer – ebenso, den berühmten „Aufhänger" zu finden.	❒	❒	❒
14. Ich kenne auch den Wert der „Fragetechnik", aber in der Praxis benutze ich wahrscheinlich zu viel Behauptungen. Dadurch gehen vielleicht Kontakt und Kontrolle verloren.	❒	❒	❒
15. „Ideenverkauf" ist für mich mehr als ein Schlagwort. In der Praxis verwende ich das Prinzip aber sicher zu wenig.	❒	❒	❒
16. Widerstände und Einwände kann ich zwar meistens widerlegen, aber anstatt Einverständnis zu erzielen, entsteht häufig Gereiztheit oder Ungeduld beim Kunden oder bei mir selbst.	❒	❒	❒
17. Meine Produktkenntnisse (eigene und über die der Mitbewerber) sind offen gesagt verbesserungsfähig – ebenso meine Marktkenntnisse.	❒	❒	❒
18. Ich glaube, ich rede zuviel und der Kunde zuwenig.	❒	❒	❒
19. Bei der Beurteilung von Kundenreaktionen unterlaufen mir häufig Fehler – ich überschätze Interesse und Zusagen, verlasse mich auf halbe Versprechen, urteile zu logisch, anstatt psychologisch.	❒	❒	❒
20. Mit massiven Preiseinwänden werde ich schwer fertig – überhaupt fühle ich mich bei Preisverhandlungen nicht wohl.	❒	❒	❒
21. Verhandlungen mit mehreren Kunden gleichzeitig empfinde ich als echte Belastung.	❒	❒	❒
22. Meine Ausdrucksfähigkeit, Argumente und Darstellung sind sicher verbesserungsbedürftig.	❒	❒	❒
23. Ich muss dem Kunden häufig innerlich Recht (und meiner Firma Unrecht) geben. Ich mache mich auch nicht gern unbeliebt und möchte niemandem zu nahe treten. Das nimmt mir vielleicht Überzeugungskraft und Durchsetzungsvermögen.	❒	❒	❒
24. Das Verkaufsförderungsmaterial meiner Firma (Proben, Prospekte, Modelle, Werbung usw.) entspricht nicht immer meinem Geschmack. Ich verwende es sicher zu wenig, ebenso wie alle anderen audiovisuellen Hilfsmittel (Papier und Kugelschreiber, Computer, Laptop, PowerPoint).	❒	❒	❒

Wo liegen meine Mängel?	Stimmt	Stimmt teilweise	Stimmt nicht
25. Im Abschlussstadium fühle ich mich unsicher und nervös – meine Abschlusstechnik ist sicher verbesserungsfähig.	❐	❐	❐
26. Es gibt Kunden, die mir unsympathisch sind und mit denen ich einfach nicht zurecht komme.	❐	❐	❐
27. Manchmal habe ich die Verkaufsarbeit satt, besonders in letzter Zeit.	❐	❐	❐
28. Für Misserfolge finde ich zu leicht plausible Erklärungen, die mich selbst freisprechen.	❐	❐	❐
29. Internet und E-Business bleiben für mich störende Fremdkörper, mit denen ich kaum zurechtkomme.	❐	❐	❐
30. Ich könnte pro Woche sicher zwei bis drei zusätzliche Kundenbesuche machen, vielleicht auch noch mehr.	❐	❐	❐

Kontrollliste 3: Die Verkaufsverhandlung in 20 Punkten

Weshalb verlor ich den Auftrag?

1. War das Angebot richtig? Wenn „nein“, warum nicht?
 ....
 ....

2. Was hätte der Kunde durch einen Auftrag gewonnen?
 Was hat er durch die Ablehnung verloren?
 ....
 ....

3. Konnte ich ihm dies rechtzeitig und richtig klar machen?
 ....
 ....

4. Welches waren seine entscheidenden Kaufwiderstände und Kaufmotive?
 ....
 ....

5. Waren meine Argumente entsprechend angepasst?
 ....
 ....

6. Entsprachen sie dem Ideenverkaufsprinzip?
 Hatten sie auch Beweiskraft?
 ....
 ....

7. War ich richtig vorbereitet? Mit entsprechendem Plan?
 ....
 ....

8. War meine Gesprächseröffnung richtig?
 ....
 ....

9. Benutzte ich optische (akustische, elektronische) Hilfsmittel?

   ....

   ....

10. Wurde es ein Gespräch mit echter Beteiligung des Kunden?

    ....

    ....

11. Benutzte ich durchdachte Abschlussargumente und -methodik?

    ....

    ....

12. War mein Auftreten und Verhalten richtig? War das Klima gut?

    ....

    ....

13. Verhandelte ich mit den richtigen Instanzen?

    ....

    ....

14. Gab ich zu schnell auf?

    ....

    ....

15. Welche etwaigen weiteren Fehler sind mir unterlaufen?
    Was habe ich z. B. vergessen?

    ....

    ....

16. Wenn ich die Verhandlung(en) noch einmal zu führen hätte, was würde ich anders machen?

    ....

    ....

17. Habe ich die echten Gründe der Ablehnung erfahren?

    ....

    ....

18. Ist es zu spät, etwas an der Entscheidung zu ändern?

    ....

    ....

19. Welche Lehren für meine zukünftige Arbeit kann ich aus dem analysierten Geschehen ziehen?

    ....

    ....

20. Was beabsichtige ich zu tun?

    ....

    ....

NUR EIN NARR GLAUBT, KEINEN FEHLER ZU MACHEN. DER KÖNNER LERNT AUS IHNEN UND MACHT AUS MISSERFOLGEN DER VERGANGENHEIT ERFOLGE DER ZUKUNFT.

Kontrollliste 4: Der Auftrag, an dem mir am meisten liegt

1. Warum? Aus gutem Grund?

   ....

   ....

2. Wer ist der Kunde? Beschreibung seines Geschäftes, der Verhandlungspartner und deren Kaufzuständigkeit.

   ....

   ....

3. Was will er? Probleme, Wünsche, Bedürfnisse (= Motive) und Mentalität:

   a) des Unternehmens

   ....

   ....

   b) der Abteilung

   ....

   ....

   c) der Verhandlungspartner

   ....

   ....

4. Weshalb bisher gescheitert (Hindernisse und Widerstände)?

   a) Bisher benutzte Methodik?

   ....

   ....

   b) Weshalb bisher nicht versucht?

   ....

   ....

5. Was kann ich tun? Lösungsalternativen.

   ....

   ....

6. Welche sind ungeeignet und scheiden aus?

   ....

   ....

7. Welche Unterstützung brauche ich? Wer kann mir helfen?

   ....

   ....

8. Wie gehe ich im Einzelnen vor?

   ....

   ....

9. Meine wichtigsten Argumente für die verschiedenen Verhandlungsphasen.

   ....

   ....

10. Zusätzliche Bemerkungen (siehe auch die Kapitel 11, 17, 18).

   ....

   ....

Kontrollliste 5: Können Sie Verkaufs- von Antiverkaufsausdrücken unterscheiden?

Bezeichnen Sie die Verkaufsausdrücke mit einem Pluszeichen, die Antiverkaufsausdrücke mit einem Minuszeichen! Es sind in jeder Spalte 16 beider Sorten. Können Sie sie finden?

Anlage, Investition	❍	Ausgabe	❍
Kosten	❍	Wirtschaftlichkeit	❍
Langfristig disponieren	❍	Auf lange Sicht kaufen	❍
Veränderung	❍	Entwicklung	❍
Pflicht	❍	Fähigkeit	❍
Ergebnis	❍	Eigenschaft	❍
Last	❍	Verantwortung	❍
Morgen	❍	Umgehend	❍
Sicherheit	❍	Risikolos	❍
Kundenservice	❍	Betreuung	❍
Produktwert	❍	Vorteile	❍
Garantie	❍	Versicherung	❍
Ich	❍	Sie	❍
Lieferfrist	❍	Liefertermin	❍
Mitbewerber	❍	Konkurrenten	❍
Sie können	❍	Sie müssen	❍
Erprobt	❍	Bekannt	❍
Erwägen	❍	Zögern	❍
Sie bekommen	❍	Sie geben zurück	❍
Ungefähr	❍	Genau	❍

Vorführen	❍	Zeigen	❍
Bedürfnisse	❍	Wünsche	❍
Billig	❍	Preiswert	❍
Hochwertig	❍	Teuer	❍
Vereinbarung	❍	Vertrag	❍
Lösungsvorschlag	❍	Arbeitsvorschlag	❍
Übergang	❍	Umstellung	❍
Ausbildung	❍	Schulung	❍
Günstig	❍	Optimal	❍
Gespräch	❍	Verhandlung	❍
Nach unserer Ansicht	❍	Erfahrungsgemäß	❍
Durch Lieferschwierigkeiten	❍	Durch gesteigerte Nachfrage	❍
Demonstrieren	❍	Zeigen	❍
Offene Probleme	❍	Offene Fragen	❍
Zahlen	❍	Begleichen	❍
Sie bezweifeln	❍	Sie fragen sich	❍

Kontrollliste 6

25 Beispiele von Schlüsselphasen oder Entscheidungsfaktoren im Verkauf verschiedener Bereiche. Schreiben Sie Ihre Überlegungen zu Ihrer Tätigkeit unter jeden Punkt.

1. Anzahl der Besuche

   ....

   ....

2. Häufigkeit der Besuche

   ....

   ....

3. Anzahl Vorführungen

   ....

   ....

4. Persönliche Beziehungen

   ....

   ....

5. Richtiger Besuchszeitpunkt

   ....

   ....

6. Besuchsniveau, Spitzenkontakte

   ....

   ....

7. Besuche mit Interessenten bei zufriedenen Kunden

   ....

   ....

8. Versuche, Probeauftrag, Rücknahme, Garantie

   ....

   ....

9. (Werks-)Einladungen von Schlüsselpersonen

....

....

10. Verkaufsförderung und Auftragsvermittlung für den Kunden

....

....

11. Referenzen und Aussagen

....

....

12. Akquisition lohnender Neukunden

....

....

13. Verwertung von Verkaufstipps

....

....

14. Platzierung des Produktes

....

....

15. Einstellung des Verkaufspersonals uns gegenüber

....

....

16. Unterstützung durch Verkaufsleiter

....

....

17. Anzahl und zeitliche Dosierung von Nachfassaktionen

....

....

18. Elektronik, Internet, E-Business-Einsatz
....
....

19. Genaue Auskünfte über Kundenprodukte und -dispositionen
....
....

20. Angebotsschnelligkeit
....
....

21. „Leithammel"-Kauf
....
....

22. Anpassungsfähigkeit und „maßgeschneiderte" Problemlösungen
....
....

23. Sonderaktionen
....
....

24. Zähigkeit des Verkäufers
....
....

25. Gruppenleistung (Tandem, Techniker, Spezialisten usw.)
....
....

Diese Liste ist absolut unvollständig. Sie soll Sie veranlassen, die entscheidenden Faktoren **Ihrer** Verkäufe zu untersuchen und danach Ihre Einsätze zu bestimmen. Sie können nicht alles tun. Konzentrieren Sie sich daher auf die erfolgsentscheidenden Handlungen.

Ein Schlusswort

Dieses Buch hat vor allem **ein** Ziel: Ihnen Anregungen zu geben, wie Sie systematisch Ihre Verkaufstaktik verbessern und Kunden gewinnen können. Wir haben gemeinsam mit Ihnen den Verkaufsvorgang in seine Bestandteile zerlegt, Sie veranlasst, Ihre eigenen Arbeitsmethoden zu untersuchen, sie der Kritik zu unterwerfen und sie zu ändern, wo es angebracht ist.

Einige Ergebnisse Ihrer Denkarbeit können Sie selbst kontrollieren, indem Sie Ihre Verkaufsargumentation mit Hilfe der verschiedenen Kontrolllisten bewerten.

Außerdem enthält das Buch laufend Kontrollmöglichkeiten, Fragen, Beispiele, Anwendungsratschläge. Sie sollten etwas damit anfangen können.

Das Buch würde jedoch nicht seiner Aufgabe gerecht, wenn nicht noch einige weitere Umstände, welche die Verkaufsleistung stark beeinflussen, erwähnt bzw. nochmals betont würden.

1. **Notwendig ist eine richtige Planung der Arbeit, die darauf abzielt, optimal vorbereitet zu sein und der eigentlichen Verkaufstätigkeit soviel Zeit wie nur möglich einzuräumen.** In den Branchen, deren Verkaufsresultat von der Anzahl der Kundenkontakte direkt abhängig ist, ist dies ein zwingendes Gebot. Dem Verkäufer oder der Verkäuferin sollten nicht mehr Bericht- und Kontrollaufgaben als unbedingt notwendig auferlegt werden. Er sollte die Arbeit der Woche im Voraus planen und dem Plan konsequent folgen. Bei der Planung sollte zur Vermeidung von Zeitverlust auf die geographische Lage der Besuche, die Verkehrsverhältnisse, die Empfangsgepflogenheiten der Kunden und die Wichtigkeit der besuchten Kunden Rücksicht genommen werden. Das bedeutet u. a., dass Sie Ihre Arbeit auf die wertvollsten Kunden konzentrieren, dass Sie sich eventuell den Besuch bei Kunden schenken, die sowieso kaufen, und dass Sie durch statistische Kontrolle der eigenen Arbeit feststellen, wie viel Zeitaufwand die Bearbeitung der verschiedenen Kunden und Kundengruppen lohnt.

2. Sie sollten sich als Verkäufer auch von schematischen und abergläubischen Gedankengängen, die hauptsächlich der eigenen Bequemlichkeit dienen, befreien, z. B.:

   dass gewisse Tage ungeeignete Besuchstage sind,

   dass am Montagmorgen und am Freitagnachmittag keine Geschäfte gemacht werden können,

dass man nicht mehr als eine bestimmte Anzahl von Kunden pro Tag besuchen soll, um sich nicht zu verausgaben,

dass man nichts mit Kunden anfangen soll, die nun einmal nein gesagt haben,

dass es eine Menge Kunden gibt, die ihren eigenen Vorteil nicht begreifen,

dass häufig der Zufall den Verkauf entscheidet,

dass an regnerischen, trüben Tagen viele Kunden schlechte Laune haben,

dass der Markt gesättigt ist und die Leute nicht kaufen können, weil sie eben eingedeckt sind,

dass der Bezirk „verdorben" oder voll ausgeschöpft ist, dass „gerade jetzt" die Zeiten besonders schlecht sind,

dass man zu gewissen Zeitpunkten von einem verteufelten Pech verfolgt wird,

dass die Kunden immer schwieriger werden,

dass unser Geschäft durch „schmutzige" oder unseriöse Konkurrenzmaßnahmen verdorben wird,

dass die Konkurrenz rücksichtsloser und auch geschickter ist als wir,

dass wir immer zu teuer sind,

dass Planung und Vorbereitung sich nicht lohnen, weil ja doch alles anders kommt,

dass unsere Geschäftspolitik schuld an unseren Misserfolgen ist,

dass man nur Ärger erntet, wenn man mit mehreren Leuten im selben Unternehmen verhandelt,

dass man kaum etwas von anderen lernen kann, da jeder nach seiner eigenen Art verkaufen muss,

dass es alle anderen Verkäufer leichter haben und dass man das ja alles schon lange gewusst hat,

dass man sich nicht übernehmen soll.

Gerade diese beiden letzten Standpunkte sind von besonderer Bedeutung. Erstens: Hüten Sie sich vor Überheblichkeit! Man lernt nie aus. Zweitens: Je mehr Kundenkontakte, desto größere Verkaufsmöglichkeiten. Jeder Verkäufer glaubt, er täte mehr als genug. Das sagt sowohl derjenige, der drei Kundenbesuche pro Tag macht, als auch jener, der sieben schafft, auch wenn beide innerhalb ein und derselben Firma an denselben Kundenkreis die gleiche Ware verkaufen.

Und damit sind wir beim dritten Punkt, der die Verkaufsleistung beeinflusst, angelangt:

3. **Die Arbeitsenergie.** Wir können in der Regel viel mehr leisten, als wir glauben. Wir könnten alle täglich mindestens einen Kunden mehr aufsuchen. Wir könnten alle eine halbe Stunde eher aufstehen. Bestimmte Kunden könnten wir nach vorheriger Abmachung um halb acht Uhr morgens besuchen, und wir könnten ein bis drei Besuche vor der „üblichen" Besuchszeit abwickeln. Wir könnten uns schnell in ein Taxi, eine Straßenbahn oder einen Zug setzen, um einen Kunden persönlich aufzusuchen, wenn er sich nicht entscheiden kann oder Schwierigkeiten auftauchen, anstatt uns auf das Telefon zu verlassen.

   All dies ist in den verschiedensten Fällen praktisch erprobt worden. Ein Unternehmen der Büromaschinenbranche führte beispielsweise Gratifikationen für jeden qualifizierten Kundenbesuch ein, der über fünf pro Tag hinausging, wodurch sich die Durchschnittszahl (echter) Besuche von fünf auf sieben pro Tag steigerte. Eine Benzinfirma führte probeweise freie Montagvormittage im Sommer unter der Voraussetzung ein, dass die Anzahl der Kundenkontakte pro Woche nicht sinken würde – sie stieg stattdessen.

   Es soll hier nicht einem größeren Arbeitsaufwand das Wort geredet werden, sondern einem zielgerechteren Arbeitseinsatz. Nicht mehr, sondern besser arbeiten. Die Wege zu suchen, ist Ihre Aufgabe, als Unternehmer, Ihre, als Verkaufsleiter, und Ihre, als Verkäufer. Anregungen finden Sie überall, nicht nur hier.

Setzen Sie sich ein konkretes Ziel, treten Sie in Wettbewerb mit sich selbst und mit anderen. Lernen Sie, noch mehr Freude an Ihrer Tätigkeit zu finden (durch größere Kenntnisse und dadurch gesteigerten Erfolg) und an Ihren Kunden (die doch Ihr Einkommen bezahlen)! Gehen Sie davon aus, dass Sie nicht so tüchtig sind, als dass Sie nicht noch tüchtiger werden könnten!

Wir können alle voneinander lernen – heute, morgen, dauernd.

Nur ein Narr glaubt, keine Fehler zu machen. Diese Einstellung, die durch kein Wissen oder keine Begabung zu ersetzen ist, dürfte ein wahres Gebot der Selbsterhaltung sein – gerade im Beruf des Verkäufers. Lernen Sie, so lange Sie leben, und Sie werden leben, so lange und weil Sie lernen!

Stichwortverzeichnis

Abschluss 165, 193 ff.
Abschlussaufschub 196
Abschlussstadium 193
Abschlussstufe 228
Abschlusstechnik 193
Abschlussvoraussetzungen 198
AIDA 161 ff.
Alternativangebot 193
Alternativtechnik 199
Alternativwahl 143
Angewohnheit, Macht der 34, 38
Anmeldung, richtige 144;
  schriftliche 141;
  telefonische 141;
  vorherige 140
Annahmestufe 228
Ansehen des Verkäuferberufes 91
Antiverkaufsausdrücke 239, 282 f.
Argumentation, kundengerechte 88;
  schematisierte 186
Argumentsammlung 240
Argumentuntersuchung 240
Argumentverbindung 241
Atmosphäre 158
Aufforderung, indirekte 199
Aufmerksamkeit 165;
  abgelenkte 171
Aufmerksamkeit erwecken 161 ff.
Aufteilungssmethode 89
Auftragskontrolle 215
Augenkontakt 171, 237
Ausgang, positiver 206
Ausgleichsargument 241
Ausrede 119
Ausstrahlung 158

Bagatellisierungsmethode 89
Bedarfsdringlichkeit 79
Bedienungsvorgang 164
Bedürfnis 16, 30, 75;
  bedingtes 21, 24;
  primäres 21, 24 f.
Bedürfnisziel 16
Beeinflussung, indirekte 180
Begeisterungsfähigkeit 97
Berufsstolz 99
Berufsverkäufer 19
Besuchsplanung 148 ff.
Besuchsvorbereitung 150
Besuchswertung 150
Beurteilung, objektive 262;
  subjektive 262
Beweisstufe 228
Billig 73
Bumerangmethode 128

Definitionsstufe 227
Demonstrationsmethode 88
DIBABA-Formel 219 ff.
DIBABA-Methode 223 ff.
Drang zum Kauf 165, 183 ff.

Einführung 141
Einheit, kleinste 87
Einsparmöglichkeit 79
Einwand, berechtigter 56;
  boshafter 117, 120;
  objektiver 118, 122;
  subjektiver 118, 121;
  unausgesprochener 117 f.
Einwandarten 117 ff.
Einwandbeantwortung 125 ff.;
  darstellungstechnische
  Methoden der ~ 127 ff.
Einwanddämpfung 129
Einwanderfragung 210
Einwandlokalisierung 125
Einwandtraining 116
Einzelentscheidung 203
Empathie 153, 157
Entscheidungsaufteilung 202
Erfolgsgefühl 97
Erfolgsprodukt 79
Erstbesuch 135

Faktor, preisverbilligernder 77
Festlegungsmethode 209
Formulierungen, verkaufsfördernde 235

Frage, positive 170
Fragemethode 108, 131 ff.
Funktion 65

Garantie 53; schädliche 265
Gefälligkeitsauftrag 49
Gefühlsreaktion 27
Gegenfrage, qualifizierte 134
Gegenwert 76
Geltungsbedürfnis 21, 25
Geltungsbedürfniseinwand 120
Gesamtangebot 83
Gespräch, festgefahrenes 153
Gespräch neutralisieren 108
Gesprächseröffnung 142 f.
Gewohnheitskauf 38, 77
Gewohnheitskunde 40
Glaubwürdigkeit 55
Gleichnismethode 89
Großkunde 50

High pressure 48
Hochdruckverkauf 45 ff.

Ich-Argumentation, gefährliche 239
Idee (hinter) einer Ware 13 ff.
Ideenverkauf 13 ff., 187
Indentifizierungsstufe 227
Informationsbeschaffung 176
Informationskonferenz 252
Informationswunsch 120
Interesse 165
Interesse erzeugen 173 ff.
Internet 7, 231, 244 f.

Ja-Ja-Aufbau 153
Ja-Ja-Folge 158
Ja-und-Methode 128

Kaufbegehren 228
Kaufbereitschaft, entstehende 183
Kaufbewertung 241
Kaufentschluss 199 ff.
Käufer, formeller 147;
wirklicher 147
Käufergruppe 247 ff.
Kaufgepflogenheit 77
Kaufhandlung 165
Kaufkraft 69, 72
Kaufmotiv 21
Kaufsignal 197
Kaufverlangen 72
Kaufwiderstand,
allgemeiner 118, 122;
begründeter 39;
gewohnheitsbedingter 38;
rückständiger 39
Kaufwunsch 69
Kaugummiargumentation 52
Kleinkunde 50
Kombinationsverkauf 52
Kompensationsmethode 88
Konferenzleitung 255
Konferenzverkauf 247 ff.
Konkurrenzargumentation 231
Konkurrenzverkauf 242
Kontakt 159
Kontaktklima 33, 42
Kontrollfrage 201
Koordinationskonferenz 252
Kreditkartenzahlung 245
Kunde, aufgeregter 266;
abwesender 144 f.;
neuer 138;
schimpfender 267;
unfairer 264;
zufriedener 217
Kundenbehandlung, richtige 78
Kundenbesuch 135, 140 ff.
Kundengruppe 75
Kundenloyalität 245
Kundenreaktion 238

Leerlaufausdruck 238
Leistung 79
Letzter Versuch 122

Markentreue 245
Mehrverkauf 217
Methode, preistaktische 87

Moment, persönlicher 31 f.
Monopolstellung 50
Motivforschung 27, 30

Nachfassen 213
Nachteilbewertung 241
Nein-Frage 200
Neinsager 148
Nenner, gemeinsamer 157
Neuheit 35, 39
Nörgler 264
Nutzen, konkreter 64

Pauschalpreis 79
Plus-Minus-Liste 202
Präventivmethode 127
Preis 68 ff.;
  echter 85;
  psychologischer 79;
  relativer 76;
  richtiger 74
Preis verkaufen 83
Preisargumentation 80 ff.;
  psychologisch geschickte 90
Preisbegründung 83
Preisdrücker,
  chronischer 84
Preiseinwände 82 ff.
Preisempfindlichkeit 76
Preiserhöhung 53, 87
Preiskomplex 76
Preisnegativ 73
Preispolitik 74
Preispositiv 73
Preistaktik 87
Preistaktische Methode 87
Prestige 96, 107
Prestigegefühl 265
Primärappell 243
Prinzipentschluss 202
Probeauftrag 40
Problemlösungen verkaufen 17
Problemlösungskonferenz 252
Produktkenntnis 8
Prospekt 179

Qualität 59 ff.;
  objektive 66;
  subjektive 66
Qualitätsargument 59
Qualitätsargumentation 62 ff.

Reklamation 257 ff.;
  berechtigte 268
Reklamationsbehandlung 269 ff.
Reklamationsstelle 268
Rollenerwartung 254
Rückzugsziel 159

Satz, erster 169
Schneeballprinzip 153, 158, 200
Schutzbehauptung 42
Sie-Standpunkt 157
Spitzenverkäufer 91
Stimme 237
Sympathie 159

Teilnehmerbedeutung 255
Teuer 73
Tiefdruckverkauf 48

Überzeugung 190,
  eigene 140
Unsinnigkeitsbeweis 130
UVW-Dreieck 94 ff.

Vergleichsmethode 88
Verhandlung, nächste 153
Verhandlungsstrategie 156
Verkauf, energischer 45
Verkäufer 8;
  Begriff des ~ 10
Verkäufermarkt 50
Verkäuflichkeit 21 ff.
Verkaufsabschluss 193
Verkaufsargumentation 231, 272 f.
Verkaufsbewertung 240
Verkaufseinstellung 19
Verkaufserfolg 274 ff.
Verkaufsethik 48
Verkaufsfrage, schlechteste 236

Verkaufshindernisse 113 ff.
Verkaufskanone 52
Verkaufskonferenz 251
Verkaufsleistung 138
Verkaufsleiter 49
Verkaufsmethodik 156
Verkaufspsychologie 7
Verkaufstaktik 21, 80;
  aggressive 35, 41
Verkaufstätigkeit 10
Verkaufstraining 7
Verkaufstricks 7, 53
Verkaufsvorgang 164
Verkaufszeit, aktive 139;
  produktive 139
Vernunftappell 188
Versprechung, nicht erfüllbare 51
Verteidigung, hinhaltende 131
Verzögerungsmethode 129
Vier-Schritt-Vorgehen 205
Voraussetzung, angenommene 131
Vorführung 173;
  dramatische 177;
  konzentrierte 179
Vorführungsratschläge 177 ff.
Vorführungstechnik 173
Vorführzeitpunkt, geeigneter 173
Vorschlag, lustbetonter 188
Vorurteil 117, 119

Ware 18;
  billige 73;
  teure 73;
  preisnegative 73;
  preispositive 73
Warenprüfung 208
Warenverkäuflichkeit 21 ff.
Warenverwendung 177
Wertbeständigkeit 79
Wettbewerb 54
Wiederverkäufer 17, 73
Wunsch 190;
  besonderer 204
Wunscherfüllung 18

Zahlungsweise 77
Zeugenaussagen 133
Zusatzbesuch 149
Zusatzprodukt 149
Zusatzverkauf 216
Zustimmung, bedingte 129
Zutritt verschaffen 135 ff.
Zwanzig-sechzig-zwanzig-Regel 244
Zweckmäßigkeit 62